全国高等职业学校机械类专业教材

数控铣床/加工中心加工工艺与编程

（第二版）

薛龙　主编

中国劳动社会保障出版社

简介

本书主要内容包括数控机床程序编制与操作基础、零件轮廓的铣削加工、固定循环编程与孔加工、中级综合练习、坐标变换编程、宏程序编程、高级综合练习等。

本书由薛龙任主编，沈建峰、金玉峰任副主编，陆齐炜、何子卿、魏小燕、刘常发、沈虞参加编写，崔兆华任主审。

图书在版编目（CIP）数据

数控铣床 / 加工中心加工工艺与编程 / 薛龙主编 . -- 2 版 . -- 北京 : 中国劳动社会保障出版社，2024

全国高等职业学校机械类专业教材

ISBN 978-7-5167-5956-1

Ⅰ. ①数…　Ⅱ. ①薛…　Ⅲ. ①数控机床 - 铣床 - 程序设计 - 高等职业教育 - 教材②数控机床加工中心 - 程序设计 - 高等职业教育 - 教材　Ⅳ. ①TG547 ②TG659

中国国家版本馆 CIP 数据核字（2024）第 051735 号

中国劳动社会保障出版社出版发行

（北京市惠新东街 1 号　邮政编码：100029）

*

北京汇林印务有限公司印刷装订　　新华书店经销

787 毫米 ×1092 毫米　16 开本　13.25 印张　311 千字

2024 年 6 月第 2 版　　2026 年 1 月第 2 次印刷

定价：26.00 元

营销中心电话：400-606-6496

出版社网址：http://www.class.com.cn

http://jg.class.com.cn

目录 CONTENTS

模块一 数控机床程序编制与操作基础 ………… 1

任务一 认识数控机床及其操作面板………… 1

任务二 数控机床的手动操作………… 12

任务三 数控加工程序输入与编辑………… 22

思考与练习………… 32

模块二 零件轮廓的铣削加工 ………… 34

任务一 平面槽铣削加工………… 34

任务二 外轮廓铣削加工………… 53

任务三 子程序的编程与外轮廓铣削加工………… 65

任务四 组合件加工………… 79

思考与练习………… 89

模块三 固定循环编程与孔加工 ………… 91

任务一 钻孔、锪孔、铰孔加工………… 91

任务二 镗孔与攻螺纹加工………… 104

思考与练习………… 116

模块四 中级综合练习 …… 118

任务一 数控铣床 / 加工中心中级工综合练习（一） …… 118
任务二 数控铣床 / 加工中心中级工综合练习（二） …… 129
任务三 数控铣床 / 加工中心中级工综合练习（三） …… 136
思考与练习 …… 140

模块五 坐标变换编程 …… 142

任务一 极坐标编程 …… 142
任务二 坐标镜像编程 …… 148
任务三 坐标系旋转编程 …… 153
思考与练习 …… 159

模块六 宏程序编程 …… 160

任务一 宏程序加工均布孔 …… 160
任务二 宏程序加工均布轮廓 …… 167
任务三 宏程序加工规则曲面 …… 175
思考与练习 …… 183

模块七 高级综合练习 …… 184

任务一 数控铣床 / 加工中心高级工综合练习（一） …… 184
任务二 数控铣床 / 加工中心高级工综合练习（二） …… 190
任务三 数控铣床 / 加工中心高级工综合练习（三） …… 194
思考与练习 …… 198

附 录 …… 200

模块一

数控机床程序编制与操作基础

任务一 认识数控机床及其操作面板

知识点

◎ 数控机床的分类与组成。

◎ 数控机床操作面板上各功能按钮的含义与用途。

技能点

◎ 正确使用数控机床操作面板各功能按钮。

一、任务描述

掌握如图 1–1 所示 FANUC 0i 系统加工中心操作面板各按钮的功能，并对每一功能进行标注。

二、任务分析

该任务是数控机床操作的首要任务，为了完成该项任务，必须了解数控机床、数控系统、操作面板各功能按钮等方面的知识。

由于数控系统和数控机床生产厂家众多，即使是同一种数控系统的数控机床操作面板也不尽相同。因此，在本任务的学习过程中，应尽可能进行现场参观，加强感性认识，做到举一反三、融会贯通。

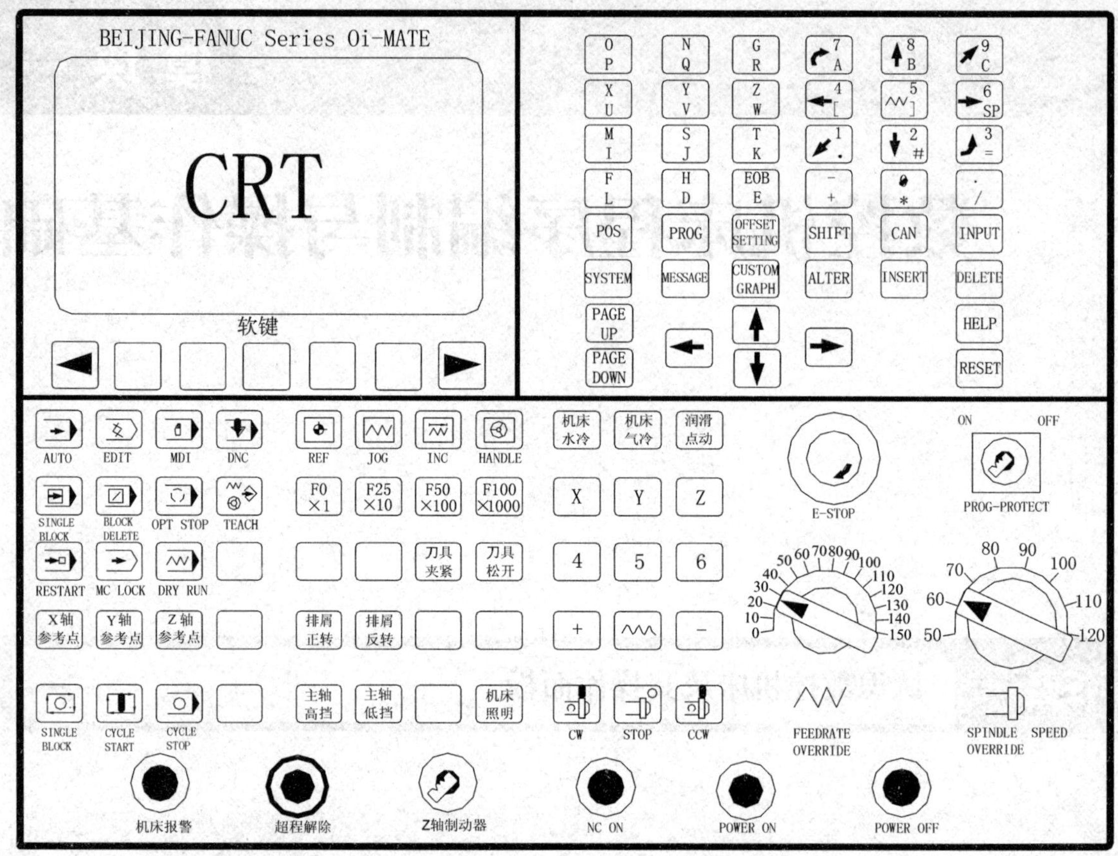

图 1-1　FANUC 0i 系统加工中心操作面板

三、知识链接

1．认识数控机床

（1）数控机床的分类

数控机床是指采用数字控制技术按给定的运行轨迹进行自动加工的机电一体化加工设备。按照机床主轴的方向分类，数控机床可分为卧式数控机床（主轴位于水平方向）和立式数控机床（主轴位于铅垂方向）。按照加工用途分类，数控机床主要有以下几种类型。

1）数控铣床。用于完成铣削加工或镗削加工的数控机床称为数控铣床。图 1-2 所示为立式数控铣床。

2）加工中心。通常所说的加工中心是指带有刀库（带有回转刀架的数控车床除外）和刀具自动交换装置（Automatic Tool Changer，即 ATC）的数控机床。图 1-3 所示为卧式加工中心。

3）数控车床。数控车床是用于完成车削加工的数控机床。通常情况下也将以车削加工为主并辅以铣削加工的数控车削中心归类为数控车床。图 1-4 所示为经济型卧式数控车床。

4）数控钻床。数控钻床主要用于完成钻孔、攻螺纹等加工，有时也可完成简单的铣削加工。数控钻床是一种采用点位控制系统的数控机床，即控制刀具从一点到另一点的位置，而不控制刀具运行轨迹。图 1-5 所示为立式数控钻床。

图 1–2 立式数控铣床

图 1–3 卧式加工中心

图 1–4 经济型卧式数控车床

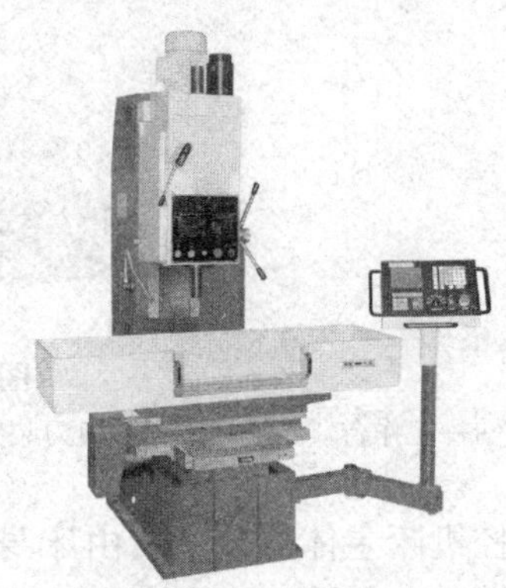
图 1–5 立式数控钻床

5）数控电火花成形机床。数控电火花成形机床（即电脉冲机床）是一种特种加工机床，它利用两个不同极性的电极在绝缘液体中产生的电腐蚀来对工件进行加工，以达到一定形状、尺寸和表面粗糙度要求，对于形状复杂的模具及难加工材料的加工有其特殊优势。数控电火花成形机床如图 1–6 所示。

6）数控线切割机床。数控线切割机床如图 1–7 所示，其工作原理与数控电火花成形机床相同，但其电极是电极丝（钼丝、铜丝等）和工件。

7）其他数控机床。数控机床除以上几种常见类型外，还有数控磨床、数控冲床、数控激光加工机床、数控超声波加工机床等多种。

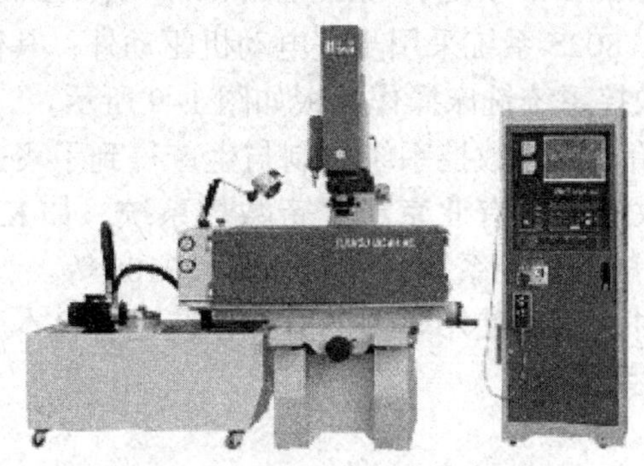
图 1–6 数控电火花成形机床

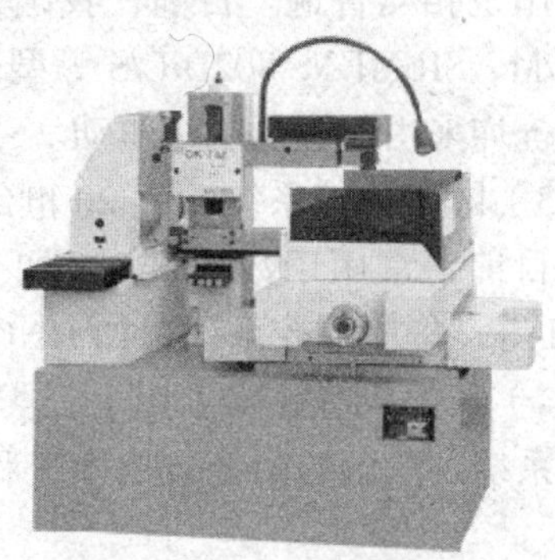
图 1–7 数控线切割机床

（2）数控机床的组成

数控机床由机床主体、数控系统、伺服系统三大部分构成。图 1–8 所示为某立式加工中心的组成。

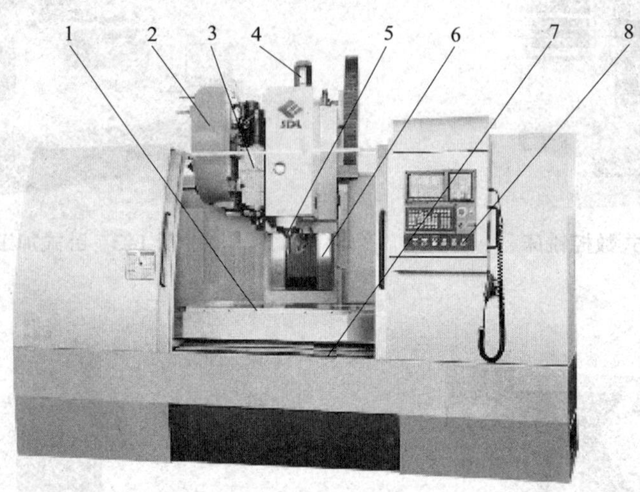

图 1–8　某立式加工中心的组成

1—工作台　2—刀库　3—换刀装置　4—伺服电动机　5—主轴　6—导轨　7—床身　8—数控系统

数控机床主体部分主要由床身、主轴、工作台、导轨、刀库、换刀装置等组成。数控系统由输入 / 输出装置、数控装置等组成，其作用是接收加工程序等各种外来信息，并经处理和分配后向伺服系统发出执行命令。伺服系统位于数控装置与机床主体之间，主要由伺服电动机、伺服电路等组成，它的作用是根据数控装置的输出信号，经放大转换后驱动伺服电动机，带动机床运动部件按约定的速度和位置运动。

（3）数控铣床 / 加工中心数控系统介绍

1）FANUC 数控系统。FANUC 数控系统由日本公司开发研制，该数控系统在我国应用广泛。目前，我国市场上用于数控铣床 / 加工中心的数控系统主要有 FANUC 21i–MA/MB/MC、FANUC 18i–MA/MB/MC、FANUC 0i–MA/MB/MC、FANUC 0i–MD 等。FANUC 0i–MA 数控系统加工中心操作面板如图 1–1 所示。

2）SIEMENS 数控系统。SIEMENS 数控系统由德国公司开发研制，该数控系统在我国的应用也相当普遍。目前，我国市场上常用的 SIEMENS 系统有 SIEMENS 840D/C、SIEMENS 810T/M、SIEMENS 802D/C/S 等型号。除 SIEMENS 802S 系统采用步进电动机驱动外，其他型号系统均采用伺服电动机驱动。SIEMENS 802D 数控系统铣床操作面板如图 1–9 所示。

3）国产数控系统。自 20 世纪 80 年代初开始，我国数控系统研制与生产得到了飞速发展。目前，常用于数控铣床 / 加工中心的国产数控系统有北京凯恩帝数控系统，如 KND–100M 等；华中数控系统，如 HNC–21M 等；北京航天数控系统，如 CASNUC 2100 等。

4）其他系统。除了以上三类主流数控系统外，国内使用较多的数控系统还有日本三菱数控系统、法国施耐德数控系统和美国 A–B 数控系统等。

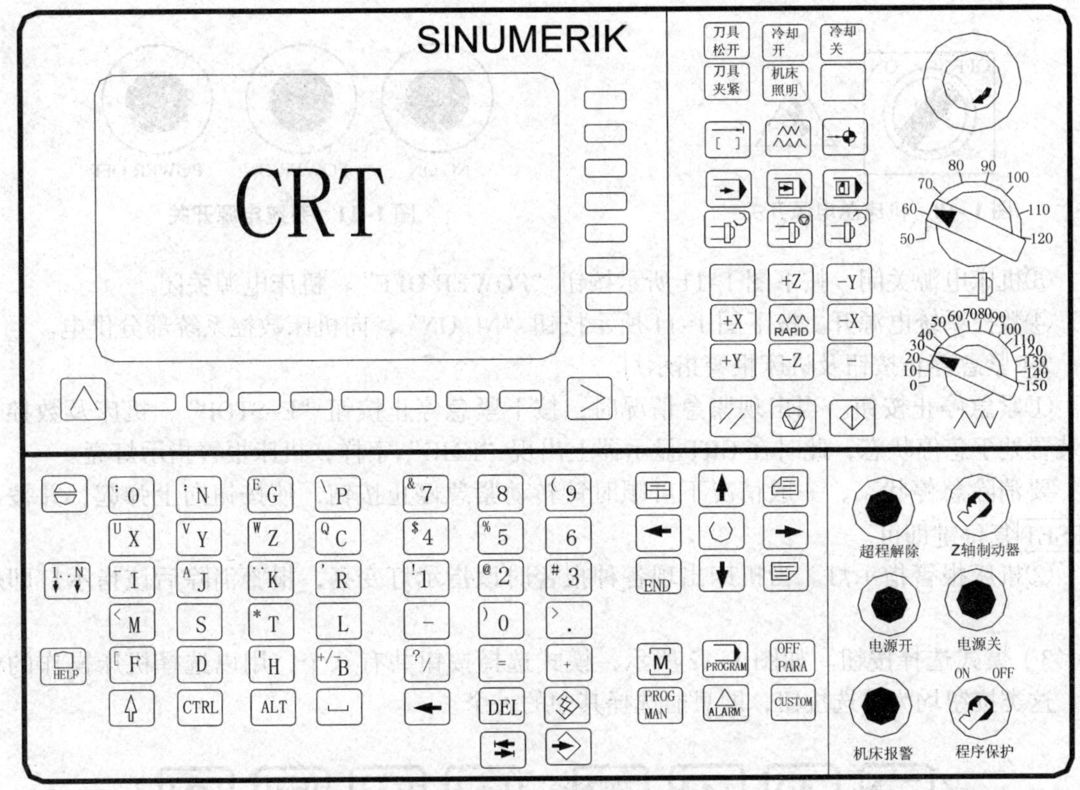

图 1-9 SIEMENS 802D 数控系统铣床操作面板

2．数控系统操作面板功能介绍

数控机床的生产厂家众多，同一数控系统机床的操作面板也各不相同，但由于数控系统的功能相同，因此操作方法基本相同。现以某机床厂生产的 TK7650 型数控镗铣床为例说明操作面板上各按钮的功能，该机床以 FANUC 0i-MATE 作为数控系统，机床操作面板如图 1-1 所示。

为了便于读者阅读，本书中将操作面板上的按钮分成以下三组。

机床操作面板按钮。这类按钮（按键、旋钮）为机床厂家自定义功能键，位于操作面板总图下方，本书中用加双引号的字母或文字表示，如“电源开”“JOG”等。

MDI 功能键。这类按钮位于 CRT 显示器右侧，只要系统型号相同，其功能键的含义及位置也相同。本书中用加“□”的字母或文字表示，如PROG POS等。

CRT 显示器下的软键。这类软键在本书中用加“[ ]”的字母或文字表示，如 [参数] [综合] 等。

（1）机床操作面板按钮及其功能介绍

1）电源开关

①机床总电源开关。机床总电源开关如图 1-10 所示，一般位于机床的背面。使用机床时，必须首先将总电源开关扳到“ON”位置。

②机床电源开。按下图 1-11 所示按钮“POWER ON”，向机床润滑、冷却系统机械部分供电。

图 1–10　机床总电源开关

图 1–11　系统电源开关

③机床电源关闭。按下图 1–11 所示按钮“POWER OFF”，机床电源关闭。

④数控系统电源开。按下图 1–11 所示按钮“NC ON”，向机床数控系统部分供电。

2）紧急停止按钮及机床报警指示灯

①紧急停止按钮。当出现紧急情况时，按下紧急停止按钮“E–STOP”，机床及数控系统装置处于急停状态，此时在 CRT 显示器上出现“EMG”字样，机床报警指示灯亮。

要消除急停状态，一般情况下可顺时针转动紧急停止按钮，使按钮向上弹起，并按下 RESET 复位键即可。

②机床报警指示灯。当机床出现各种报警时该指示灯变亮，报警消除后该指示灯即熄灭。

3）模式选择按钮。如图 1–12 所示，模式选择按钮共有八个，用以选择机床操作的模式。这类按钮均为单选按钮，即只能选择其中的一个。

图 1–12　模式选择按钮

①自动执行（AUTO）。按下此按钮后，可自动执行程序。在这种模式下，按下图 1–13 所示的按钮之一，数控机床又有以下六种不同的运行形式（见表 1–1）。

SINGLE BLOCK　BLOCK DELETE

图 1–13　自动模式下的运行形式选择按钮

表 1–1　自动模式下的运行形式

按钮图	英文标记	中文含义	按钮功能
	SINGLE BLOCK	单段运行	每按下一次循环启动按钮，机床将执行一段程序后暂停；再次按下循环启动按钮，则机床再执行一段程序后暂停。采用此种方法可进行程序及操作检查
	BLOCK DELETE	程序段跳段	程序段前加“/”符号的程序段将被跳过执行

续表

按钮图	英文标记	中文含义	按钮功能
	OPT STOP	选择停止	在自动执行的程序中出现“M01；”程序段时，将停止执行程序。再次按下循环启动按钮后，系统将继续执行 M01 以后的程序
	RESTART	程序重启	程序将重新从程序开始处启动
	MC LOCK	机床锁住	在自动运行过程中刀具的移动功能将被限制执行，但系统显示程序运行时刀具的位置坐标。该功能主要用于检查程序编制是否正确
	DRY RUN	空运行	在自动运行过程中刀具按参数指定的速度快速运行。该功能主要用于检查刀具运行轨迹是否正确

②编辑（EDIT）。按下此按钮，可以对储存在内存中的程序数据进行编辑操作。

③手动数据输入（MDI）。在此状态下，可以输入单一的命令或几段命令并立即按下循环启动按钮使机床执行动作，以满足工作需要。如开机后指定转速“S1000 M03；”。

④在线加工（DNC）。在此状态下，可以实现自动加工程序的在线加工。通过计算机与数控系统的连接，可以使机床直接执行计算机等外部输入 / 输出设备中存储的程序。

⑤手动返回参考点（REF）。在此状态下，可以执行返回参考点的操作，当相应轴返回参考点后，对应轴的返回参考点指示灯变亮，如图 1–14 所示。

图 1–14 返回参考点指示灯

⑥手动连续进给（JOG）。手动连续进给有两种形式，即手动切削连续进给和手动快速进给。

要实现手动切削连续进给，首先按下轴选择按钮（图 1–15 中“X”“Y”“Z”），再按下方向选择按钮不放（图 1–15 中“+”“–”），该指定轴即沿指定的方向进给。进给速度可通过进给速度倍率旋钮进行调节（见图 1–16），调节范围为 0% ~ 150%。另外，对自动执行的程序中指定的速度，也可用进给速度倍率旋钮进行调节。

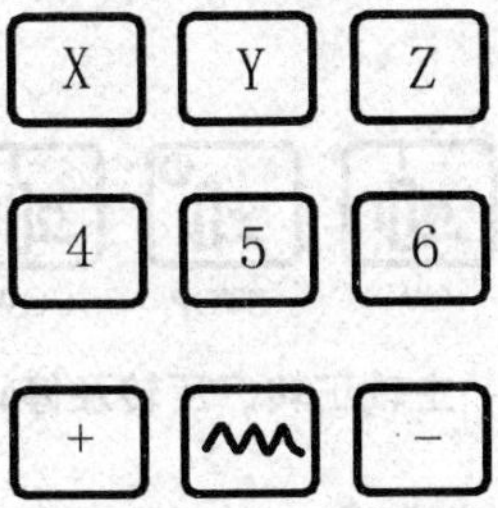

图 1–15 轴选择按钮和方向选择按钮

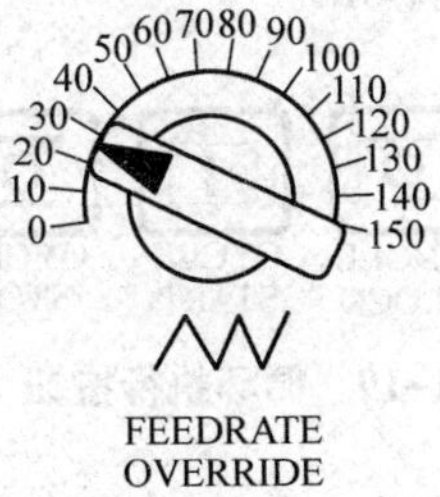

图 1–16 进给速度倍率旋钮

要实现手动快速进给，首先按下轴选择按钮，再同时按下方向选择按钮和方向选择按钮中间的快速移动按钮，即可实现该轴的手动快速进给。快速进给速度由系统参数确定；也有一些机床有 F0、F25、F50、F100 四种速度供选择，如图 1–17 所示。

⑦增量进给（INC）。增量进给操作时，先选择进给轴（见图 1–15），再选择增量步长（见图 1–17），按下方向选择按钮，刀具向相应方向移动一定距离。当选择“×1”增量步长时，表示每按一次方向选择按钮，刀具移动距离为 0.001 mm。同样，选择“×1 000”则表示每按一次方向选择按钮，刀具移动距离为 1 mm。

⑧手轮进给操作（HANDLE）。在手轮进给方式中，可以通过旋转挂在机床上的手摇脉冲发生器使刀具进行增量移动，如图 1–18 所示。手摇脉冲发生器每旋转一个刻度时刀具的移动量与增量进给的移动量相同，因此在摇动手摇脉冲发生器前要选择好增量步长。旋转手摇脉冲发生器时，顺时针方向为刀具正方向进给，逆时针方向为刀具负方向进给。

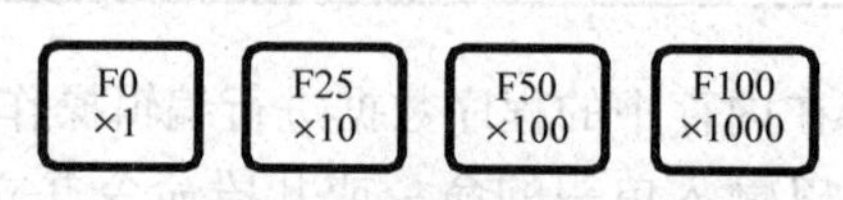

图 1–17　快速进给速度和增量步长选择按钮

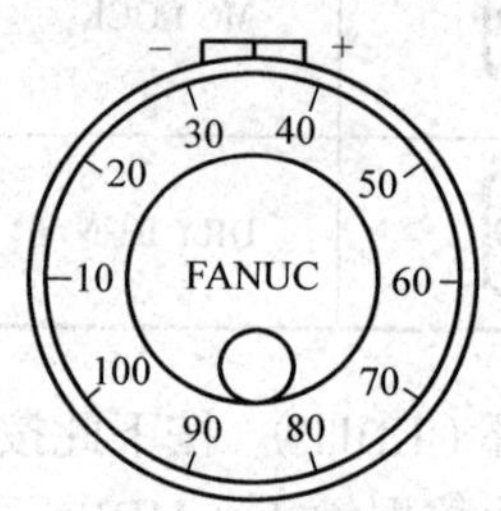

图 1–18　手摇脉冲发生器

4）循环执行按钮（见图 1–19）

①循环启动（CYCLE START）。在自动运行状态下按下循环启动按钮，机床自动运行程序。

②循环停止（CYCLE STOP）。在自动运行状态下按下该按钮，程序运行及刀具运动将处于暂停状态，其他指令如主轴转速、冷却状态等保持不变。再次按下循环启动按钮，机床重新进入自动运行状态。

③单段运行（SINGLE BLOCK）。当按下单段运行按钮时，每按下一次循环启动按钮，机床将执行一段程序后暂停；再次按下循环启动按钮，机床再次执行一段程序后暂停，如此重复。

5）主轴功能按钮

①主轴正转（CW）。在“HANDLE”模式或“JOG”模式下，按下该按钮（见图 1–20），主轴将顺时针转动。

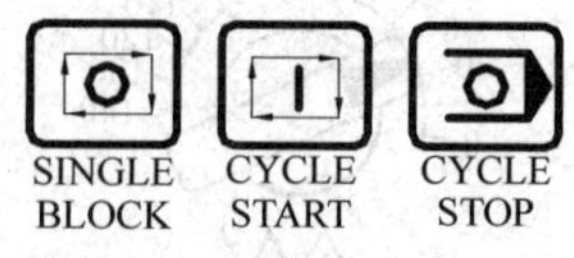

图 1–19　循环执行按钮

图 1–20　主轴正转、反转及停转功能按钮

②主轴反转（CCW）。在“HANDLE”模式或“JOG”模式下，按下该按钮（见图 1–20），主轴将逆时针转动。

③主轴停转（STOP）。在“HANDLE”模式或“JOG”模式下，按下该按钮（见图 1–20），主轴将停止转动。

④主轴转速倍率调整。在主轴旋转过程中，可以通过主轴转速倍率调整旋钮（见

图 1–21）对主轴转速进行 50% ~ 120% 的调速。同样，在程序执行过程中，也可对程序中指定的转速进行调节。

⑤主轴高挡、主轴低挡。有些型号的机床，设置了主轴高挡、主轴低挡按钮，如图 1–22 所示。按下该按钮后，将执行主轴转速高、低挡的切换。

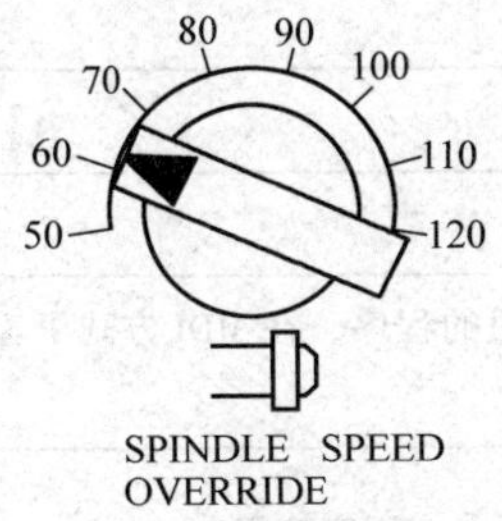

图 1–21 主轴转速倍率调整旋钮

图 1–22 主轴高挡、主轴低挡按钮

6）其他功能

①程序保护开关（PROG–PROTECT）。如图 1–23 所示，当该旋钮处于“ON”位置时，即使在“EDIT”状态下也不能对数控加工程序进行编辑操作。只有当该旋钮处于“OFF”位置时，并在“EDIT”状态下才能对数控加工程序进行编辑操作。

②超程解除按钮。当机床出现超程报警时，按下该按钮（见图 1–24）不要松开，可使超程轴的限位挡块松开，然后用手摇脉冲发生器反向移动该轴，可使超程报警解除。

图 1–23 程序保护开关

图 1–24 超程解除按钮

7）用户自定义按钮（见图 1–25）

①冷却润滑。

机床水冷。按下该按钮，切削液打开，可对工件及刀具进行冷却。再次按下该按钮，切削液关闭。

机床气冷。按下该按钮，冷却气体打开，可对工件及刀具进行冷却。再次按下该按钮，冷却气体关闭。

润滑点动。按下该按钮，将对机床进行点动润滑一次。

②刀具的松开与夹紧。刀具的松开与夹紧按钮，用于手动换刀过程中的装刀与卸刀。

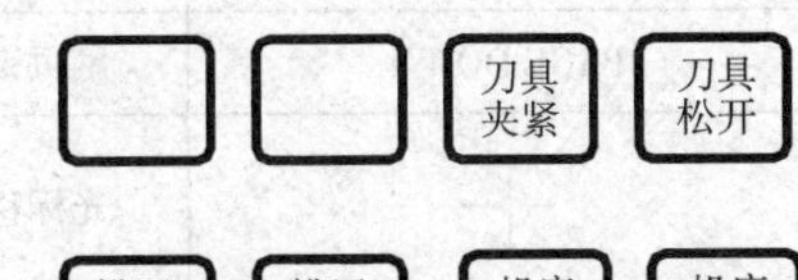

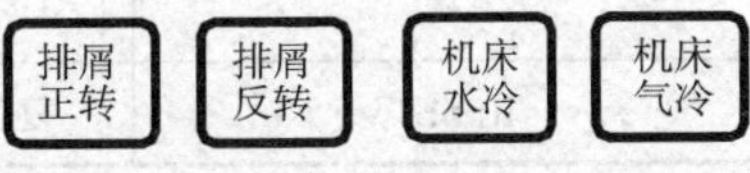

图 1–25 用户自定义按钮

③机床照明。按下此按钮，机床照明灯亮。

④排屑正转、排屑反转。按下此按钮，启动排屑电动机对机床进行自动排屑操作。

（2）MDI 功能键及其功能介绍

图 1–1 中各 MDI 功能键及其功能见表 1–2。

表 1–2 MDI 功能键及其功能

按键	功能
数字键 运算键	数字的输入 数字运算符的输入
字母键	字母的输入
EOB	程序段结束符的输入
POS	显示刀具的坐标位置
PROG	在 EDIT 方式下编辑、显示存储器里的程序，在 MDI 方式下输入及显示 MDI 数据，在 AUTO 方式下显示程序
OFFSET SETTING	设定和显示刀具补偿值、工件坐标系、宏程序变量
SYSTEM	参数的设定、显示及自诊断功能数据的显示
MESSAGE	报警信号显示及报警记录显示
CUSTOM GRAPH	图形显示
SHIFT	上档功能键
CAN	取消键，用于取消最后一个输入的字符或符号
INPUT	输入键，用于参数或补偿值的输入
ALTER	替代键，用于程序字的替代
INSERT	插入键，用于程序字的插入
DELETE	删除键，用于删除程序字、程序段及整个程序
HELP	帮助键
PAGE UP	翻页键，用于向前翻页
PAGE DOWN	翻页键，用于向后翻页
↑↓←→	光标移动键，用于光标上下、左右移动
RESET	复位键，使所有操作停止

（3）CRT 显示器下的软键功能

在 CRT 显示器下有一排软键，这一排软键的功能根据 CRT 显示器中对应的提示来指定。

四、任务实施

根据图 1–1，标出各按钮的含义与功能。

【提示】 任务的实施场所是实习车间。在本书以后的任务中，当任务中有多个子任务需要实施时，教师在每讲完一个任务的理论知识后，都要让学生进行该任务的练习，以增强学生的感性认识。

五、配分权重

配分权重以表格的形式体现（见表 1–3），是对学生任务完成情况的一个综合评价，可通过自评、互评和教师评分等方式实现。配分权重表体现了任务的要求，通常情况下，配分权重主要由加工、程序与工艺、机床操作和安全文明生产等项目组成。

表 1–3　　认识数控机床及其操作面板配分权重表

工件编号				总得分		
项目与权重	**序号**	**技术要求**	**配分**	**评分标准**	**检测记录**	**得分**
加工	1	暂无				
程序与工艺	2	暂无				
机床操作（40%）	3	熟悉数控机床	10	出错全扣		
	4	正确标注机床操作面板功能	30	每处错误扣 3 分		
安全文明生产（60%）	5	机床维护与保养正确	20	每处错误扣 5 分		
	6	符合安全操作要求	20	出错全扣		
	7	工作场所整理合格	20	不合格全扣		

1．加工配分

该项目主要用于评价任务的完成情况与完成质量，主要有工件的尺寸精度、几何精度、表面粗糙度和配合精度等内容。由于在开始实习时，以学生安全操作机床为主要目的，因此，加工配分在开始的几个任务中权重较轻，随着任务的深入，该项目的配分将逐渐提高，直至占总分的 70% ~ 80%。

2．程序与工艺配分

该项目主要用于评价程序编写的规范性、合理性和正确性。与加工配分情况相反，在开始几个任务中，程序与工艺将作为配分的重点，但其配分权重将随任务的深入而减小，直至占总分的 20% ~ 30%。

3．机床操作配分

机床操作配分的权重也是前重后轻，即随任务的深入而降低配分权重，直至最终取消该项目的配分或酌情按 10% 的比例配分。

4．安全文明生产配分

安全文明生产配分要体现在每个任务中，在开始的任务中要特别加以强调，以养成学生良好的安全文明生产习惯。

本任务配分权重主要体现在机床操作和安全文明生产的评分中，见表 1–3。

任务二 数控机床的手动操作

知识点

◎ 数控机床坐标系的建立方法。
◎ 数控机床手动对刀的方法。
◎ 用 G54 指令设定工件坐标系的方法。
◎ 数控机床安全操作规程。

技能点

◎ 数控机床开、关机操作，手动回参考点操作。
◎ 手轮进给操作和手动进给操作。
◎ 对刀操作及设定工件坐标系操作。
◎ 手动铣削加工操作。

一、任务描述

通过手动操作方式加工如图 1–26 所示工件的槽（工件的装夹与找正由教师完成），毛坯材料为蜡块。

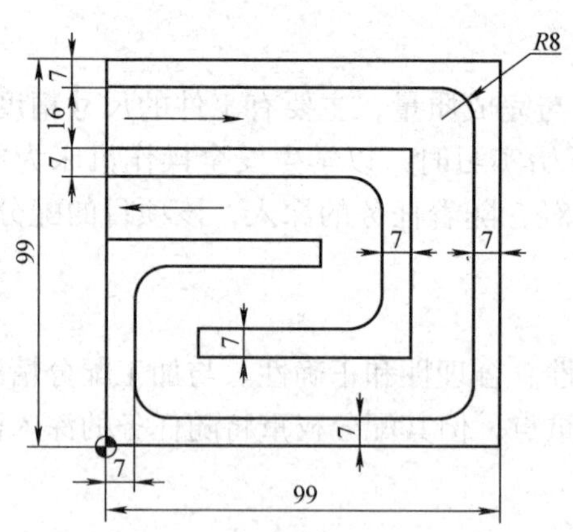

技术要求

1. 槽宽为16，用$\phi 16$的刀具分层切槽或用$\phi 14$的刀具沿槽内进给。

2. 分层切削或沿槽内进给时，刀具不得碰到工件已加工侧壁。

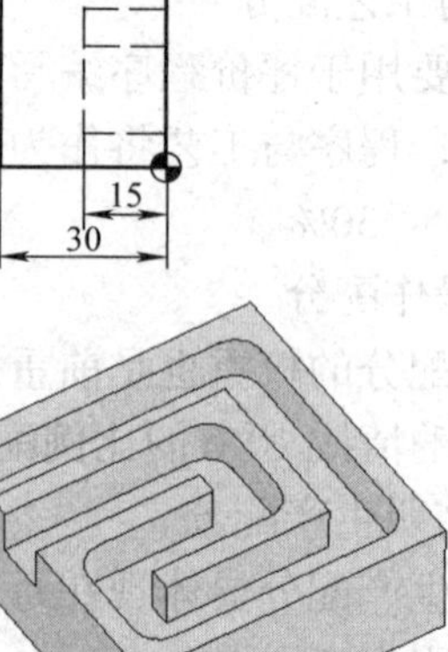

图 1–26　数控机床手动操作任务图

二、任务分析

为了完成该项任务，需掌握建立机床坐标系、工件坐标系等理论知识和数控机床开关机、回参考点、对刀等操作技能，同时应了解数控机床安全操作规程。

【提示】 由于中小型数控铣床工作台在 *XY* 平面内移动方向与坐标轴的方向相反，因此，在手动进给前一定要判断好刀具的移动方向及手摇脉冲发生器的旋向，不可采用“试一试”的方法进给。

三、知识链接

1．机床坐标系和工件坐标系

要实现刀具在数控机床中的移动，首先要知道刀具向哪个方向移动。刀具的移动方向即数控机床的坐标轴方向。因此，数控编程与操作的首要任务就是确定机床坐标系。

（1）机床坐标系

1）机床坐标系的定义。在数控机床上加工工件，机床动作是由数控系统发出的指令来控制的。为了确定机床的运动方向和移动距离，就要在机床上建立一个坐标系，这个坐标系就称为机床坐标系，也称为标准坐标系。

2）机床坐标系中的规定。数控铣床的加工动作主要分刀具动作和工件动作两部分。因此，在确定机床坐标系时，永远假定刀具相对于静止的工件而运动。

对于机床坐标轴的方向，将增大工件和刀具间距离的方向确定为正方向。

机床坐标系采用右手笛卡儿坐标系。如图 1–27 所示，左图中拇指指向为 *X* 轴的正方向，食指指向为 *Y* 轴的正方向，中指指向为 *Z* 轴的正方向；而右图则规定了旋转轴 *A*、*B*、*C* 轴的旋转正方向。

3）机床坐标系的确定。数控铣床的机床坐标轴方向如图 1–28 和图 1–29 所示，确定方法如下。

①*Z* 坐标轴方向。*Z* 坐标轴（简称 *Z* 轴）的运动由传递切削力的主轴所决定，不管哪种机床，与主轴轴线平行的坐标轴即为 *Z* 坐标轴。根据坐标轴正方向的确定原则，在钻、镗、铣加工中，钻入或镗入工件的方向为 *Z* 轴的负方向。

②*X* 坐标轴方向。*X* 坐标轴（简称 *X* 轴）一般为水平方向，它垂直于 *Z* 轴且平行于工件的装夹面。对于立式铣床，*Z* 轴方向是铅垂的，站在工作台前，从刀具主轴向立柱看，水平向右的方向为 *X* 轴的正方向，如图 1–28 所示。对于 *Z* 轴是水平的卧式铣床，从主轴向工件看（即从机床背面向工件看），向右的方向为 *X* 轴的正方向，如图 1–29 所示。

③*Y* 坐标轴方向。*Y* 坐标轴（简称 *Y* 轴）垂直于 *X*、*Z* 坐标轴，其方向根据右手笛卡儿坐标系来进行判别。由此可见，确定坐标系各坐标轴时，总是先根据主轴来确定 *Z* 轴，然后确定 *X* 轴，最后确定 *Y* 轴。

④旋转轴方向。旋转运动 *A*、*B*、*C* 表示其相对应轴线平行于 *X*、*Y*、*Z* 坐标轴的旋转运动。*A*、*B*、*C* 正方向为在 *X*、*Y*、*Z* 坐标轴正方向上按照右旋旋进的方向。

对于工件运动而不是刀具运动的机床，编程人员在编程过程中也要按照刀具相对于工件的运动来进行编程。

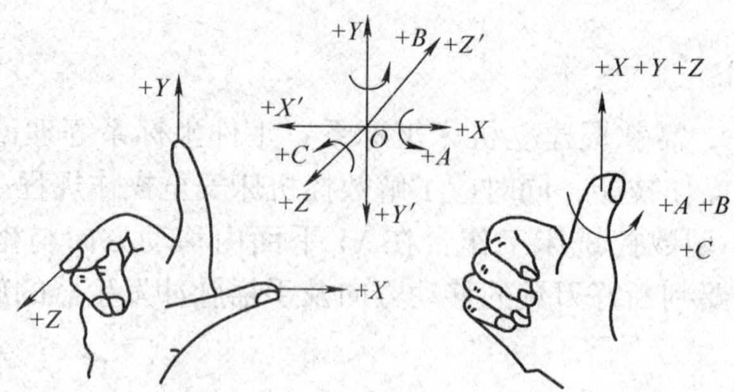

图 1–27　右手笛卡儿坐标系

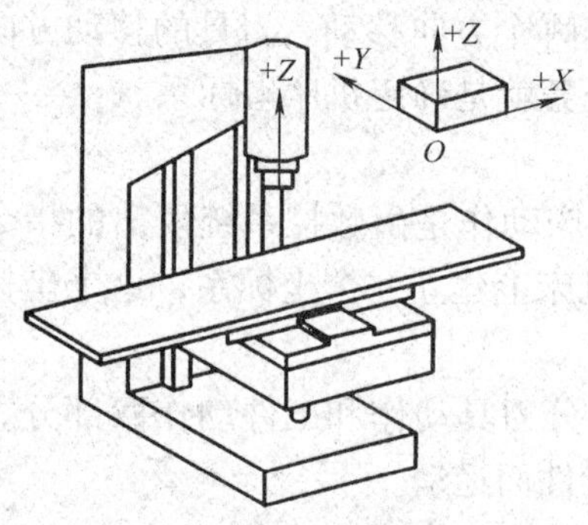

图 1–28　立式铣床机床坐标系

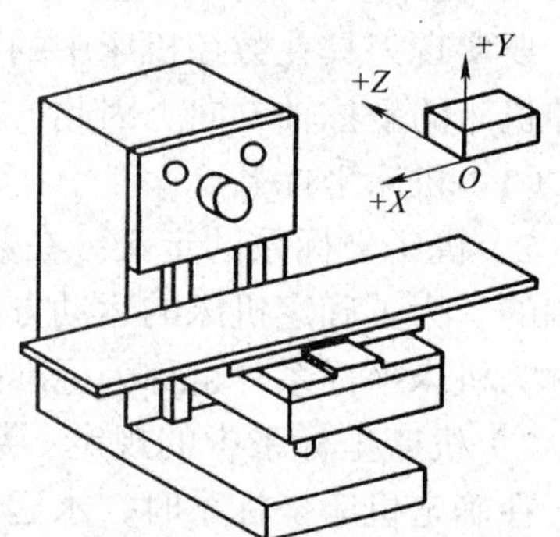

图 1–29　卧式铣床机床坐标系

（2）机床原点、机床参考点

1）机床原点。机床原点（也称为机床零点）是机床上设置的一个固定点，用以确定机床坐标系的原点。它在机床装配、调试时就已设置好，一般情况下不允许用户进行更改。

机床原点又是数控机床加工运动的基准参考点。数控铣床的机床原点一般设在刀具远离工件的极限点处，即坐标轴正方向的极限点处。

2）机床参考点。对于大多数数控机床，开机第一步总是首先进行返回机床参考点（即机床回零）操作。开机回参考点的目的就是建立机床坐标系，并确定机床坐标系的原点。该坐标系一经建立，只要机床不断电，将永远保持不变，并且不能通过编程对它进行修改。

机床参考点是数控机床上一个特殊位置的点。机床参考点与机床原点的距离由系统参数设定，如果其值为零，表示机床参考点和机床原点重合；如果其值不为零，则机床开机回零后显示的机床坐标系的坐标值即是系统参数中设定的距离值。

（3）工件坐标系、工件原点

1）工件坐标系。机床坐标系的建立保证了刀具在机床上的正确运动。由于加工程序的编制通常是针对某一工件的图样进行的，因此为了便于尺寸计算、检查，加工程序的坐标系原点一般都与零件图样的尺寸基准相一致。这种针对某一工件，根据零件图样建立的坐标系称为工件坐标系（也称为编程坐标系）。

2）工件原点。工件原点也称为编程原点，该点是指工件装夹完成后，选择工件上的某一点作为编程或工件加工的原点。

现以立式数控铣床为例来说明工件原点的选择方法。Z 轴方向的原点一般取在工件的上表面。XY 平面原点的选择有两种情况：当工件对称时，一般以对称中心作为 XY 平面的原点；当工件不对称时，一般取工件其中的一角作为 XY 平面原点。如图 1–26 所示的主视图工件的编程原点即设在左下角上平面位置（图中以◕表示）。

3）工件坐标系原点的设定。工件坐标系原点通常通过零点偏置的方法来进行设定，其设定过程为：选择装夹后工件的工件坐标系原点，找出该点在机床坐标系中的绝对坐标值（如图 1–30 中的 a、b 和 c 值），将这些值通过机床操作面板输入机床偏置存储器参数（这种参数有 G54 ~ G59 共计六个）中，从而将机床坐标系原点偏移至工件坐标系原点。找出工件坐标系在机床坐标系中位置的过程称为对刀（见后叙）。

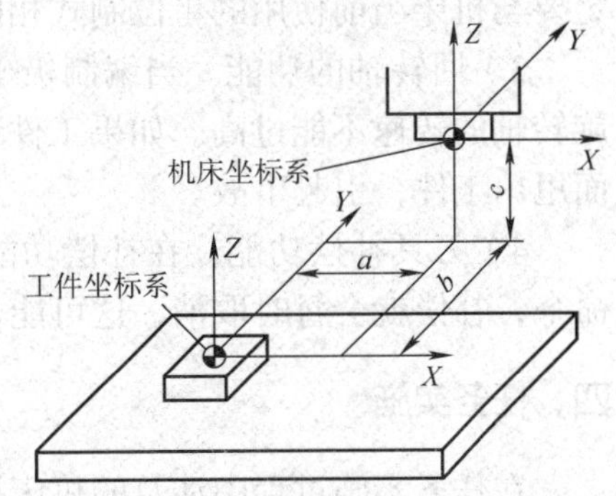

图 1–30 工件坐标系原点设定

通过零点偏置设定工件坐标系的实质就是在编程与加工之前让数控系统知道工件坐标系在机床坐标系中的具体位置。通过这种方法设定的工件坐标系，只要不对其进行修改、删除操作，将永久保存，即使机床关机，其坐标系也将保留。

2. 数控机床安全操作规程

数控机床的操作，一定要做到规范，以避免发生人身、设备、刀具等安全事故。

（1）操作前的安全准备

1）加工零件前，一定要先检查机床是否运行正常。可以通过试车来进行检查。

2）在操作机床前，仔细检查输入的数据，以免引起误操作。

3）确保指定的进给速度与操作所要求的进给速度相适应。

4）当使用刀具补偿时，仔细检查补偿方向与补偿量。

5）数控系统与可编程控制器参数都是机床厂设置的，通常不需要修改，如果必须修改参数，在修改前应确保对参数有深入、全面的了解。

6）机床通电后，数控系统装置尚未出现位置显示或报警画面前，不要碰 MDI 面板上的任何键。MDI 面板上的有些键专门用于维护和特殊操作，在开机的同时按下这些键，可能使机床数据丢失等。

（2）操作过程中的安全操作

1）手动操作。当手动操作机床时，要确定刀具和工件的当前位置并保证正确指定了运动轴、方向和进给速度。

2）手动返回参考点。机床通电后，应先执行手动返回参考点操作。否则，机床的运动将不可预料。

3）手轮进给。在手轮进给时，一定要选择正确的手轮进给倍率，过大的手轮进给倍率容易使刀具或机床损坏。

4）确认工件坐标系。手动干预、机床锁住或镜像操作都可能移动工件坐标系，用程序控制机床前要先确认工件坐标系。

5）空运行。通常应使用机床空运行来确认机床运行的正确性。在空运行期间，机床以空运行的进给速度运行，这与程序输入的进给速度不一样，且空运行的进给速度要比编程用的进给速度快得多。

（3）与编程相关的安全操作

1）坐标系的设定。如果没有设置正确的坐标系，尽管指令是正确的，机床可能并不按操作者想象的动作运动。

2）公、英制的转换。在编程过程中，一定要注意公、英制的转换，使用的单位制式一定要与机床当前使用的单位制式相同。

3）回转轴的功能。当编制极坐标插补或在法线（垂直）方向控制程序时，要特别注意旋转轴的转速不能过高。如果工件装夹不牢，当旋转轴的转速过高时，就会由于离心力过大而甩出工件，引起事故。

4）刀具补偿功能。在补偿功能模式下，发出基于机床坐标系的运动命令或返回参考点命令，补偿就会暂时取消，这可能会导致机床产生预想不到的运动。

四、任务实施

在任务实施过程中涉及的机床按钮请参阅图 1–1。

1. 机床开、关机与返回参考点操作

（1）机床开机

机床开机操作流程及开机后的 CRT 显示器显示画面如图 1–31 所示。

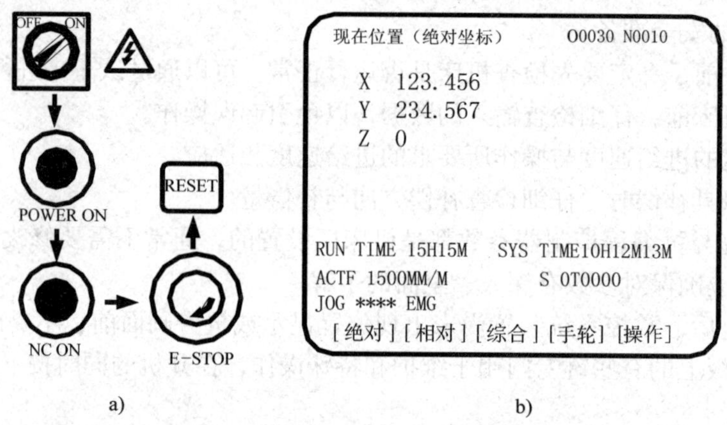

图 1–31 机床开机操作流程及开机后的 CRT 显示器显示画面

a）开机操作流程 b）开机后的 CRT 显示器显示画面

1）检查机床外观是否正常。

2）接通机床电气柜电源，按下“POWER ON”按钮，按下“NC ON”按钮。

3）检查 CRT 显示器的显示内容。

4）如果 CRT 显示器显示“EMG”报警画面，则应松开紧急停止按钮“E–STOP”，再按下 MDI 面板上的复位键 RESET，数秒后机床将复位。

5）检查风扇电动机是否旋转。

（2）机床关机

1）检查操作面板上的循环启动灯是否关闭。

2）检查机床的移动部件是否都已经停止。

3）如有外部输入 / 输出设备接到机床上，先关外部设备的电源。

4）按下紧急停止按钮“E-STOP”，再按下“POWER OFF”按钮，关机床电源，切断总电源（操作流程与图 1-31a 所示开机流程相反）。

（3）手动返回参考点操作

机床手动返回参考点操作流程及返回参考点后的 CRT 显示器显示画面如图 1-32 所示。

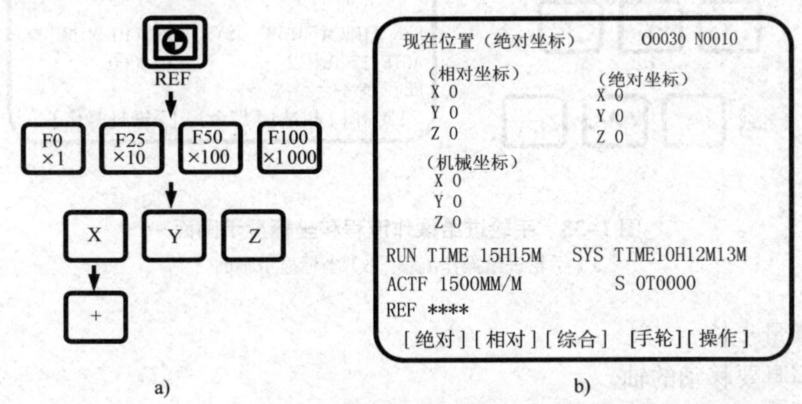

图 1-32 机床手动返回参考点操作流程及返回参考点后的 CRT 显示器显示画面

a）手动返回参考点操作流程 b）返回参考点后的 CRT 显示器显示画面

1）模式选择按钮选“REF”。

2）分别选择返回参考点的轴（“Z”“X”或“Y”），选择快速移动倍率（“F0”“F25”“F50”“F100”）。

3）按下轴的“+”方向选择按钮不松开，直到相应轴返回参考点的指示灯亮。

虽然数控铣床三个轴可以同时回参考点，但为了确保回参考点过程中刀具与机床的安全，数控铣床回参考点一般先进行 *Z* 轴回参考点操作，再进行 *X* 轴和 *Y* 轴回参考点操作。

【提示】 FANUC 系统回参考点操作为按“+”方向选择按钮，如按“–”方向选择按钮则机床不执行动作。机床回参考点时，刀具离参考点不能太近，否则回参考点过程中会出现超程报警。

2．手轮进给操作和手动进给操作

（1）在 MDI 方式下开动主轴

1）模式选择按钮选“MDI”，按下 MDI 功能键 PROG 。

2）在 MDI 面板上输入 S600 M03 EOB （含义后叙），再按下键 INSERT 。

3）按下循环启动按钮“CYCLE START”。此时，主轴正转，转速为 600 r/min。要使主轴停转，可按下键 RESET 。

通过以上操作后，在手轮“HANDLE”和手动“JOG”模式下，即可按下按钮“CW”使主轴正转。

（2）手轮进给

手轮进给操作流程和坐标显示画面如图 1-33 所示。该显示画面中有三个坐标系，分别是机械坐标系（即前面所述的机床坐标系）、绝对坐标系（显示刀具在工件坐标系中的绝对坐标）和相对坐标系。

1）模式选择按钮选“HANDLE”。

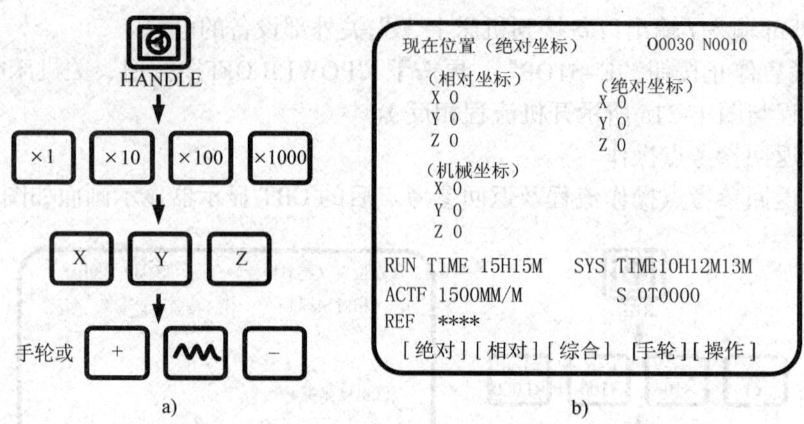

图 1–33 手轮进给操作流程和坐标显示画面

a）手轮进给操作流程 b）坐标显示画面

2）选择增量步长。

3）选择刀具要移动的轴。

4）旋转手摇脉冲发生器向相应的方向移动刀具。

（3）手动慢速进给

模式选择按钮选“JOG”，其余动作类似于手轮进给操作，操作步骤略。

（4）增量进给

模式选择按钮选“JOG”，其余动作类似于手轮进给操作，操作步骤略。

（5）手动快速进给

在手动快速进给过程中，按下方向选择按钮（“+”或“-”）后同时按下方向选择按钮中间的快速移动按钮，即可使刀具沿指定方向快速移动。

（6）超程解除

在进给过程中，由于进给方向错误，常会发生超行程报警现象，解除过程如下。

1）模式选择按钮选“HANDLE”。

2）按下“超程解除”按钮不要松开，同时按下功能键 RESET，消除报警画面。

3）仍不松开“超程解除”按钮，向超程的反方向移动刀具，退出超行程位置，机床即可恢复正常。

【提示】 手动进给操作时，进给方向一定不能搞错，这是数控机床操作的基本功。

3．对刀及设定工件坐标系操作

（1）认识对刀器和对刀仪

在数控铣床或加工中心上常使用对刀器（也称找正器）和对刀仪进行对刀。所谓对刀器和对刀仪，是指用于测定刀具与工件相对位置的仪器。加工中心常用对刀仪器如图 1–34 所示，主要有机械偏心式寻边器、电子式寻边器、机械式对刀器等。

本任务采用机械偏心式寻边器和心棒进行对刀。

（2）*XY* 平面的对刀

1）模式选择按钮选“HANDLE”，在主轴上安装好对刀器。

2）按下主轴正转按钮“CW”，主轴将以前面设定的转速正转。

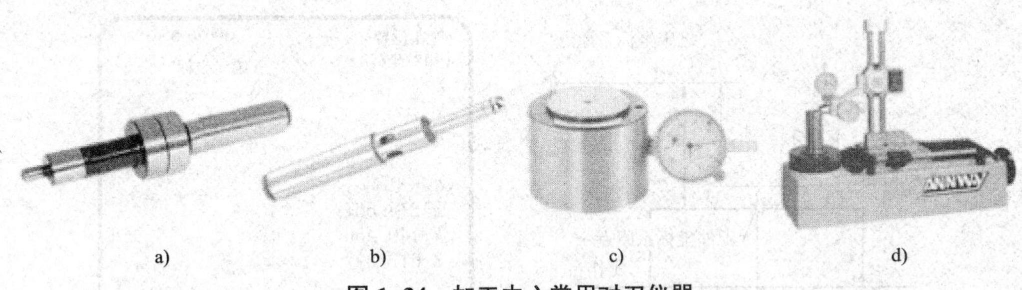

图 1–34 加工中心常用对刀仪器

a）机械偏心式寻边器 b）电子式寻边器 c）机械式对刀器 d）机外对刀仪

3）按下POS键，再按下软键［综合］，此时 CRT 显示器出现如图 1–35b 所示画面。

4）选择相应的轴选择按钮，摇动手摇脉冲发生器，使其接近 X 轴方向的一条侧边（见图 1–35a），降低手动进给速度倍率，使对刀器慢慢接近工件侧边，正确找正侧边 A 点。记录 CRT 显示器显示画面中机床坐标系的 X 值，设为 X_1（假设 X_1=–234.567）。

5）用同样的方法找正侧边 B 点，记录尺寸 X_2 值（假设 X_2=–154.789）。

6）计算出工件坐标系原点的 X 值，$X=(X_1+X_2)/2$。

7）重复步骤 4）、5）、6），用同样的方法测量并计算出工件坐标系原点的 Y 值。

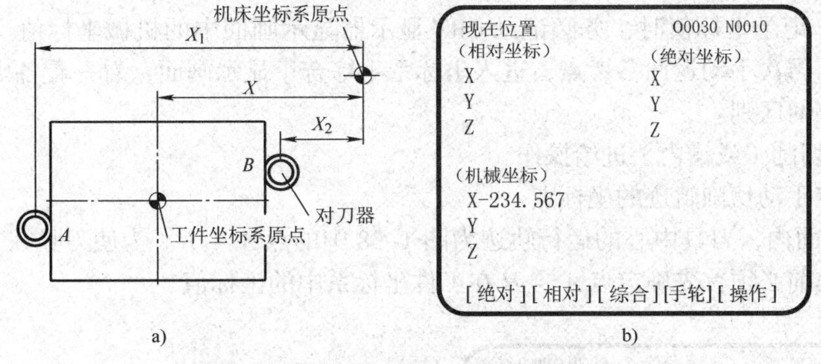

图 1–35 *XY* 平面内的对刀操作与 CRT 显示器显示画面

a）*XY* 平面内的对刀操作 b）CRT 显示器显示画面

（3）Z 轴方向的对刀

1）将主轴停转，手动换上切削用刀具。

2）在工件上方放置一个 ϕ10 mm 的测量心棒（或量块），在“HANDLE”模式下选择相应的轴选择按钮，摇动手摇脉冲发生器，使其在 Z 轴方向接近心棒，降低手动进给速度倍率，使刀具与心棒微微接触，记录 CRT 显示器显示画面中机床坐标系的 Z 值，设为 Z_1（假设 Z_1=–61.123），如图 1–36 所示。

3）计算出工件坐标系原点的 Z 值，$Z=Z_1-10.0$（心棒直径）。

4）如果是加工中心，同时使用多把刀具进行加工，则可重复以上步骤，分别测出各自不同的 Z 值。

（4）工件坐标系的设定

将工件坐标系设定在 G54 参数中，其设定过程如下。

1）按下功能键OFFSET SETTING。

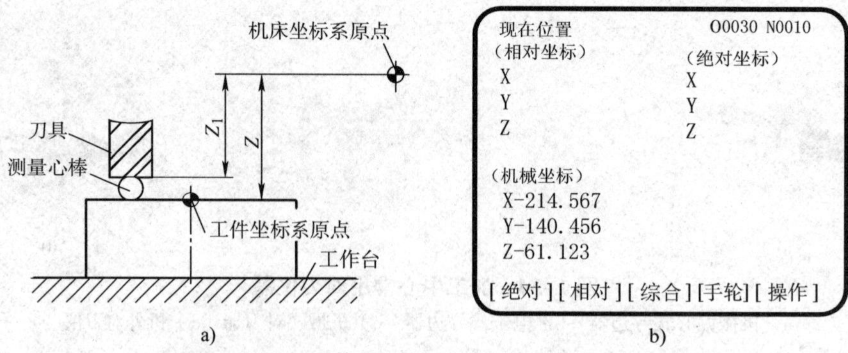

图 1–36　*Z* 轴方向的对刀操作与 CRT 显示器显示画面

a）*Z* 轴方向的对刀操作　b）CRT 显示器显示画面

2）按下 CRT 显示器下的软键［WORK］，出现如图 1–37 所示显示画面。

3）向下移动光标，到 G54 坐标系 *X* 处，输入前面计算出的 *X* 值（注意不要输入地址 *X*），按下功能键 INPUT。

4）将光标移到 G54 坐标系 *Y* 处，输入前面计算出的 *Y* 值，按下功能键 INPUT。

5）用同样的方法，将计算出的 *Z* 值输入 G54 参数中。

【提示】 记录坐标值时，务必记录 CRT 显示器显示画面中的机械坐标值。工件坐标系设定完成后，再次手动返回参考点，进入坐标系［综合］显示画面，看一看各坐标系的坐标值与设定前有何区别。

4. 手动切削（或槽内）进给操作

（1）确定手动切削轨迹的坐标点

在 *XY* 平面内，刀具中心的运行轨迹为图 1–38 中的点 *A* ～ *H*。为使刀具在 *XY* 平面内正确移动，操作前必须首先确定点 *A* ～ *H* 在工件坐标系中的坐标值。

```
WORK COORDINATES                      O0001 N0000
 (G54)
 NO.DATA                       NO.DATA
 00      X 0.000               02      X 0.000
 (EXT)   Y 0.000               (G55)   Y 0.000
         Z 0.000                       Z 0.000

 01      X -199.678            03      X 0.000
 (G54)   Y -145.456            (G56)   Y 0.000
         Z -71.123                     Z 0.000

   [OFFSET] [SETING] [WORK] [   ] [OPRT]
```

图 1–37　工件坐标系的设定显示画面

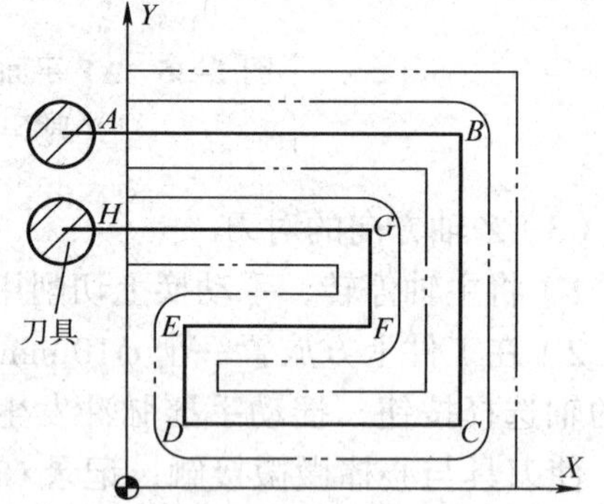

图 1–38　刀具中心在 *XY* 平面内的运行轨迹图

为了避免刀具在快速落刀与抬刀过程中与工件发生碰撞，在 *XY* 平面内刀具切削进给的开始点（图 1–38 中的 *A* 点）与结束点（图 1–38 中的 *H* 点）要离开工件侧面约一个刀具直径的距离。

根据该工件的工件坐标系位置，计算出点 *A* ～ *H* 在 *XY* 平面内的坐标为：*A*（–16.0，84.0）、*B*（84.0，84.0）、*C*（84.0，15.0）、*D*（15.0，15.0）、*E*（15.0，38.0）、*F*（61.0，38.0）、

G（61.0，61.0）、*H*（–15.0，61.0）。

（2）工件切削加工

对刀及工件坐标系设定完成后，进行工件切削加工的操作步骤如下。

1）刀具沿 *Z* 轴方向回参考点后，模式选择按钮选“HANDLE”，按下主轴正转按钮“CW”。

2）按功能键 POS，并按 CRT 显示器下方的软键［综合］，这时的 CRT 显示器显示如图 1–33b 所示。

3）选择增量步长选择按钮“×100”，根据刀具当前位置和 CRT 显示器上显示的绝对坐标值，摇动手摇脉冲发生器在 *XY* 平面移动刀具到 *A* 点处（当靠近该点时，应选择较小的增量步长），使 CRT 显示器中显示的绝对坐标值为：*X*–16.0，*Y*84.0。

4）选择手摇进给轴“*Z*”，仅在 –*Z* 轴方向移动刀具，使刀具下降到绝对坐标 *Z*–5.0 处。

5）选择手摇进给轴“*X*”，在 +*X* 轴方向移动刀具至 *B* 点（84.0，84.0）；手摇进给轴转换成“*Y*”，在 –*Y* 轴方向移动刀具至 *C* 点（84.0，15.0）；依此操作，直至刀具移动到 *H* 点（–15.0，61.0）。

6）*Z* 向切削深度至绝对坐标 *Z*–10.0 处，重复步骤 5），完成整个槽的切削后，再沿 *Z* 轴方向退出刀具。

【提示】 在切削进给过程中，要注意尽可能保持切削进给速度即手摇速度的一致性。

以上切削操作也可采用手动切削进给（“JOG”）方式进行，为精确定位到某一点，在靠近该点处时，可选择增量进给方式进给。

五、配分权重（见表 1–4）

表 1–4　　数控机床的手动操作配分权重表

工件编号				总得分		
项目与权重	序号	技术要求	配分	评分标准	检测记录	得分
加工（15%）	1	外形正确	5	出错全扣		
	2	侧面无过切	5	每处错误扣 1 分		
	3	分层切削轮廓一致	5	不一致全扣		
程序与工艺（5%）	4	坐标点计算正确	5	每处错误扣 1 分		
机床操作（40%）	5	对刀操作正确	10	每处错误扣 2 分		
	6	坐标系设定正确	5	出错全扣		
	7	进给参数设定合理	5	每处不合理扣 1 分		
	8	进给方向正确	10	每处错误扣 2 分		
	9	机床操作正确	10	每处错误扣 5 分		
安全文明生产（40%）	10	符合安全操作要求	20	出错全扣		
	11	机床维护与保养正确	10	出错全扣		
	12	工作场所整理合格	10	不合格全扣		

注：本表中仅列出任务评分的几大项目，每一项目的分支项目在任务具体实施过程中进行配置。后面任务的配分类同。

任务三 数控加工程序输入与编辑

知识点

◎ 数控编程的定义、分类、步骤、特点与要求。
◎ 数控编程常用功能指令。
◎ 数控加工程序与程序段格式。
◎ 数控加工程序手工输入与编辑方法。
◎ 数控加工程序在数控机床上的校验方法。

技能点

◎ 数控加工程序的手工输入与编辑。
◎ 数控加工程序校验与数控机床图形显示功能操作。

一、任务描述

将下列数控铣床加工程序手工输入数控装置，并进行程序校验。

```
O0010;
G90 G94 G40 G17 G21 G54;
G91 G28 Z0;
G90 G00 X-16.0 Y84.0;
        Z20.0;
M03 S600 M08;
G01 Z-5.0 F100;
    X84.0;
    Y15.0;
    X15.0;
    Y38.0;
    X61.0;
    Y61.0;
    X-15.0;
G00 Z50.0 M09;
M30;
```

二、任务分析

数控加工中，每一任务都涉及程序的输入与编辑。要完成该项任务，需掌握数控编程、数控程序及程序段格式、数控系统常用功能等理论知识以及数控加工程序的编辑、校验等操作技能。

本任务的教学重点是数控加工程序的输入。如果学校有数控仿真设备，本任务的操作可在数控仿真设备上完成。

三、知识链接

1．数控编程

（1）数控编程的定义

为了使数控机床能根据零件加工的要求进行动作，必须将这些要求以机床数控系统能识别的指令形式告知数控系统，这种数控系统可以识别的指令称为程序，制作程序的过程称为数控编程。

数控编程的过程不仅指编写数控加工指令代码的过程，它包括从零件分析到编写加工指令代码，再到制成控制介质以及完成程序校核的全过程。在编程时首先要进行零件加工工艺分析，确定加工工艺路线、工艺参数、刀具运行轨迹、位移量、切削用量（切削速度、进给量、背吃刀量）以及各项辅助功能（换刀、主轴正反转、切削液开关等）；然后根据数控机床规定的指令代码和程序格式编写数控加工程序单；再把数控加工程序单中的内容记录在控制介质（如移动存储器、硬盘）上，检查无误后采用手工输入方式或计算机传输方式输入数控机床的数控装置中，用来控制机床加工零件。

（2）数控编程的分类

数控编程可分为手工编程和自动编程两种方式。

1）手工编程。手工编程是指编制加工程序的全过程，即图样分析、工艺处理、数值计算、编写数控加工程序单、制作控制介质、程序校验等都由手工来完成。

手工编程不需要计算机、编程器、编程软件等辅助设备，只要有合格的编程人员即可完成。手工编程具有编程快速、及时的优点，但其缺点是不能进行复杂曲面的编程。手工编程比较适合批量较大、形状简单、计算方便、轮廓由线段或圆弧组成的零件的加工。对于形状复杂的零件，特别是具有非圆曲线、列表曲线及曲面的零件，采用手工编程则比较困难，最好采用自动编程的方式进行编程。

2）自动编程。自动编程是指用计算机编制数控加工程序的过程。

自动编程的优点是效率高，程序正确性好。自动编程由计算机代替人完成复杂的坐标计算和书写数控加工程序单的工作，它可以解决许多手工编程无法完成的复杂零件编程难题，但其缺点是必须具备自动编程系统或编程软件。自动编程较适合于形状复杂零件的加工程序编制，如模具加工编程、多轴联动加工编程等。

采用 CAD/CAM 软件自动编程与加工的过程为：图样分析、零件造型、生成刀具运行轨迹、后置处理生成加工程序、程序校验、程序传输并进行加工。

（3）手工编程的步骤

手工编程的步骤如图 1–39 所示。

1）分析零件图样。主要进行零件轮廓分析，零件尺寸精度、几何精度、表面粗糙度、技术要求分析，以及零件材料、热处理等要求分析。

2）确定加工工艺。选择加工方案，确定加工路线，选择定位与夹紧方式，选择刀具，选择各项切削参数，选择对刀点、换刀点等。

3）数值计算。选择编程坐标系原点，对零件轮廓上各基点或节点进行准确的数值计算，为编写数控加工程序单做好准备。

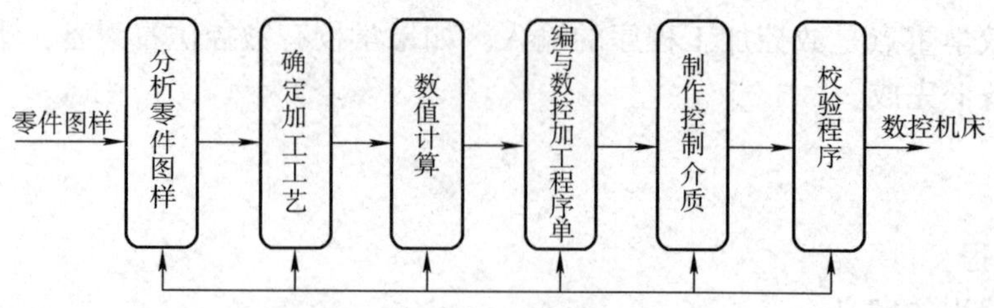

图 1–39　手工编程的步骤

4）编写数控加工程序单。根据数控机床规定的指令及程序格式编写数控加工程序单。

5）制作控制介质。简单的数控加工程序可直接通过键盘手工输入。当需要自动输入加工程序时，必须预先制作控制介质，采用计算机传输进行自动输入。

6）校验程序。加工程序必须经过校验并确认无误后才能使用。程序校验一般采用机床空运行的方式进行，有图形显示功能的机床可直接在 CRT 显示器上进行校验，另外还可采用计算机数控模拟等方式进行校验。

（4）数控铣床 / 加工中心编程特点

1）为了方便编程中的数值计算，在数控铣床 / 加工中心编程中广泛采用刀具半径补偿方式来进行编程。

2）为适应数控铣床 / 加工中心的加工需要，对于常见的镗孔、钻孔切削加工动作，可以通过采用数控系统本身具备的固定循环功能来实现，以简化编程。

3）大多数数控铣床与加工中心都具备镜像加工、比例缩放等特殊编程功能以及极坐标编程功能，以提高编程效率，简化程序。

4）根据加工批量的大小，决定加工中心采用自动换刀还是手动换刀。对于单件或很小批量的工件加工，一般采用手动换刀；而对于批量大于 10 件且刀具更换频繁的工件加工，一般采用自动换刀。

5）数控铣床与加工中心广泛采用子程序编程的方法。编程时尽量将不同工序内容的程序分别安排到不同的子程序中，以便于对每一独立的工序进行单独的调试，也便于因加工顺序不合理而重新调整加工程序。主程序主要用于完成换刀及子程序的调用等工作。

2. 数控加工程序的格式

每一种数控系统，根据系统本身的特点与编程的需要，都规定有一定的程序格式。因此，编程人员必须严格按照机床（系统）说明书规定的格式进行编程。各数控系统程序的基本格式是相同的。

（1）程序的组成

一个完整的程序由程序号、程序内容和程序结束组成，如下所示。

```
O0010;                              程序号
G90 G94 G40 G17 G21 G54;  ┐
G91 G28 Z0;               │
G90 G00 X–16.0 Y84.0;     │
        Z20.0;            ├         程序内容
M03 S600 M08;             │
…                         │
G00 Z50.0 M09;            ┘
M30;                                程序结束
```

1）程序号（又称为程序名）。每一个存储在系统存储器中的程序都需要指定一个代号以相互区别，这种用于区别加工程序的代号称为程序号。因为程序号是加工程序开始部分的识别标记，所以同一数控系统中的程序号不能重复。

程序号写在程序的最前面，必须单独占一行。

FANUC 系统程序号的书写格式为 O××××（其中 O 为地址符，其后为四位数字），其值为 O0000 ~ O9999。在书写时数字前的零可以省略不写，如 O0020 可写成 O20。

2）程序内容。程序内容是整个加工程序的核心，它由许多程序段组成，每个程序段由一个或多个指令字构成，它表示数控机床除程序结束外的全部动作。

3）程序结束。程序结束由程序结束指令构成，它必须写在程序的最后。

可以作为程序结束指令的有 M02 和 M30，它们代表加工程序的结束。为了保证最后程序段的正常执行，通常要求 M02 或 M30 单独占一行。

子程序结束指令因不同的系统而异，如 FANUC 系统用 M99 表示子程序结束后返回主程序，而在 SIEMENS 系统中则通常用 M17、M02 或字符“RET”作为子程序的结束指令。

（2）程序段的组成

1）程序段的基本格式。程序段格式是指在一个程序段中，字、字符、数据的排列、书写方式和顺序。

程序段是程序的基本组成部分，每个程序段由若干个地址字构成，而地址字又由表示地址的英文字母、特殊文字和数字构成，如 X30、G71 等。通常情况下，程序段格式有可变程序段格式、使用分隔符的程序段格式、固定程序段格式三种。本节主要介绍当前数控机床上常用的可变程序段格式，其格式如下：

N	G	X Y Z	F	S	T	M	LF
程序段号	准备功能	尺寸功能	进给功能	主轴功能	刀具功能	辅助功能	结束标记

例 1–3–1 N50 G01 X30.0 Z30.0 F100 S800 T01 M03；

2）程序段号与程序段结束。程序段由程序段号 N×× 开始，以程序段结束标记“CR”（或“LF”）结束，实际使用时，常用符号“；”或“*”表示“CR”（或“LF”），本书中一律以符号“；”表示程序段结束。

N×× 为程序段号，由地址符 N 和后面的若干位数字表示。在大部分系统中，程序段号仅作为“跳转”或“程序检索”的目标位置指示。因此，它的大小及次序可以颠倒，也可以省略。程序段在存储器内以输入的先后顺序排列，而程序的执行严格按信息在存储器内的先后顺序逐段执行，也就是说执行的先后次序与程序段号无关。但是，当程序段号省略时，该程序段将不能作为“跳转”或“程序检索”的目标程序段。

程序段的中间部分是程序段的内容，主要包括准备功能字、尺寸功能字、进给功能字、主轴功能字、刀具功能字、辅助功能字等，但并不是所有程序段都必须包含这些功能字，有时一个程序段内可仅含有其中一个或几个功能字。

例 1–3–2 N10 G01 X100.0 F100；

例 1–3–3 N80 M05；

程序段号也可以由数控系统自动生成，程序段号的增值量可以通过“机床参数”进行设置，一般可设定增量值为 10，以便在修改程序时方便进行“插入”操作。

3）程序的斜杠跳跃。有时在程序段的前面编有“/”符号，该符号称为斜杠跳跃符号，该程序段称为可跳跃程序段。

例 1–3–4 /N10 G00 X100.0；

这样的程序段，可以由操作者对执行情况进行控制。当操作机床并使系统的“跳过程序段”信号生效时，程序在执行中将跳过这些程序段；当“跳过程序段”信号无效时，该程序段照常执行，即与不加“/”符号的程序段相同。

4）程序段注释。为了方便检查、阅读数控加工程序，在许多数控系统中允许对程序段进行注释，注释可以作为对操作者的提示显示在 CRT 显示器上，但注释对机床动作没有丝毫影响。FANUC 系统的程序注释用“(　)”括起来，而且必须放在程序段的最后，不允许将注释插在地址符和数字之间。如以下程序段所示：

```
O0010;              (PROGRAM NAME - 10)
G21 G98 G40;
T0101;              (TOOL 01)
…
```

3．数控系统常用功能

数控系统常用功能有准备功能、辅助功能和其他功能，这些功能是编制加工程序的基础。

（1）准备功能

准备功能又称 G 功能或 G 指令，是数控机床完成某些准备动作的指令。它由地址符 G 和后面的两位数字组成，从 G00 ~ G99 共 100 种，如 G01、G41 等。目前，随着数控系统功能不断增加，有的系统已采用三位数的功能指令，如 SIEMENS 系统中的 G450、G451 等。

从 G00 ~ G99 虽有 100 种 G 指令，但并不是每种指令都有实际意义，有些指令在国际标准（ISO）及我国相关标准中并没有指定功能，即“不指定”，这些指令主要用于将来修改其标准时指定新的功能。还有一些指令，即使在修改标准时也永不指定其功能，即“永不指定”，这些指令可由机床设计者根据需要自行规定其功能，但必须在机床的出厂说明书中予以说明。

（2）辅助功能

辅助功能又称 M 功能或 M 指令。它由地址符 M 和后面的两位数字组成，从 M00 ~ M99 共 100 种。

辅助功能主要控制机床或系统的各种辅助动作，如机床或系统的电源开、关，切削液的开、关，主轴的正转、反转、停转，以及程序的结束等。

因数控系统及机床生产厂家的不同，其 G 或 M 指令的功能也不尽相同，甚至有些指令与 ISO 标准指令的含义也不相同。因此，一方面迫切希望对数控指令的使用贯彻标准化；另一方面在进行数控编程时，一定要严格按照机床说明书的规定进行。

在同一程序段中，既有 M 指令又有其他指令时，M 指令与其他指令执行的先后次序由机床系统参数设定。因此，为保证程序以正确的次序执行，有很多 M 指令如 M30、M02、M98 等最好以单独的程序段进行编程。

（3）其他功能

1）坐标功能。坐标功能字（又称尺寸功能字）用来设定机床各坐标的位移量。它一般以 X、Y、Z、U、V、W、P、Q、R、A、B、C、D、E 以及 I、J、K 等地址符为首，在地址符后紧跟“+”或“-”号和一组数字表示，分别用于指定直线坐标、角度坐标及圆心坐标的位移量。如 X100.0、A-30.0、I-10.105 等。

2）刀具功能。刀具功能是指系统进行选（转）刀或换刀的功能指令，也称为 T 功能。刀具功能用地址符 T 及后面的一组数字表示。常用刀具功能的指定方法有 T4 位数法和 T2 位数法。

①T4 位数法。4 位数的前 2 位数用于指定刀具号，后 2 位数用于指定刀具补偿存储器号。刀具号与刀具补偿存储器号可以相同，也可以不同。如 T0101 表示选 1 号刀具及选 1 号刀具补偿存储器中的补偿值，而 T0102 则表示选 1 号刀具及选 2 号刀具补偿存储器中的补偿值。FANUC 系统及部分国产系统数控车床大多采用 T4 位数法。

②T2 位数法。该指令仅指定了刀具号，刀具补偿存储器号则由其他指令（如 D 或 H 指令）指定。同样，刀具号与刀具补偿存储器号可以相同，也可以不同。如 T04 D01 表示选用 4 号刀具及 4 号刀具对应 1 号刀具补偿存储器中的补偿值。数控铣床 / 加工中心普遍采用 T2 位数法。

3）进给功能。用来指定刀具相对于工件运动速度的功能称为进给功能，由地址符 F 和其后面的数字组成。根据加工的需要，进给功能分为每分钟进给和每转进给两种，并以其对应的功能字进行转换。

①每分钟进给。直线运动的单位为 mm/min。数控铣床的每分钟进给通过 G94 指令来指定，其值为大于零的常数。

例 1-3-5 G94 G01 X20.0 F100；（进给速度为 100 mm/min）

②每转进给。在加工公制螺纹过程中，常使用每转进给来指定进给速度（该进给速度即表示螺纹的螺距或导程），其单位为 mm/r，通过 G95 指令来指定。

例 1-3-6 G95 G33 Z-50.0 F2；（进给速度为 2 mm/r，即螺纹的螺距或导程为 2 mm）

例 1-3-7 G95 G01 X20.0 F0.2；（进给速度为 0.2 mm/r）

在编程时，进给速度不允许用负值来表示，也不允许用 F0 来控制进给停止。在除螺纹加工以外的实际操作过程中，均可通过操作机床操作面板上的进给速度倍率旋钮来对进给速度值进行实时修正。这时，通过进给速度倍率旋钮可以控制进给速度的值为 0。

4）主轴功能。用以控制主轴转速的功能称为主轴功能，亦称为 S 功能，由地址符 S 及其后面的一组数字组成。根据加工的需要，主轴转速分为转速 n 和恒线速度 v 两种。

①转速 n。转速 n 的单位是 r/min，用 G97 指令来指定，其值为大于零的常数。指令格式如下：

G97 S1 000;　　　　　　（主轴转速为 1 000 r/min）

②恒线速度 v。在加工某些非圆柱体表面时，为了保证工件的表面质量，主轴需要满足其线速度恒定不变的要求而自动实时调整转速，这种速度称为恒线速度。恒线速度的单位为 m/min，用 G96 指令来指定。恒线速度指令格式如下：

G96 S100;　　　　　　（主轴恒线速度为 100 m/min）

如图 1-40 所示，恒线速度 v 与转速 n 之间可以相互换算，其换算关系如下：

$$v=\pi Dn/1\,000$$

$$n=1\,000v/\pi D$$

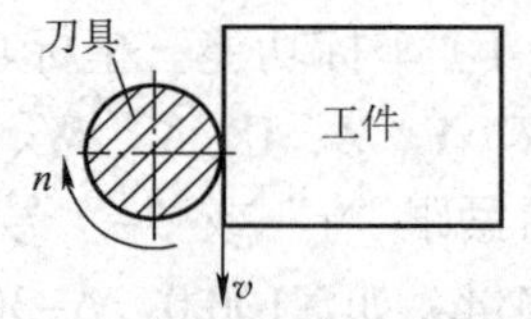

图 1–40 恒线速度与转速的关系

式中 v——恒线速度，m/min；

D——刀具直径，mm；

n——主轴转速，r/min。

在编程时，主轴转速不允许用负值来表示，但允许用 S0 使主轴停止。在实际操作过程中，可通过机床操作面板上的主轴转速倍率调整旋钮来对主轴转速值进行修正。

③主轴的启、停。在程序中，主轴的正转、反转、停转由 M03、M04、M05 指令进行控制。其中，M03 表示主轴正转，M04 表示主轴反转，M05 表示主轴停转。其指令格式如下：

G97 M03 S300;　　　　　　（主轴正转，转速为 300 r/min）

M05;　　　　　　　　　　（主轴停转）

（4）常用功能指令的属性

1）指令分组。所谓指令分组，就是将系统中不能同时执行的指令分为一组，并以编号区别。例如 G00、G01、G02、G03 就属于同组指令，其编号为 01 组。类似的同组指令还有很多，详见附表 1 和附表 2。

同组指令具有相互取代的作用，同一组指令在一个程序段内只能有一个生效。当在同一程序段内出现两个或两个以上的同组指令时，只执行最后输入的指令，有的机床此时会出现系统报警。对于不同组的指令，在同一程序段内可以进行不同的组合。例如：

G90 G94 G40 G21 G17 G54;　　　　（这是规范、正确的程序段，所有指令均不同组）

G01 G02 X30.0 Y30.0 R30.0 F100;（这是不规范的程序段，其中，G01 与 G02 是同组指令）

2）模态 / 非模态指令。模态指令（又称为续效指令）表示该指令在某个程序段中一经指定，在接下来的程序段中将持续有效，直到出现同组的另一个指令时该指令才失效，如常用的 G00、G01、G02、G03 及 F、S、T 等指令。

模态指令的出现，避免了在程序中出现大量的重复指令，使程序变得清晰明了。同样，当尺寸功能字在前后程序段中重复出现，则该尺寸功能字也可以省略。在例 1–3–8 程序段中，有下划线的指令可以省略。

例 1–3–8　G01 X20.0 Y20.0 F150.0;

G01 X30.0 Y20.0 F150.0;

G02 X30.0 Y–20.0 R20.0 F100.0;

以上程序可写成：

G01 X20.0 Y20.0 F150.0;

X30.0;

G02 Y–20.0 R20.0 F100.0;

仅在编入的程序段内有效的指令称为非模态指令（或称为非续效指令），如 G 指令中的 G04 指令、M 指令中的 M00 指令等。

对于模态指令与非模态指令的具体规定，因数控系统的不同而各异，编程时请查阅有关系统说明书。

3）开机默认指令。为了避免编程人员遗漏指令，数控系统对每一组的指令，都选取其中的一个作为开机默认指令，此指令在开机或系统复位时可以自动生效。

常见的开机默认指令有 G01、G17、G40、G54、G94、G97 等。当程序中没有 G96 或 G97 指令时，用程序段“M03 S200；”指定主轴的正转转速为 200 r/min。

四、任务实施

1．程序、程序段和程序字的操作

（1）程序操作

1）建立一个新程序。建立新程序流程及显示画面如图 1-41 所示。

①模式选择按钮选“EDIT”。

②按下功能键PROG。

③输入程序号（如 O0123）。

④按下功能键INSERT即可完成新程序“O0123”的插入。

【提示】 建立新程序时，要注意建立的程序号应为内存储器中没有的程序号。

2）调用内存储器中储存的程序

①模式选择按钮选“EDIT”。

②按下功能键PROG，输入要调用的程序号，如 O0123。

③按下光标向下移动键即可完成程序“O0123”的调用。

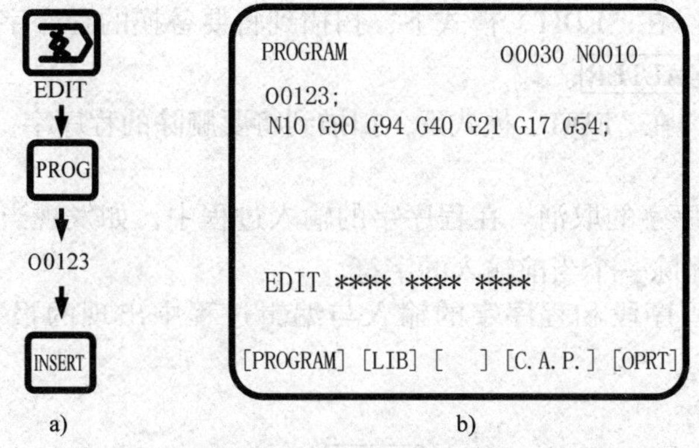

图 1-41 建立新程序流程及显示画面

a）建立新程序流程 b）建立新程序后显示画面

【提示】 调用程序时，一定要调用内存储器中已存在的程序。

3）删除程序

①模式选择按钮选“EDIT”。

②按下功能键PROG，输入要删除的程序号，如 O0123。

③按下功能键DELETE即可完成单个程序“O0123”的删除。

如果要删除内存储器中的所有程序，只要在输入“O-9999”后按下功能键DELETE即可。

如果要删除指定范围内的程序，只要在输入“OXXXX，OYYYY”后按下功能键DELETE即可将内存储器中“OXXXX ~ OYYYY”的所有程序删除。

（2）程序段操作

1）删除程序段

①模式选择按钮选“EDIT”。

②用光标移动键检索或扫描到将要删除的程序段地址 N（如 N0010），按下功能键EOB。

③按下DELETE键，将当前光标所在的程序段删除。

如果要删除多个程序段，则用光标移动键检索或扫描到将要删除的程序段开始地址 N（如 N0010），输入 N 和最后一个程序段号（如 N1000），按下功能键DELETE，即可将 N0010 ~ N1000 的所有程序段删除。

2）程序段的检索。程序段的检索功能主要用于自动运行过程中。检索过程如下。

①按下模式选择按钮“AUTO”。

②按下功能键PROG，显示程序，输入 N 及要检索的程序段号，按下屏幕软键［N SRH］即可检索到所要检索的程序段。

（3）程序字操作

1）扫描程序字。模式选择按钮选“EDIT”，按下光标向左或向右移动键，光标将在 CRT 显示器上向左或向右移动一个地址字；按下光标向上或向下移动键，光标将移动到上一个或下一个程序段的开头；按下功能键PAGE UP或PAGE DOWN，光标将向前或向后翻页显示。

2）跳到程序开头。在“EDIT”模式下，按下功能键RESET即可使光标跳到程序开头。

3）插入一个程序字。在“EDIT”模式下，扫描要插入的位置，输入要插入的地址字和数据，按下功能键INSERT。

4）程序字的替换。在“EDIT”模式下，扫描到将要替换的程序字，输入要替换的地址字和数据，按下功能键ALTER。

5）程序字的删除。在“EDIT”模式下，扫描到将要删除的程序字，按下功能键DELETE即可。

6）输入过程中程序字的取消。在程序字的输入过程中，如发现当前字符输入错误，则按一次功能键CAN，删除一个当前输入的字符。

【提示】 程序、程序段和程序字的输入与编辑过程中出现的报警，可通过按功能键RESET来消除。

2. 输入本任务程序

模式选择按钮选“EDIT”，按功能键PROG，将程序保护置在“OFF”位置，然后输入下列程序及选择功能按钮。

O0010 EOB INSERT

G90 G95 G40 G17 G21 EOB INSERT

G91 G28 Z0 EOB INSERT

G90 G00 X-16.0 Y84.0 EOB INSERT

Z20.0 EOB INSERT

M03 S600 M08 EOB INSERT

…

G00 Z50.0 M09 EOB INSERT

M30 EOB INSERT

RESET

输入后，发现第二行中 G95 应改成 G94，且少输了 G54，第四行中多输了 M04，做如下修改。

将光标移动到 G95 上，输入 G94，按下功能键ALTER。

将光标移动到 G21 上，输入 G54，按下功能键INSERT。

3．数控加工程序的校验

（1）机床锁住校验

机床锁住校验流程及运行检视画面如图 1-42 所示，操作步骤如下。

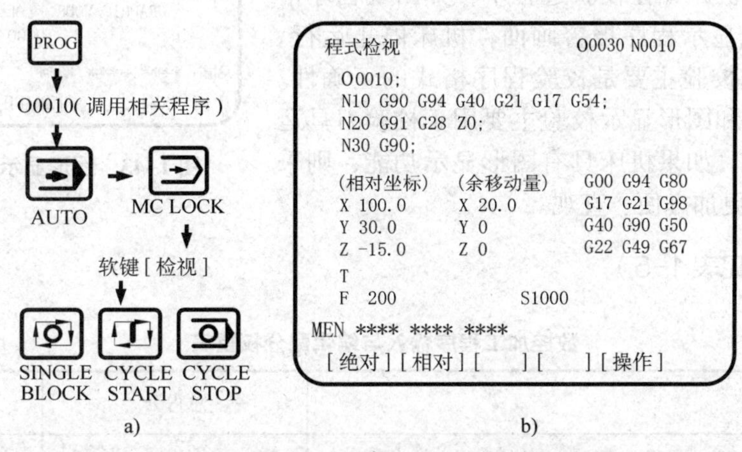

图 1-42 机床锁住校验流程及运行检视画面

a）机床锁住校验流程 b）运行检视画面

1）按下功能键PROG，调用刚才输入的程序 O0010。

2）按下模式选择按钮“AUTO”，按下机床锁住按钮“MC LOCK”。

3）按下软键［检视］，使 CRT 显示器显示正在执行的程序及坐标。

4）按下单段运行按钮“SINGLE BLOCK”，进行机床锁住校验。

【提示】 在机床校验过程中，采用单段运行模式而非自动运行较为合适。

（2）机床空运行校验

机床空运行校验的操作流程与机床锁住校验流程相似，不同之处在于将流程中按下“MC LOCK”按钮换成“DRY RUN”按钮。

【提示】 机床空运行校验轨迹与自动运行轨迹完全相同，而且刀具均以快速运行速度运行。因此，空运行前应将 G54 指令中设定的 *Z* 坐标抬高一定距离再进行空运行校验。

（3）采用图形显示功能校验

图形显示功能可以显示自动运行期间的刀具运行轨迹，操作者可通过观察 CRT 显示器显示出的轨迹来检查加工过程，显示的图形可以进行放大及复原。图形显示功能可以在自动运行、机床锁住和空运行等模式下使用，其操作过程如下。

1）按下模式选择按钮“AUTO”。

2）在 MDI 面板上按下CUSTOM GRAPH键，按下 CRT 显示器显示软键［G.PRM］显示如图 1-43 所示画面。

3）通过光标移动键将光标移动至所需设定的参数处，输入数据后按下INPUT键，依次完成各项参数的设定。

4）再次按下 CRT 显示器显示软键［GRAPH］。

5）按下循环启动按钮“CYCLE START”，刀具开始移动，并在CRT显示器上绘出刀具运行轨迹。

6）在图形显示过程中，按下CRT显示器软键［ZOOM］，再按下CRT显示器中出现的［NORMAL］可进行放大、恢复图形的操作。

【提示】 在机床锁住校验过程中，如出现程序格式错误，则机床显示程序报警画面，机床停止运行。因此，机床锁住校验主要是校验程序格式的正确性。机床空运行校验和图形显示校验主要用于校验刀具运行轨迹的正确性。如果机床具有图形显示功能，则采用图形显示校验更加方便、直观。

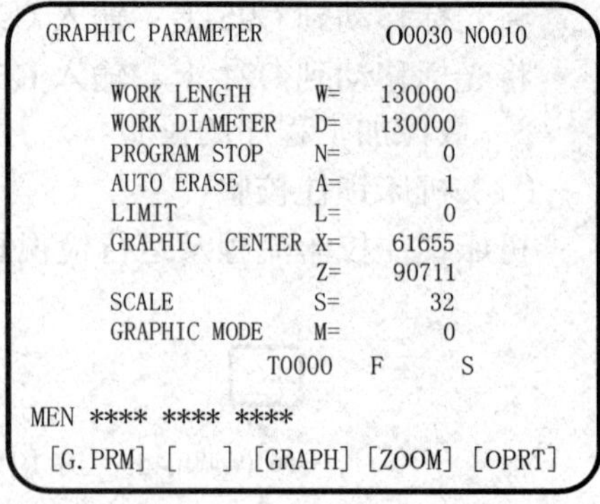

图1–43 图形显示参数设置画面

五、配分权重（见表1–5）

表1–5 数控加工程序输入与编辑配分权重表

工件编号				总得分		
项目与权重	**序号**	**技术要求**	**配分**	**评分标准**	**检测记录**	**得分**
加工	1	暂无				
程序与工艺（20%）	2	程序与程序段格式正确	20	每处错误扣5分		
机床操作（50%）	3	程序操作正确	10	每处错误扣2分		
	4	程序输入与编辑操作正确	20	每处错误扣2分		
	5	机床空运行校验正确	10	出错全扣		
	6	图形显示功能操作正确	10	每处错误扣5分		
安全文明生产（30%）	7	符合安全操作要求	10	出错全扣		
	8	机床维护与保养正确	10	不正确全扣		
	9	工作场所整理合格	10	不合格全扣		

思考与练习

1. 什么是机床坐标系？如何确定数控铣床坐标轴的方向？
2. 什么是编程坐标系？如何确定编程坐标系原点？
3. 数控机床安全操作规程有哪些内容？

4. 如何进行机床回参考点操作？开机后的回参考点操作有何作用？

5. 简要说明对刀操作的过程。

6. 什么是数控编程？数控编程的步骤有哪些？

7. 写出一个完整的程序段，并说明各部分的作用。

8. 什么是指令分组？什么是模态指令？什么是开机默认指令？

9. 如何进行删除数控系统内存储器中所有程序的操作？

10. 如何进行机床锁住校验和机床空运行校验？

11. 将下列程序输入数控系统，并采用图形显示功能进行程序校验。

```
O0030;
N10 G90 G94 G17 G21 G40 G54;
N20 G91 G28 Z0;
N30 G00 X-30.0 Y-30.0;
N40      Z30.0;
N50 M03 S600;
N60 G01 Z-5.0 F100;
N70      X0 Y0 F200;
N80      Y45.0;
N90      X21.0;
N100 G03 X34.0 Y32.0 I13.0 J0;
N110 G02 X50.0 Y0 I16.0 J-12.0;
N120 G01 X20.0;
N130      X0 Y15.0;
N140 G00 X-30.0 Y-30.0;
N150 G00 Z30.0;
N160 M05;
N170 M30;
```

模 块 二

零件轮廓的铣削加工

任务一 平面槽铣削加工

知识点

◎ 数控加工内容、特点、对象及数控编程规则。
◎ 数控编程常用指令的含义。
◎ 数控加工程序开始与程序结束的基本格式。
◎ 数控编程方法。

技能点

◎ 数控刀具的安装。
◎ 简单零件的数控铣床加工。
◎ 数控机床的自动运行操作。

一、任务描述

试在数控铣床上加工如图 2–1 所示平面槽（毛坯材料为 45 钢，毛坯尺寸为 80 mm × 92 mm × 30 mm）。

二、任务分析

由于平面槽的轮廓轨迹即为刀具刀位点的运行轨迹。因此，在完成该任务的编程过程中，不采用刀具半径补偿功能，只用掌握数控编程规则、常用指令的指令格式等理论知识。此外，

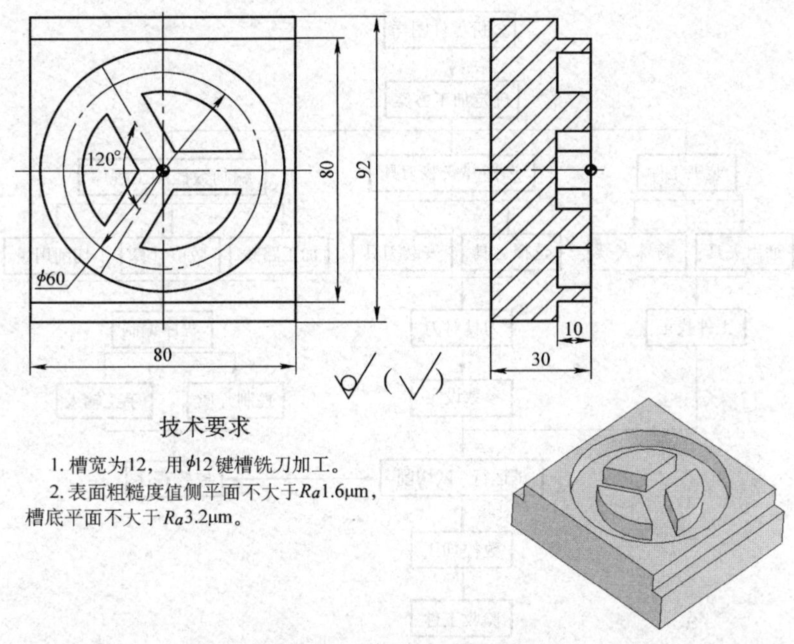

图 2–1 平面槽铣削加工任务图

由于数控加工内容不同，导致数控加工程序各不相同，但不同数控加工程序的程序开始与程序结束是基本相同的。因此，掌握程序开始与程序结束的基本格式，会给以后的编程带来方便。

在完成该任务的过程中，需掌握数控加工工艺知识和刀具安装、机床自动运行等操作技能。

三、知识链接

1. 数控加工

（1）数控加工的概念

数控加工是指在数控机床上自动加工零件的一种工艺手段。数控加工的实质：数控机床按照事先编制好的加工程序并通过数字控制加工过程自动地对工件进行加工。

（2）数控加工的内容

一般来说，数控加工流程如图 2–2 所示，主要包括以下几个方面的内容。

1）分析零件图样，确定加工方案。对所要加工零件的技术要求进行分析，选择合适的加工方案，再根据加工方案选择合适的数控机床。

2）装夹工件。根据工件的加工要求，选择合理的定位基准，并根据工件批量、精度及加工成本选择合适的夹具，完成工件的装夹与找正。

3）选择并安装刀具。根据工件的加工工艺性与结构工艺性，选择合适的刀具材料与刀具种类，完成刀具的安装与对刀，并将对刀所得参数正确设定在数控系统中。

4）编制数控加工程序。根据工件的加工要求，对工件进行编程，并经初步校验后将程序通过控制介质或手动方式输入机床数控系统。

5）试运行、试切削并校验数控加工程序。对所输入的程序进行试运行，并进行首件工件的试切削。试切削一方面用来对加工程序进行最后的校验，另一方面用来校验工件的加工精度。

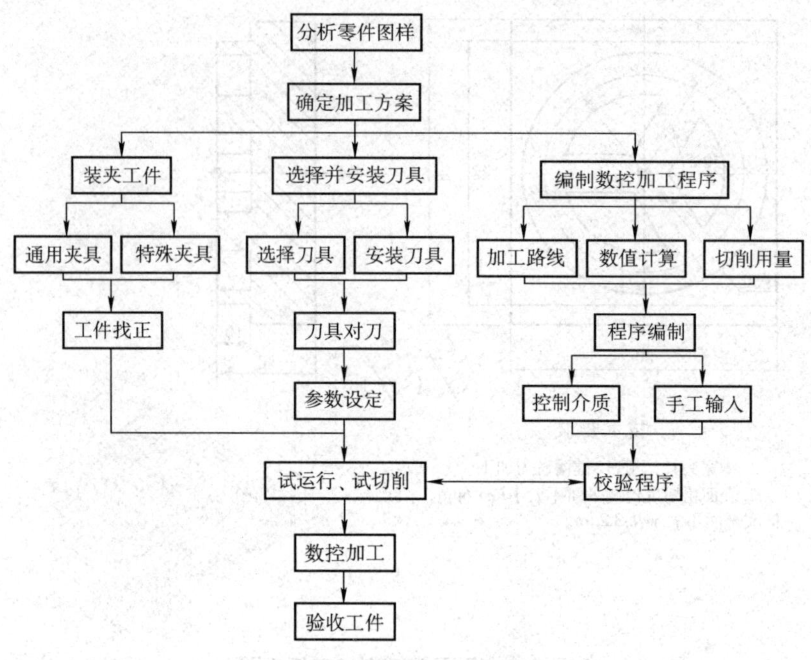

图 2–2　数控加工流程

6）数控加工。当试切的首件工件经检验合格并确认程序正确无误后，便可进入数控加工阶段。

7）验收工件。工件入库前先进行检验，并通过质量分析找出误差产生的原因，得出纠正误差的方法。

（3）数控加工的特点

数控加工与普通机床加工相比，具有加工精度高、产品质量一致性好、生产率高、加工范围广和有利于实现计算机辅助制造的优点；缺点是初始投资大，加工成本高，首件加工编程、调试程序和试加工时间长。

（4）数控加工零件的选择要求

1）适合类。根据数控加工的特点并综合考虑数控加工的经济效益，数控机床通常比较适宜加工具有以下特点的零件。

①多品种、小批量生产的零件或新产品试制的零件。

②轮廓形状复杂，对加工精度要求较高的零件。

③用普通机床加工时需要有昂贵的工艺装备（工具、夹具和模具）的零件。

④需要多次改型的零件。

⑤价格昂贵，加工中不允许报废的关键零件。

⑥需要短生产周期的急需零件。

2）不适合类。采用数控机床加工以下几类零件，其生产率和经济性无明显改善，甚至可能得不偿失，因此它们不适宜在数控机床上进行加工。

①装夹困难或完全靠找正定位来保证加工精度的零件。

②加工余量极不稳定的零件，主要针对无在线检测系统可自动调整零件坐标位置的数控机床。

③必须用特定的工艺装备协助加工的零件。

（5）数控加工对象

1）数控铣床加工对象。根据数控铣床的特点，适合数控铣床加工的主要对象有以下几类。

①平面类零件。加工面平行或垂直于水平面，或加工面与水平面的夹角为定角的零件称为平面类零件，如图 2–3 所示。这类零件的特点是各个加工面均为平面或可以展开成平面。

平面类零件是数控铣床加工中最简单的一类零件，一般只需用三轴联动数控铣床 / 加工中心的三轴联动就可以把它们加工出来。

②变斜角类零件。加工面与水平面的夹角连续变化的零件称为变斜角类零件，如图 2–4 所示。

变斜角类零件的变斜角加工面不能展开为平面，但在加工中，加工面与铣刀圆周的瞬时接触部分为一条线。这类零件最好采用四轴联动数控铣床 / 加工中心、五轴联动数控铣床 / 加工中心进行加工，若没有上述机床，也可采用三轴联动数控铣床 / 加工中心进行三轴联动近似加工。

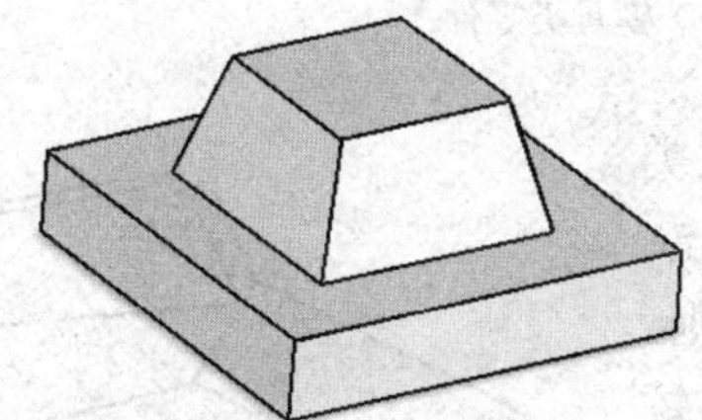

图 2–3 平面类零件

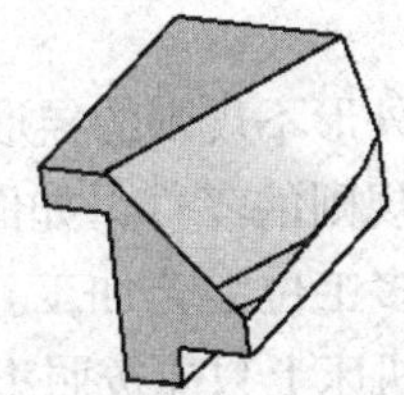

图 2–4 变斜角类零件

③曲面类零件。加工面为空间曲面的零件（如模具、叶片、螺旋桨等）称为曲面类零件，如图 2–5 所示。

曲面类零件不能展开为平面，加工时铣刀与加工面始终为点接触，一般采用球头铣刀在三轴联动数控铣床 / 加工中心上加工。

2）加工中心加工对象

①既有平面又有孔系的零件。既有平面又有孔系的零件主要是指箱体类零件和盘、套、板类零件，如图 2–6 所示。加工这类零件时，最好采用加工中心在一次装夹中完成零件上平面的铣削，孔系的钻削、镗削、铰削、铣削及攻螺纹等多工序加工，以保证该类零件各加工表面间的相互位置精度。

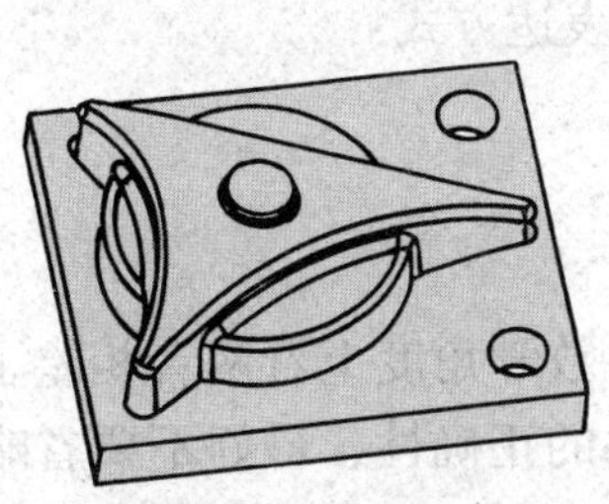

图 2–5 曲面类零件

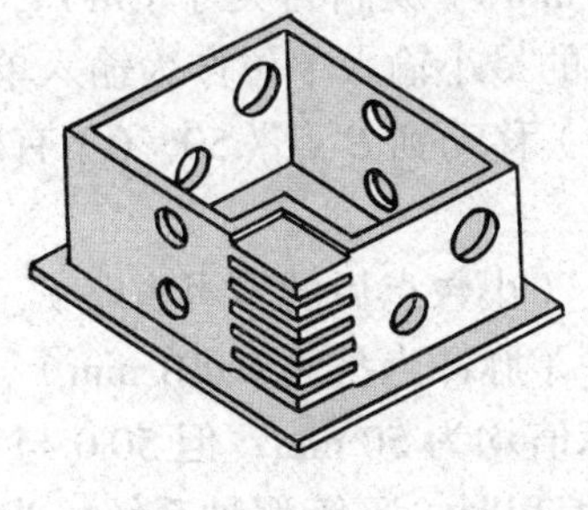

a)

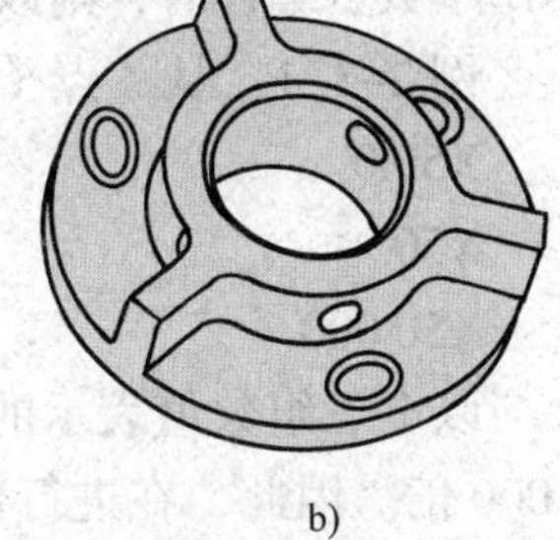

b)

图 2–6 既有平面又有孔系的零件

a）箱体类零件 b）盘、套类零件

②结构形状复杂、普通机床难加工的零件。结构形状复杂的零件是指主要表面由复杂曲线、曲面组成的零件。加工这类零件时，通常需采用加工中心进行多轴联动加工。常见的典型零件有凸轮类零件、整体叶轮类零件和模具类零件等，如图 2–7 所示。

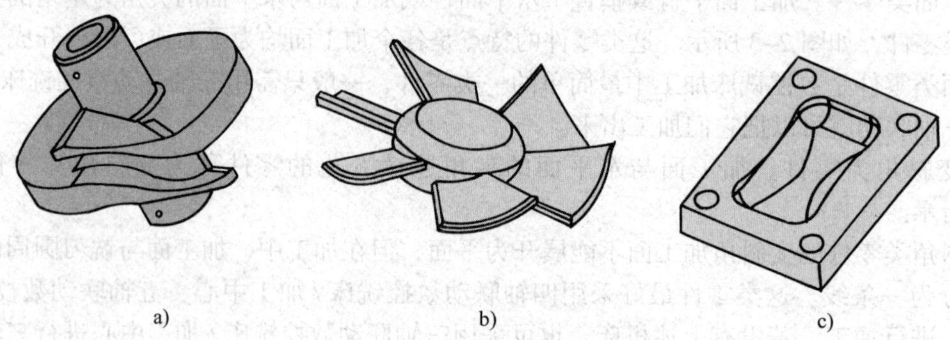

图 2–7　结构形状复杂零件

a）凸轮类零件　b）整体叶轮类零件　c）模具类零件

③外形不规则的异形零件。异形零件是指支架、拨叉类外形不规则的零件，如图 2–8 所示。异形零件大多采用点、线、面多工位混合加工。对于这类零件，由于外形不规则，在普通机床上只能按照工序分散的原则加工，使用的工装较多，加工周期较长；而利用加工中心点、线、面多工位混合加工，可以完成大部分甚至全部工序内容。

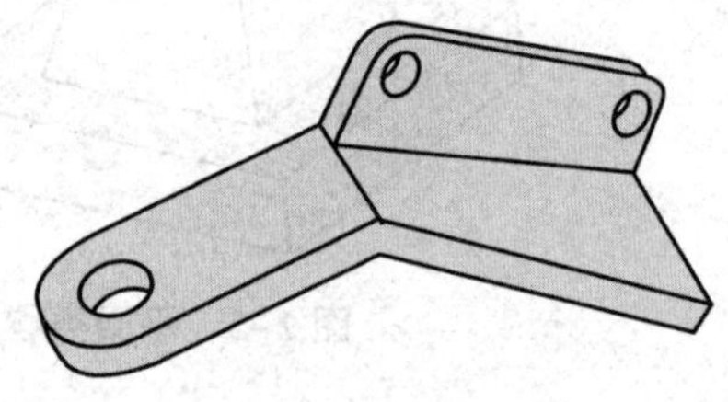

图 2–8　异形零件

④其他类零件。加工中心除常用于加工以上特征的零件外，还较适宜加工周期性投产、加工精度要求较高的中小批量零件和新产品试制中的零件等。

2．数控编程规则

（1）小数点编程

数控编程时，数字单位（以公制为例）分为两种，一种以毫米（mm）为单位，另一种以脉冲当量即机床的最小输入单位为单位。现在大多数机床的脉冲当量为 0.001 mm。

对于数字的输入，有些系统可省略小数点，有些系统则可以通过系统参数来设定是否可以省略小数点，而大部分系统小数点则不可省略。对于不可省略小数点编程的系统，当使用小数点编程时，数字以毫米（mm）[英制为英寸（in），角度为度（°）] 为输入单位；而当不用小数点编程时，则以机床的最小输入单位作为输入单位。

例 2–1–1　从 *A* 点（0，0）移动到 *B* 点（50，0）有以下三种表达方式：

X50.0

X50.　　　　　　　　　（小数点后的零可省略）

X50 000　　　　　　　（脉冲当量为 0.001 mm）

以上三组数值表示的坐标值均为 50 mm，但 50.0 与 50 000 从数学角度上看两者相差了 1 000 倍。因此，在进行数控编程时，不管哪种系统，为保证程序的正确性，最好不要省略小数点的输入。此外，脉冲当量为 0.001 mm 的系统采用小数点编程时，其小数点后的位数超过三位时，数控系统按四舍五入处理。例如，当输入 X50.123 4 时，经系统处理后的数值为 X50.123。

（2）公、英制编程指令 G21、G20

坐标功能字是使用公制还是英制，多数数控系统用准备功能字来选择，如 FANUC 系统采用 G21、G20 指令来进行公、英制的切换，而 SIEMENS 系统和 A–B 系统则采用 G71、G70 指令来进行公、英制的切换。其中，G21 指令或 G71 指令表示公制，而 G20 指令或 G70 指令表示英制。

例 2–1–2 G91 G20 G01 X50.0; （表示刀具向 *X* 轴正方向移动 50 in）

G91 G21 G01 X50.0; （表示刀具向 *X* 轴正方向移动 50 mm）

公、英制对旋转角度无效，旋转角度的单位都是度（°）。

（3）平面选择指令 G17、G18、G19

当机床坐标系及工件坐标系确定后，对应地就确定了三个坐标平面，即 *XY* 平面、*ZX* 平面和 *YZ* 平面，如图 2–9 所示。可分别用 G17（*XY* 平面）、G18（*ZX* 平面）和 G19（*YZ* 平面）指令表示这三个平面。

（4）绝对坐标与增量坐标指令 G90、G91

1）绝对坐标指令。ISO 代码中，绝对坐标指令用 G90 来表示。程序中坐标功能字后面的坐标以原点作为基准，表示刀具终点的绝对坐标。

例 2–1–3 如图 2–10 所示刀具运行轨迹 *OA* 与 *AB*，用 G90 指令编程时的程序为：

G90 G01 X30.0 Y10.0 F100;

X20.0 Y20.0;

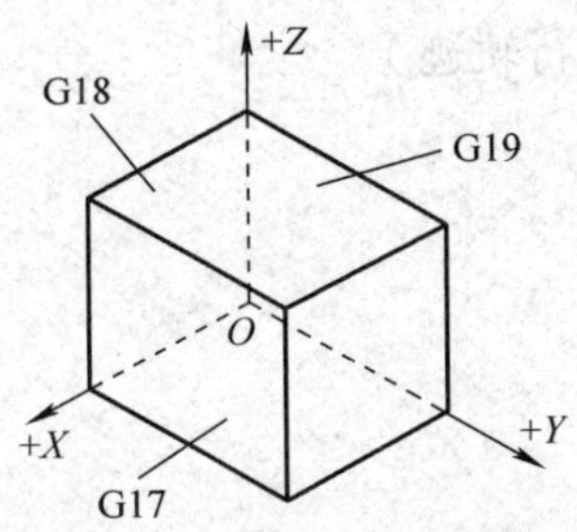

图 2–9 平面选择指令

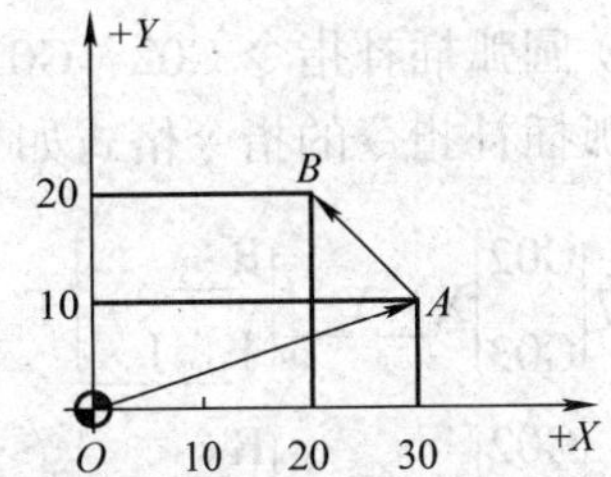

图 2–10 绝对坐标与增量坐标

2）增量坐标指令。ISO 代码中，增量坐标（也称为相对坐标）指令用 G91 来表示。程序中坐标功能字后面的坐标以刀具起点作为基准，表示刀具终点相对于刀具起点坐标的增量。

例 2–1–4 如图 2–10 所示刀具运行轨迹 *OA* 与 *AB*，用 G91 编程时的程序为：

G91 G01 X30.0 Y10.0 F100;

X–10.0 Y10.0;

G90 与 G91 属于同组模态指令，系统默认指令是 G90。在实际编程时，可根据具体的零件及零件的标注来进行 G90 和 G91 方式的切换。

3. 常用编程指令含义

（1）快速点定位指令 G00

该指令控制刀具以点定位控制方式从刀具所在点快速定位到指定点。G00 是模态指令，其指令格式为：

G00 X__Y__Z__ ;

X__Y__Z__为刀具目标点坐标。当使用增量编程方式时，X__Y__Z__为目标点相对于起点的增量坐标，没有增量值的坐标可以省略不写。

例 2–1–5 如图 2–11 所示 *OB* 与 *OC* 刀具运行轨迹，用 G00 编写的程序段为：

G00 X–150.0 Y–100.0; （*OB* 刀具运行轨迹，*Z* 坐标没有变化）

G00 X–150.0 Y–100.0 Z100.0; （*OC* 刀具运行轨迹）

采用 G00 指令编程时，移动速度由机床系统参数设定。编程时，G00 不用指定移动速度，但可通过机床操作面板上的键“F0”“F25”“F50”和“F100”对移动速度进行调节。

（2）直线插补指令 G01

G01 指令是直线插补指令，它控制刀具在两坐标或三坐标轴间以联动插补的方式按指定的进给速度做任意斜率的直线运动。G01 也是模态指令，其指令格式为：

G01 X__Y__Z__F__ ;

X__Y__Z__为刀具目标点坐标。当使用增量编程方式时，X__Y__Z__为目标点相对于起点的增量坐标，没有增量值的坐标可以省略不写。

F__为刀具切削进给速度。在 G01 程序段中必须含有 F 指令。如果在 G01 程序段前的程序中没有 F 指令，而在 G01 程序段中也没有 F 指令，则机床不运动，有的系统还会出现系统报警。

例 2–1–6 如图 2–11 所示 *OA* 与 *OB* 刀具运行轨迹，用 G01 编写的程序段为：

G01 Y–100.0 F100; （*OA* 刀具运行轨迹，*X* 与 *Z* 坐标没有变化）

G01 X–150.0 Y–100.0 F100; （*OB* 刀具运行轨迹）

（3）圆弧插补指令 G02、G03

圆弧插补指令的指令格式如下：

$$\text{G17}\begin{Bmatrix}\text{G02}\\\text{G03}\end{Bmatrix}\text{X\_\_Y\_\_}\begin{Bmatrix}\text{R\_\_}\\\text{I\_\_J\_\_}\end{Bmatrix}\text{F\_\_};$$

$$\text{G18}\begin{Bmatrix}\text{G02}\\\text{G03}\end{Bmatrix}\text{X\_\_Z\_\_}\begin{Bmatrix}\text{R\_\_}\\\text{I\_\_K\_\_}\end{Bmatrix}\text{F\_\_};$$

$$\text{G19}\begin{Bmatrix}\text{G02}\\\text{G03}\end{Bmatrix}\text{Y\_\_Z\_\_}\begin{Bmatrix}\text{R\_\_}\\\text{J\_\_K\_\_}\end{Bmatrix}\text{F\_\_};$$

G02 表示顺时针圆弧插补，G03 表示逆时针圆弧插补。如图 2–12 所示，圆弧插补顺逆方

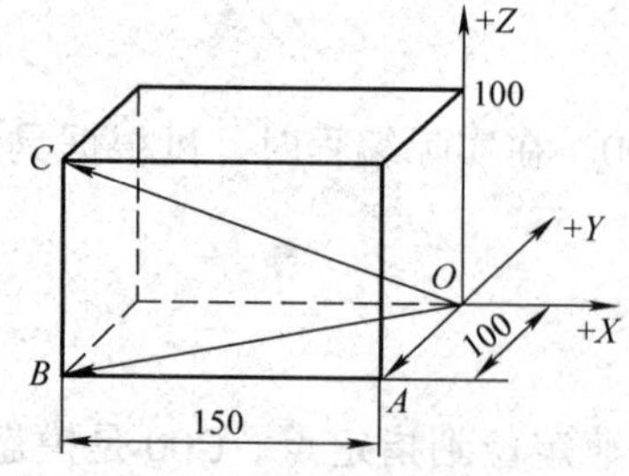

图 2–11 G00、G01 编程实例

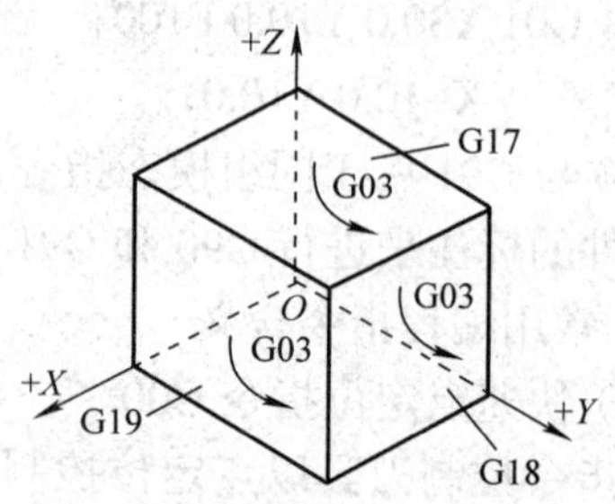

图 2–12 圆弧插补顺逆方向

向的判断方法：沿垂直于圆弧所在平面（如 *XY* 平面）的另一坐标轴（*Z* 轴）的正方向向负方向看，顺时针方向为顺时针圆弧，逆时针方向为逆时针圆弧。

X__Y__Z__为圆弧的终点坐标，其值可以是绝对坐标，也可以是增量坐标。在增量编程方式下，其值为圆弧终点坐标相对于圆弧起点坐标的增量值。

R__为圆弧半径。在 SIEMENS 系统中，圆弧半径用符号“CR=”表示。

I__J__K__为圆弧的圆心相对于圆弧起点分别在 *X*、*Y* 和 *Z* 坐标轴上的增量值，如图 2–13 所示。圆弧在编程时的 *I*、*J* 值均为负值。

例 2–1–7 如图 2–14 所示刀具运行轨迹 *AB*，用圆弧插补指令编写的程序段如下：

圆弧 1 G03 X2.68 Y20.0 R20.0；

G03 X2.68 Y20.0 I–17.32 J–10.0；

圆弧 2 G02 X2.68 Y20.0 R20.0；

G02 X2.68 Y20.0 I–17.32 J10.0；

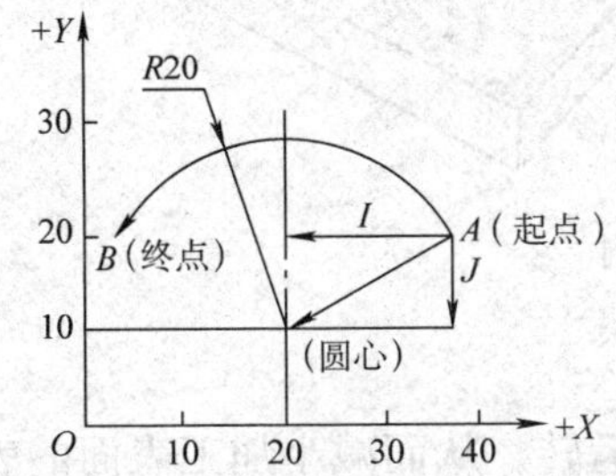

图 2–13 圆弧编程中的 *I*、*J* 值

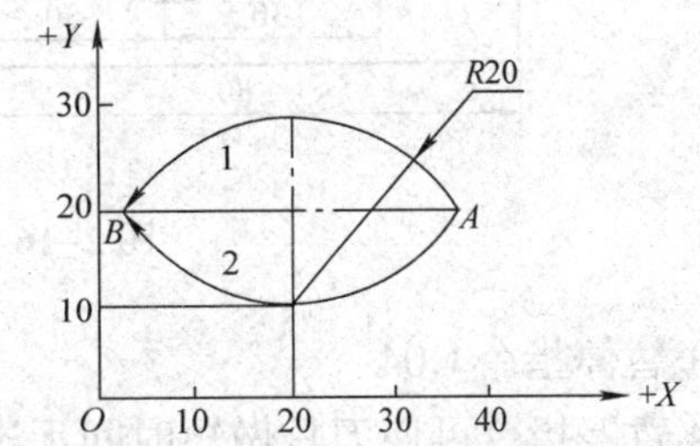

图 2–14 R 及 I、J 编程举例

圆弧半径 *R* 有正值与负值之分。当圆弧圆心角小于或等于 180°（图 2–15 中圆弧 1）时，程序中的 *R* 值用正值表示；当圆弧圆心角大于 180° 并小于 360°（图 2–15 中圆弧 2）时，*R* 用负值表示。需要注意的是，该指令格式不能用于整圆插补的编程，整圆插补需用 I、J 方式编程。

例 2–1–8 如图 2–15 所示刀具运行轨迹 *AB*，用 R 指令编写的程序段如下：

圆弧 1 G03 X30.0 Y–40.0 R50.0 F100；

圆弧 2 G03 X30.0 Y–40.0 R–50.0 F100；

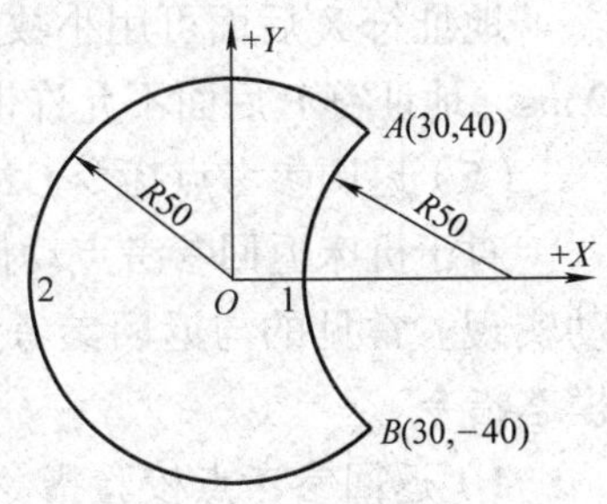

图 2–15 *R* 值的正负判别

例 2–1–9 编写如图 2–16 所示槽（槽深 6 mm）的加工程序，刀具选 ϕ12 mm 键槽铣刀。

加工程序如下：

O0001；	（程序号）
G90 G94 G21 G40 G17 G54；	（程序初始化）
G91 G28 Z0；	（返回 *Z* 向参考点）
G90 G00 X–30.0 Y15.0；	（刀具快速 *X*、*Y* 坐标定位）
Z20.0；	（刀具快速 *Z* 坐标定位）
M03 S600；	（主轴正转，转速为 600 r/min）

```
G01 Z-6.0 F100;                    （刀具Z向切削进给）
    X0.0;                          （G01 加工直槽）
G02 X-15.0 Y0.0 R-15.0;            （加工圆弧槽）
G91 G28 Z0;                        （返回Z向参考点）
M30;                               （程序结束）
```

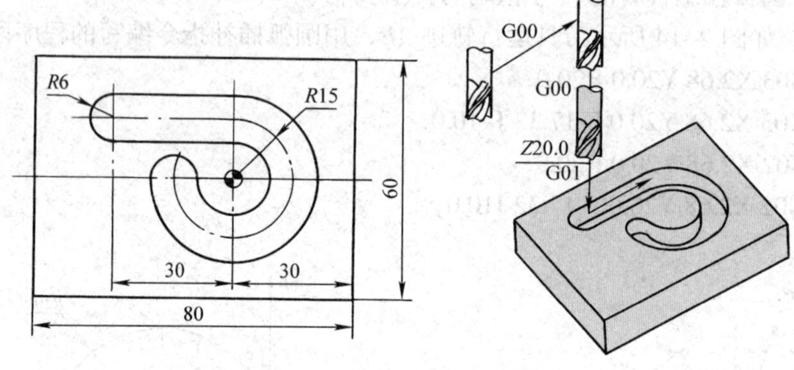

图 2-16 直线与圆弧编程实例

（4）暂停指令 G04

G04 暂停指令可使刀具做短时间无进给加工或机床空运转，从而减小加工表面的表面粗糙度值。因此，G04 指令一般用于镗平面、锪孔等的光整加工。其指令格式为：

G04 X2.0；或 G04 P2000；

地址符 X 后面可用小数点编程，如 X2.0 表示暂停时间为 2 s，而 X2 则表示暂停时间为 2 ms。地址符 P 后面不允许带小数点，单位为 ms，如 P2000 表示暂停时间为 2 s。

（5）返回参考点指令 G27、G28、G29

对于机床返回参考点动作，除可采用手动返回参考点操作外，还可以通过编程指令来自动实现。常见的与返回参考点相关的编程指令主要有 G27、G28、G29，这三种指令均为非模态指令。

1）返回参考点校验指令 G27。返回参考点校验指令 G27 用于检查刀具是否正确返回到程序中指定的参考点位置。执行该指令时，如果刀具通过快速点定位指令 G00 正确定位到参考点上，则对应轴的返回参考点指示灯亮，否则机床系统将报警。其指令格式如下：

G27 X__Y__Z__；

X__Y__Z__为参考点在工件坐标系中的坐标。

2）自动返回参考点指令 G28。执行这条指令时，可以使刀具以点位方式经中间点返回到参考点，中间点的位置由该指令后的 X__Y__Z__决定。其指令格式为：

G28 X__Y__Z__；

X__Y__Z__为返回过程中经过的中间点，其坐标可以用增量值，也可以用绝对值，但需用 G91 指令或 G90 指令来指定。

返回参考点过程中设定中间点的目的是防止刀具在返回参考点过程中与工件或夹具发生

干涉。

例 2–1–10 G90 G28 X100.0 Y100.0 Z100.0;

刀具先快速定位到工件坐标系的中间点（100，100，100）处，再返回机床 *X*、*Y*、*Z* 轴的参考点。

3）自动从参考点返回指令 G29。执行这条指令时，可以使刀具从参考点出发，经过一个中间点到达这个指令后面 X__Y__Z__坐标所指定的位置。G29 指令所指定的中间点坐标与 G28 指令所指定的中间点坐标为同一坐标，因此，这条指令只能出现在 G28 指令的后面。其指令格式为：

G29 X__Y__Z__；

X__Y__Z__为从参考点返回后刀具所到达的终点坐标。可用 G91 或 G90 指令来指定该值是增量值还是绝对值。如果是增量值，则该值是指刀具终点相对于 G28 指令所指定中间点的增量值。

由于在编写 G29 指令时有种种限制，而且在选择 G28 指令后这条指令并不是必需的，因此建议用 G00 指令来代替 G29 指令。

G28 与 G29 指令执行过程如图 2–17 所示，刀具回参考点前已定位到 *A* 点，取 *B* 点为中间点，*R* 点为参考点，*C* 点为执行 G29 指令到达的终点。其指令如下：

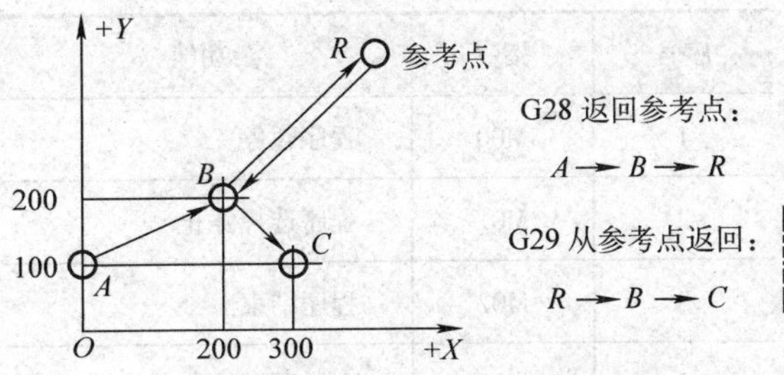

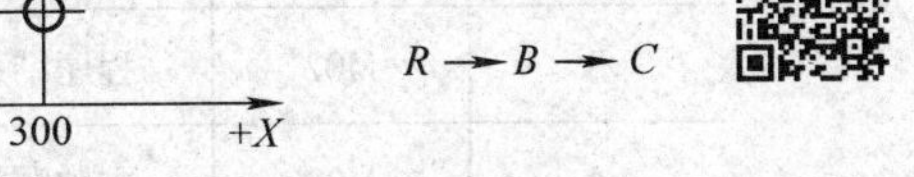

图 2–17 G28 与 G29 指令执行过程

G91 G28 X200.0 Y100.0 Z0.0;

T01 M06;

G29 X100.0 Y–100.0 Z0.0;

或：

G90 G28 X200.0 Y200.0 Z0.0;

T01 M06;

G29 X300.0 Y100.0 Z0.0;

以上程序的执行过程为：首先执行 G28 指令，刀具从 *A* 点出发，以快速点定位方式经中间点 *B* 返回参考点 *R*；返回参考点后执行换刀动作；再执行 G29 指令，从参考点 *R* 点出发，以快速点定位方式经中间点 *B* 定位到 *C* 点。

（6）工件坐标系零点偏移及取消指令 G54 ~ G59、G53

通过对刀设定的工件坐标系，在编程时可通过工件坐标系零点偏移指令 G54 ~ G59 在程序中得到体现。

工件坐标系零点偏移指令可通过 G53 指令来取消。工件坐标系零点偏移指令取消后，程序中使用的坐标系为机床坐标系。

通过对刀操作及对机床操作面板的操作，输入不同的零点偏移数值，可以设定 G54 ~ G59 共六个不同的工件坐标系。在编程及加工过程中，可以通过 G54 ~ G59 指令对不同的工件坐标系进行选择，如图 2–18 所示。

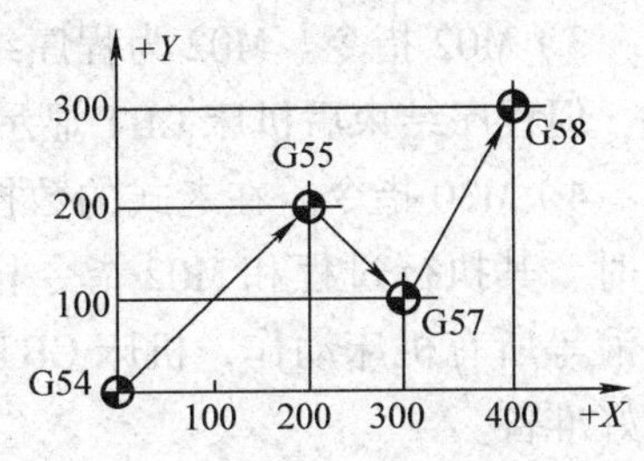

图 2–18 工件坐标系零点偏移指令

其程序如下：

G90;　　　　　　　　　　　　（绝对坐标系编程）
G54 G00 X0 Y0;　　　　　　（选择 G54 坐标系，快速定位到该坐标系 XY 平面原点）
G55 G00 X0 Y0;　　　　　　（选择 G55 坐标系，快速定位到该坐标系 XY 平面原点）
G57 G00 X0 Y0;　　　　　　（选择 G57 坐标系，快速定位到该坐标系 XY 平面原点）
G58 G00 X0 Y0;　　　　　　（选择 G58 坐标系，快速定位到该坐标系 XY 平面原点）
G53 G00 X0 Y0;　　　　　　（取消工件坐标系零点偏移，回到机床坐标系 XY 平面原点）
M30;　　　　　　　　　　　　（程序结束）

如果系统 G54 ~ G59 指令存储器中设定了不同的值，再执行以上程序，刀具将在设定的各个坐标系原点间进行移动。

（7）M 指令

不同的机床生产厂家对部分 M 指令定义了不同的功能；但对于多数常用的 M 指令，在所有机床上都具有通用性，这些常用 M 指令见表 2–1。

表 2–1　　常用 M 指令

序号	指令	功能	序号	指令	功能
1	M00	程序暂停	7	M06	刀具交换
2	M01	程序选择停止	8	M30	主轴停转，程序结束
3	M02	程序结束	9	M08	切削液开
4	M03	主轴顺时针方向旋转	10	M09	切削液关
5	M04	主轴逆时针方向旋转	11	M98	调用子程序
6	M05	主轴停转	12	M99	子程序结束，返回主程序

1）M00 指令。执行 M00 指令后，机床所有动作均被切断，以便进行手动操作，如精度的检测等；重新按循环启动按钮后，再继续执行 M00 指令后面的程序。该指令常用于粗加工与精加工之间精度检测时的暂停。

2）M01 指令。M01 指令的执行过程和 M00 相似，不同的是只有按下机床操作面板上的“选择停止”开关后，该指令才有效，否则机床继续执行后面的程序。该指令常用于检查工件的某些关键尺寸。

3）M02 指令。M02 为程序结束指令，执行该指令后表示本加工程序内所有内容均已完成，但程序结束后机床 CRT 显示器上的执行光标不返回程序开始段。

4）M30 指令。在老式的数控机床上，M30 表示纸带结束。目前 M30 已广泛用于程序结束时。其执行过程和 M02 指令相似，不同之处在于当程序内容结束后，随即关闭主轴、切削液等所有机床动作，机床 CRT 显示器上的执行光标返回程序开始段，为加工下一个工件做好准备。

5）M03、M04、M05 指令。M03 指令用于主轴顺时针方向旋转（俗称正转），M04 指令用于主轴逆时针方向旋转（俗称反转），主轴停转用 M05 指令表示。

6）M06 指令。M06 为刀具交换指令。通过该指令可实现主轴上的刀具与刀库中的刀具交换的动作。

7）M08、M09 指令。切削液开用 M08 指令表示，切削液关用 M09 指令表示。

8）M98、M99 指令。在 FANUC 系统中，M98 规定为子程序调用指令，调用子程序结束后返回主程序时用 M99 指令。

4. 数控加工程序的开始与结束

针对不同的数控系统，其程序开始和程序结束是相对固定的，包括一些机床信息，如机床回零、工件零点设定、主轴启动、切削液开启等功能。因此，数控加工程序的开始和结束可编写成相对固定的格式。其基本格式如下：

```
O0010;
N10 G90 G94 G40 G49 G17 G21 G54;     （程序初始化）
N20 G91 G28 Z0;                      （Z 向回零，为换刀做准备）
N30 T__M06;                          （换刀，如果为数控铣床则该步可省略）
N40 G90 G00 X__Y__ ;                 （快速定位到 G17 平面的起刀点）
N50 G43 G00 Z__H0__ ;                （快速定位到 Z 向安全高度）
N60 S__M03;                          （主轴正转）
N70 M98 P__L__ ;                     （调用子程序）
…
N210 G91 G28 Z0；或 G00 Z__ ;        （回到机床 Z 向零点或 Z 向快速抬刀）
N220 M30;                            （程序结束，光标回到起始行）
```

以上程序中，N10 ~ N60 为程序的开始部分，N70 为程序执行部分，N210 ~ N220 为程序结束部分。在实际书写时，由于程序段号在手工输入过程中会自动生成，因此程序段号可省略不写。

5. 数控铣床 / 加工中心用刀柄系统

数控铣床 / 加工中心用刀柄系统由三部分组成，即刀柄、拉钉和弹簧夹头及中间模块。

（1）刀柄

切削刀具通过刀柄与数控铣床 / 加工中心主轴连接，其强度、刚度、耐磨性、制造精度以及夹紧力等对加工有直接影响。

刀柄及其尾部供主轴内拉紧机构用的拉钉已实现标准化，使用的标准有国际标准（ISO）和中国、美国、德国、日本等国的国家标准。根据刀柄柄部形式及所采用国家标准的不同，我国使用的刀柄常分成 BT、JT（带机械手夹持槽）、ST（不带机械手夹持槽）和 CAT 等几种系列，这几种系列的刀柄除局部槽的形状不同外，其余结构基本相同。

数控铣床 / 加工中心刀柄一般采用 7 : 24 锥面与主轴锥孔配合定位。根据锥柄大端直径的不同，刀柄又分成 40、45、50（个别的还有 30 和 35）等几种不同的锥度号，如 BT/JT/ST50 和 BT/JT/ST40 分别代表大端直径为 69.85 mm 和 44.45 mm 的 7 : 24 锥柄。数控铣床 / 加工中心常用刀柄的类型及其夹持刀具见表 2-2。

表 2–2　　数控铣床 / 加工中心常用刀柄的类型及其夹持刀具

刀柄类型	刀柄实物图	夹头或中间模块	夹持刀具
削平型工具刀柄		无	直柄立铣刀、球头铣刀、削平型浅孔钻等
弹簧夹头刀柄		ER弹簧夹头	直柄立铣刀、球头铣刀、中心钻等
强力夹头刀柄		KM弹簧夹头	直柄立铣刀、球头铣刀、中心钻等
面铣刀刀柄		无	各种面铣刀
三面刃铣刀刀柄		无	三面刃铣刀
侧固式刀柄		粗、精镗及丝锥夹头	丝锥及粗、精镗刀
莫氏锥度刀柄		莫氏变径套	锥柄麻花钻、铰刀
			锥柄立铣刀和锥柄带内螺纹立铣刀等

续表

刀柄类型	刀柄实物图	夹头或中间模块	夹持刀具
钻夹头刀柄		钻夹头	直柄麻花钻、铰刀
丝锥夹头刀柄		无	机用丝锥
整体式刀柄		粗、精镗刀头	整体式粗、精镗刀

（2）拉钉

拉钉如图 2–19 所示，其尺寸也已标准化，国际标准化组织和国标规定了 A 型和 B 型两种形式的拉钉，其中，A 型拉钉用于不带钢球的拉紧装置，B 型拉钉用于带钢球的拉紧装置。刀柄及拉钉的具体尺寸可查阅有关标准。

（3）弹簧夹头及中间模块

弹簧夹头有两种，即 ER 弹簧夹头（见图 2–20a）和 KM 弹簧夹头（见图 2–20b）。其中，ER 弹簧夹头的夹紧力较小，适用于切削力较小的场合；KM 弹簧夹头的夹紧力较大，适用于强力铣削。

中间模块如图 2–21 所示，它是刀柄和刀具之间的中间连接装置，中间模块的使用提高了刀柄的通用性能。例如，镗刀、丝锥和锥柄麻花钻与刀柄的连接就经常使用中间模块。

图 2–19 拉钉

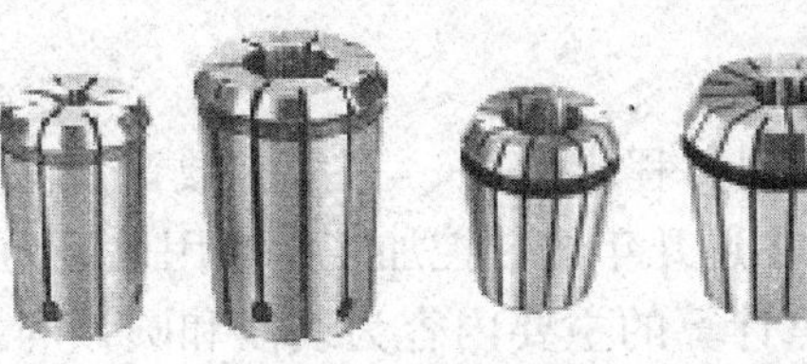

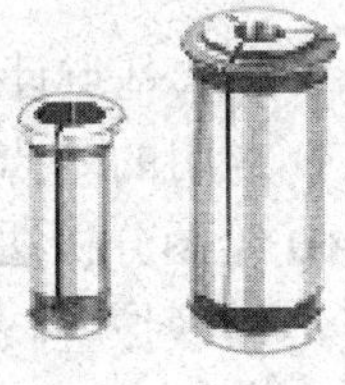

a)　　b)

图 2–20 弹簧夹头

a）ER 弹簧夹头　b）KM 弹簧夹头

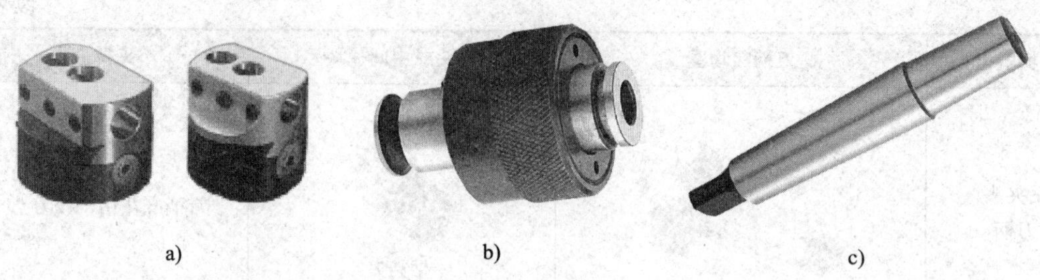

图 2–21　中间模块

a）精镗刀中间模块　b）攻螺纹夹套　c）钻夹头接杆

6．手工编程中的数值计算

根据零件图样，按照已确定的加工路线和允许的编程误差，计算数控系统所需输入的数据，称为数控加工的数值计算。

（1）基点、节点的概念

1）基点。一个零件的轮廓往往是由许多不同的几何元素组成的，如线段、圆弧、二次曲线以及其他公式曲线等。构成零件轮廓的这些不同几何元素的连接点称为基点，如图 2–22 所示的 A、B、C、D、E 和 F 点都是该零件轮廓上的基点。显然，相邻基点间只能是一个几何元素。

2）节点。当采用不具备非圆曲线插补功能的数控机床加工非圆曲线轮廓的零件时，在加工程序的编制过程中，常常需要用线段或圆弧近似代替非圆曲线，称为拟合处理。拟合线段的交点或切点就称为节点。如图 2–23 所示的 P_1、P_2、P_3、P_4、P_5 点为线段拟合非圆曲线时的节点。

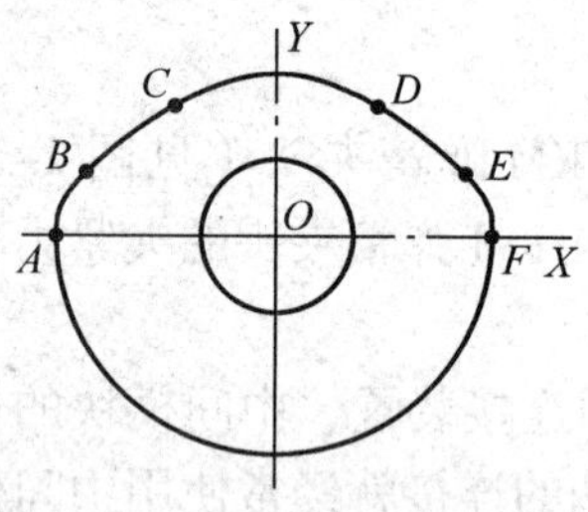

图 2–22　零件轮廓中的基点

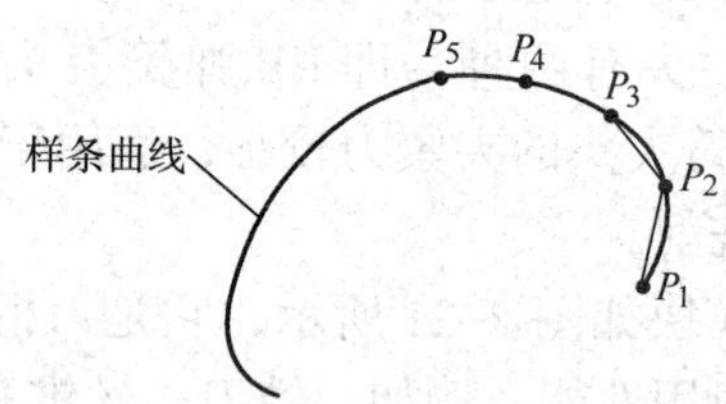

图 2–23　零件轮廓中的节点

（2）基点计算方法

常用的基点计算方法有列方程求解法、三角函数计算法、CAD 绘图分析法等。其中，CAD 绘图分析法最为简便，在近几年的数控加工中应用也最为普遍。

1）列方程求解法。基点计算的主要内容为线段和圆弧的端点、交点、切点的计算。列方程求解法中用到的直线（线段所在直线）与圆弧方程如下。

直线方程的标准形式：

$$y=kx+b$$

式中　k——直线的斜率，即倾斜角的正切值；

b——直线在 Y 轴上的截距。

圆的标准方程为：

$$(x-a)^2+(y-b)^2=R^2$$

式中 a、b——分别为圆心的横、纵坐标；

R——圆的半径。

圆的一般方程为：

$$x^2+y^2+Dx+Ey+F=0$$

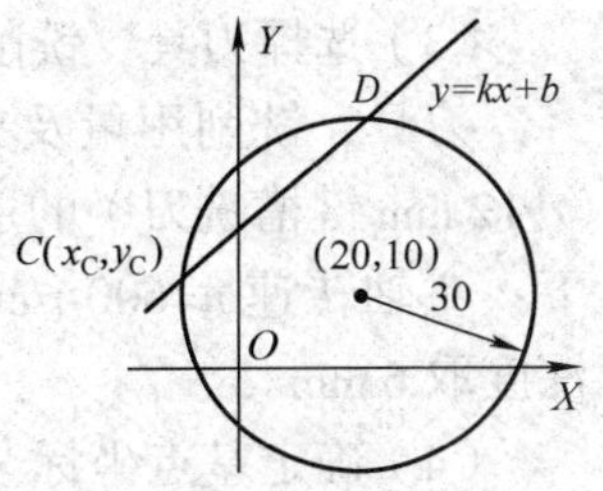

图 2–24 列方程求解基点坐标实例

例 2–1–11 如图 2–24 所示，假设直线与水平方向的夹角为 35°，且过点（15，18），圆心坐标为（20，10），圆半径为 30 mm，试求交点 C 和 D 的坐标。

解 利用上面的公式计算如下：

$k=\tan35° \approx 0.700$，$b=y-kx \approx 18-15\times0.7=7.5$

$A=1+k^2 \approx 1.49$，$B \approx 2\times[0.7\times(7.5-10)-20]=-43.5$，$C \approx 20^2+(7.5-10)^2-30^2=-493.75$

$x_C \approx (43.5-69.53)/2.98 \approx -8.73$　$x_D \approx (43.5+69.53)/2.98 \approx 37.93$

$y_C \approx 0.7\times(-8.74)+7.5 \approx 1.38$　$y_D \approx 0.7\times37.93+7.5 \approx 34.05$

2）三角函数计算法。三角函数计算法简称三角计算法，在手工编程中，是进行数学处理时应重点掌握的方法之一。三角函数计算法常用的三角函数定理的表达式如下。

正弦定理：

$$\frac{a}{\sin A}=\frac{b}{\sin B}=\frac{c}{\sin C}=2R$$

余弦定理：

$$\cos A=\frac{b^2+c^2-a^2}{2bc}$$

式中 a、b、c——分别为角 A、B、C 所对边的边长；

R——三角形外接圆半径。

3）CAD 绘图分析法。采用 CAD 绘图分析法可以避免大量复杂的人工计算，操作方便，基点分析精度高，出错概率低。因此，建议尽可能采用这种方法来分析基点与节点坐标。这种方法的不利之处是对技术工人提出了新的学习要求，同时增加了设备的投入。采用这种方法分析基点坐标时，要注意以下几个方面的问题。

①绘图要细致认真，不能出错。

②图形绘制时应严格按 1∶1 的比例进行。

③尺寸标注的精度要设置正确，通常为小数点后三位。

④标注尺寸时找点要准确，不能捕捉到无关的点上。

四、任务实施

1．编写数控加工程序

（1）分析零件图样

从图样中可以看出加工内容较为简单，主要为加工平面圆弧形槽和直线槽。

（2）选择数控机床

本任务选用的机床为 TK7640 型 FANUC 0i MA 系统镗铣床。

（3）选择刀具、铣削用量及夹具

刀具、铣削用量及夹具的选择方法见后叙任务，本任务在实施过程中由教师完成刀具（ϕ12 mm 键槽铣刀）的选择与装夹以及夹具（机用虎钳）的选择与装夹。铣削用量推荐值如下：主轴转速 n=600 r/min，进给量 f=100 mm/min，Z 向铣削深度取 6 mm。

（4）确定基点坐标

如图 2–25 所示，经简单计算（计算过程略）得到刀具运行轨迹经过点的坐标如下：

A（0，30.0）、B（25.98，−15.0）、C（−25.98，−15.0）、D（−46.0，−50.0）、E（−46.0，50.0）、F（46.0，50.0）、G（46.0，−50.0）。

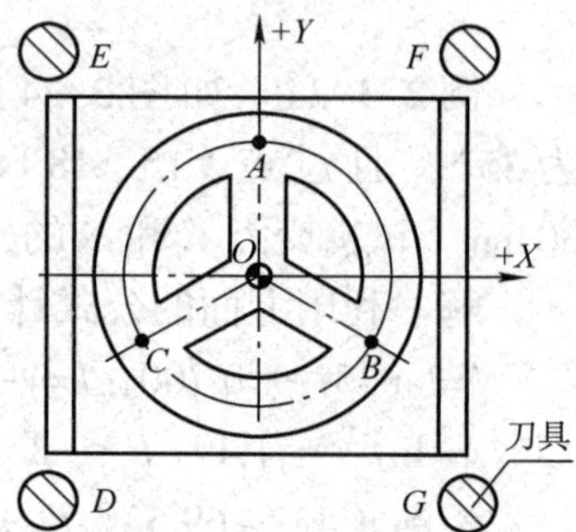

图 2–25　零件的基点坐标

（5）编制数控加工程序

图 2–1 所示零件的数控加工程序（参考）见表 2–3。

表 2–3　平面槽数控加工程序（参考）

程序段号	加工程序	程序说明
	O0010;	程序号
N10	G90 G94 G40 G21 G17 G54;	程序初始化
N20	G91 G28 Z0;	主轴返回 Z 向参考点
N30	G90 G00 X25.98 Y−15.0;	XY 平面定位到图 2–25 中的 B 点处
N40	Z20.0;	Z 向快速定位到工件坐标系 Z20.0 的位置
N50	S600 M03 M08;	主轴正转，切削液开
N60	G01 Z−6.0 F100;	切削进给至槽底平面
N70	X0 Y0;	切削进给至 O 点
N80	X−25.98 Y−15.0;	切削进给至 C 点
N90	G00 Z5.0;	Z 向抬刀至离工件上平面 5 mm 的位置
N100	X0 Y0;	快速定位到 O 点
N110	G01 Z−6.0;	再次切削进给至槽底平面
N115	Y30.0;	切削进给至 A 点
N120	G02 X0 Y30.0 I0 J−30.0;	整圆加工，用 I、J 方式编程

续表

程序段号	加工程序	程序说明
N130	G00 Z5.0;	Z 向抬刀至离工件上平面 5 mm 的位置
N140	X-46.0 Y-50.0;	快速定位到 D 点
N150	G01 Z-6.0;	再次切削进给至槽底平面
N160	Y50.0;	切削进给至 E 点
N170	G00 X46.0;	快速定位至 F 点
N180	G01 Y-50.0;	切削进给至 G 点
N190	G91 G28 Z0 M09;	Z 向抬刀，切削液关
N200	M30;	主轴停转，程序结束

注：编程时，请注意模态代码的合理使用。

【提示】 编程完毕，根据所编写的程序手工绘出刀具在 XY 平面内的运行轨迹，以验证程序的正确性。

2．数控加工

（1）程序的输入与校验

程序的输入与校验参照模块一中的任务三进行。

（2）刀具的手动安装

1）刀具在刀柄中的安装

①选择 KM 弹簧夹头（ϕ12 mm），将键槽铣刀装入弹簧夹头。

②选择强力夹头刀柄。

③将刀具装入图 2–26a 所示锁刀器中，刀柄卡槽对准锁刀器的凸起部分。

④用如图 2–26b 所示月牙形扳手松开锁紧螺母，将装有刀具的 KM 弹簧夹头装入刀柄。

⑤锁紧锁紧螺母，完成刀具在刀柄中的安装。

2）刀柄在数控铣床上的安装

①启动供气气泵，向数控机床的气动装置供气。

②手握刀柄底部，将刀柄柄部伸入主轴锥孔中。

③按下主轴上的气动按钮，同时向上推刀柄，如图 2–27 所示。

④松开气动按钮，然后松开握刀柄的手。

⑤检查刀柄在数控机床上的安装情况。

（3）自动运行操作

1）操作过程

①按下键 PROG，调用程序 O0010。

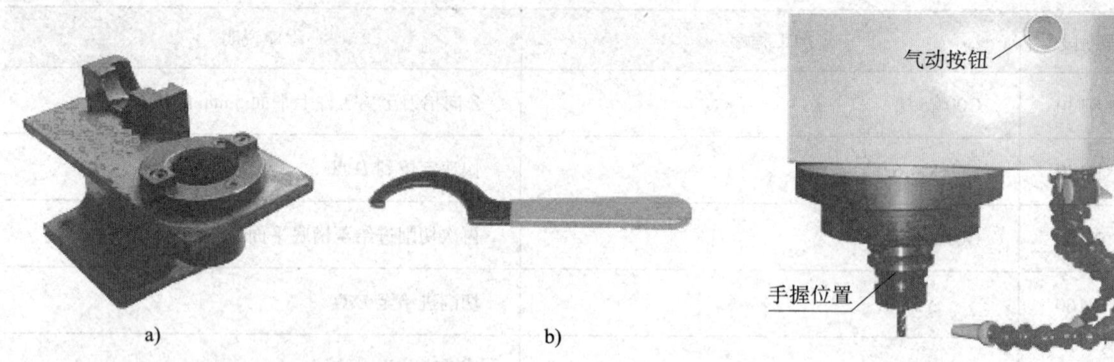

a)　　b)

图 2–26　锁刀器与月牙形扳手

a）锁刀器　b）月牙形扳手

图 2–27　刀柄在数控机床上的安装

②按下模式选择按钮“AUTO”。

③按下软键［检视］，使 CRT 显示器显示正在执行的程序及坐标。

④按下单段运行按钮“SINGLE BLOCK”，进行机床锁住检查。

2）操作过程中出错的解决方案

①按循环停止按钮“CYCLE STOP”使程序暂停。该操作主要用于再次确认刀具运行轨迹及运行的后续程序是否正确。

②按功能键“RESET”使程序停止执行，机床回复到初始状态。该操作主要用于发现程序出错或刀具运行轨迹出错时。

③按紧急停止按钮“E–STOP”。该操作主要用于机床将出现危险事故时，通常情况下，按下紧急停止按钮后，需重新执行返回参考点操作。

【提示】 在进行首件加工时，通常采用单段运行模式进行。在自动运行操作时，通常是一手指放在循环启动按钮上，另一手指放在循环停止按钮上，眼睛时刻观察刀具运行轨迹和加工过程。

五、配分权重（见表 2–4）

表 2–4　平面槽铣削加工配分权重表

工件编号				总得分		
项目与权重	序号	技术要求	配分	评分标准	检测记录	得分
加工（20%）	1	槽形状正确	5	不正确全扣		
	2	槽深浅一致	5	每处不一致扣 1 分		
	3	表面粗糙度符合图样要求	5	超差全扣		
	4	槽对称度好	5	超差全扣		

续表

项目与权重	序号	技术要求	配分	评分标准	检测记录	得分
程序与工艺（30%）	5	程序格式规范	10	每处不规范扣 2 分		
	6	程序正确、完整	10	每处错误扣 1 分		
	7	工艺合理	5	每处不合理扣 1 分		
	8	程序参数合理	5	每处不合理扣 1 分		
机床操作（30%）	9	刀具安装正确	10	每处错误扣 2 分		
	10	对刀及坐标系设定正确	10	每处错误扣 2 分		
	11	机床操作面板的操作正确	5	每处错误扣 1 分		
	12	意外情况处理合理	5	每处不合理扣 1 分		
安全文明生产（20%）	13	符合安全操作要求	10	出错全扣		
	14	工作场所整理合格	10	不合格全扣		

任务二 外轮廓铣削加工

知识点

◎ 刀具半径补偿及其编程方法。

◎ 外轮廓铣削刀具知识。

技能点

◎ 采用刀具半径补偿方式编写数控加工程序。

◎ 选择刀具及相应的铣削用量。

◎ 分析工件表面粗糙度及其影响因素。

◎ 设定刀具半径补偿参数。

一、任务描述

试编写如图 2–28 所示工件外轮廓的加工程序，毛坯材料为 45 钢，毛坯尺寸为 100 mm × 80 mm × 30 mm，在数控铣床上进行加工（工时定额 3 h）。

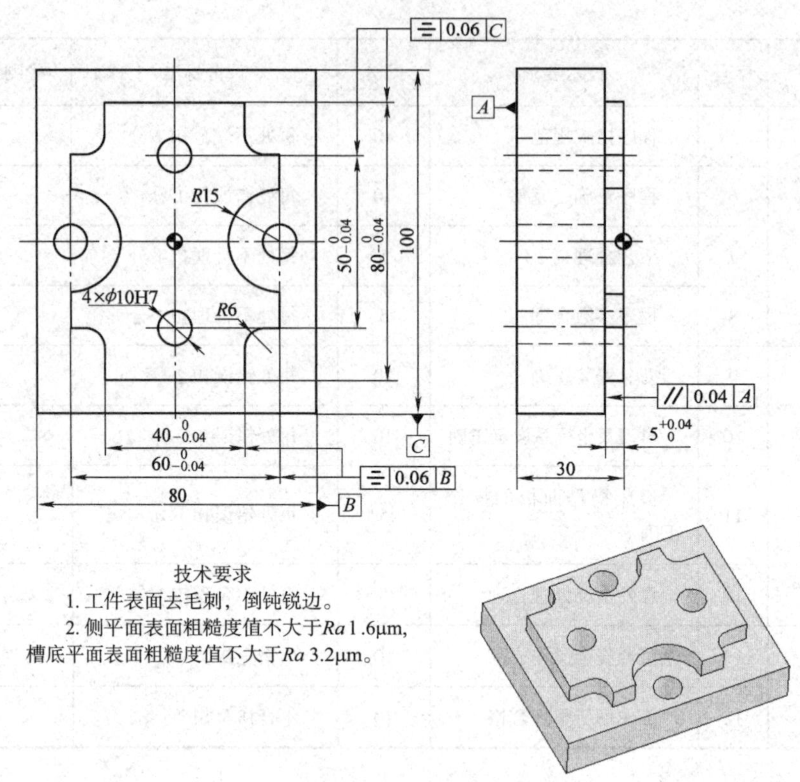

图 2–28 外轮廓铣削任务图

二、任务分析

在进行该任务的编程时，由于工件轮廓的轨迹与刀具刀位点的轨迹不一致，因此需采用刀具半径补偿方式进行编程。

为了保证加工质量，在加工过程中需选用合适的刀具（包括刀具类型、刀具材料）、铣削用量及切削液。

三、知识链接

1. 刀具补偿功能

（1）概念及分类

在数控编程过程中，为了编程方便，通常将数控刀具假想成一个点。在编程时一般不考虑刀具的长度与半径，而只考虑刀位点与编程轨迹重合。在实际加工过程中，由于刀具半径与刀具长度各不相同，在加工中势必造成很大的加工误差。因此，实际加工时必须通过刀具补偿指令，使数控机床根据实际使用的刀具尺寸自动调整各坐标轴的移动量，确保实际轮廓和编程轨迹完全一致。数控机床的这种根据实际刀具尺寸自动改变坐标轴位置，使实际轮廓和编程轨迹完全一致的功能，称为刀具补偿功能。

数控铣床的刀具补偿功能分为刀具半径补偿功能和刀具长度补偿功能。

（2）刀位点

刀位点是指加工和编制程序时用于表示刀具特征的点，也是对刀和加工的基准点。车刀与镗刀的刀位点通常为刀具的刀尖；麻花钻的刀位点通常为钻尖；立铣刀、面铣刀和铰刀的刀位点为刀具底面的中心；球头铣刀的刀位点为球头中心，如图 2–29 所示。

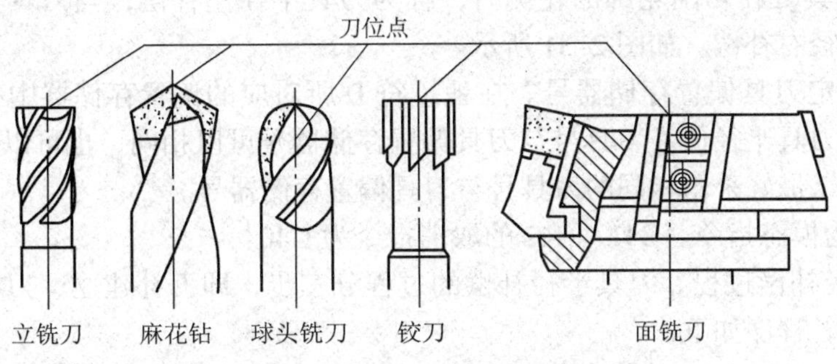

图 2–29 数控刀具的刀位点

（3）刀具半径补偿

1）刀具半径补偿功能。在编制数控铣床外轮廓铣削加工程序时，一般以工件的轮廓尺寸作为刀具运行轨迹进行编程，而实际的刀具运行轨迹与工件轮廓间有一偏移量（即刀具半径），在编程中通过刀具半径补偿功能来调整坐标轴移动量，可使刀具运行轨迹与工件轮廓一致。因此，运用刀具半径补偿功能来编程可以达到简化编程的目的。

根据刀具半径补偿在工件拐角处过渡方式的不同，刀具半径补偿通常分为 B 型刀具半径补偿和 C 型刀具半径补偿两种。

B 型刀具半径补偿在工件轮廓的拐角处采用圆弧过渡（如图 2–30a 中的圆弧 *DE*），这样在外拐角处刀具切削刃始终与工件尖角接触，刀具的刀尖始终处于切削状态。采用此种刀具半径补偿方式会使工件上尖角变钝、刀具磨损加剧，甚至在工件的内拐角处还会引起过切现象。

C 型刀具半径补偿采用了较为复杂的刀偏计算，计算出拐角处的交点（如图 2–30b 中的 *B* 点），使刀具在工件轮廓拐角处采用了直线过渡的方式（如图 2–30b 中的直线 *AB* 和 *BC*），从而彻底解决了 B 型刀具半径补偿存在的不足。FANUC 系统默认的刀具半径补偿形式为 C 型。下面讨论的刀具半径补偿都是指 C 型刀具半径补偿。

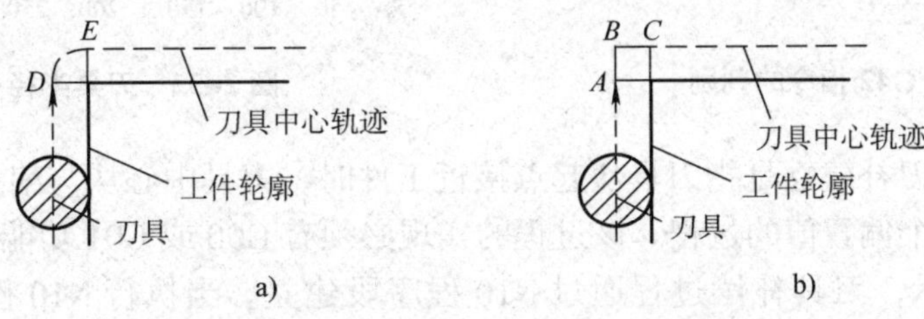

图 2–30 刀具半径补偿的拐角过渡方式

a）B 型刀具半径补偿 b）C 型刀具半径补偿

2）刀具半径补偿指令格式。

G41 G01/G00 X__Y__F__D__；　　（刀具半径左补偿）

G42 G01/G00 X__Y__F__D__；　　（刀具半径右补偿）

G40 G01/G00 X__Y__；　　（刀具半径补偿取消）

G41 为刀具半径左补偿指令，G42 为刀具半径右补偿指令。

G41 指令与 G42 指令的判别方法是：处在补偿平面外另一坐标轴的正向，沿刀具的移动方向看，当刀具处在切削轮廓的左侧时，称为刀具半径左补偿；当刀具处在工件的右侧时，称为刀具半径右补偿。如图 2–31 所示。

D 值用于指定刀具偏置存储器号。在地址符 D 所对应的偏置存储器中存入相应的偏置值，其值通常为刀具半径值。刀具号与刀具偏置存储器号可以相同，也可以不同。一般情况下，为防止出错，最好采用相同的刀具号与刀具偏置存储器号。

G41、G42 为模态指令。G41、G42 的取消指令为 G40。

3）刀具半径补偿过程。刀具半径补偿的过程分三步，即刀补建立、刀补执行和刀补取消（见图 2–32），程序如下：

```
O0010;
…
N10 G41 G01 X100.0 Y100.0 D01 F100;      刀补建立
N20              Y200.0;
N30              X200.0;
N40              Y100.0;                 刀补执行
N50              X100.0;
N60 G40 G00 X0 Y0;                       刀补取消
…
```

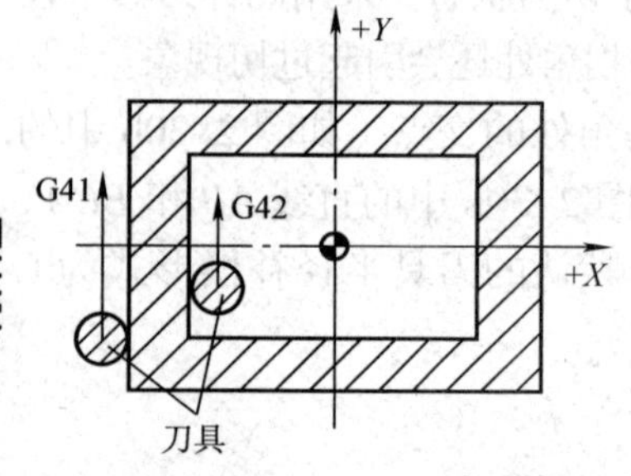

图 2–31 G41 指令与 G42 指令的判别

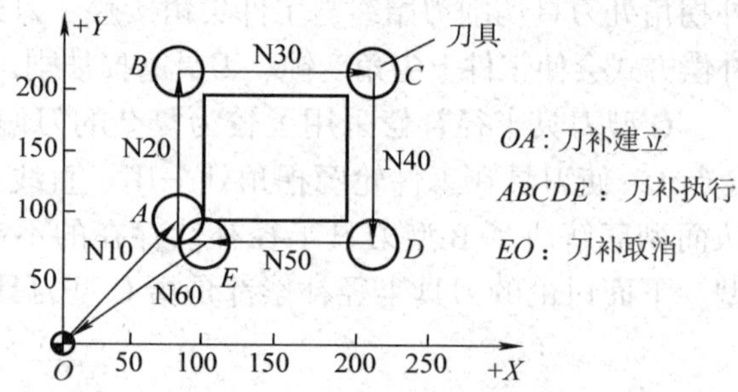

图 2–32 刀具半径补偿过程

①刀补建立。刀补建立是指刀具从起点接近工件时，刀具中心从与编程轨迹重合过渡到与编程轨迹偏离一个偏置值的过程。该过程的实现必须有 G00 或 G01 功能才有效。

如图 2–32 所示，刀具补偿过程通过 N10 程序段建立。当执行 N10 程序段时，刀具的坐标位置由以下方法确定：将包含 G41 指令程序段（N10）的下边两个程序段（N20、N30）预读，连接在补偿平面内最近两移动指令的终点坐标（如图 2–32 中的 *AB* 连线），其连线的垂直方向为偏置方向，根据 G41 指令或 G42 指令来确定偏向哪一边，偏置的大小由偏置存储器号 D01 地址中的数值指定。经补偿后，刀具中心位于图中 *A* 点，即坐标点［(100– 刀具半径)，100］处。

②刀补执行。在 G41 指令或 G42 指令程序段后，程序进入补偿模式，此时刀具中心与编程轨迹始终相距一个偏置值，直到刀具半径补偿取消。

在补偿模式下，机床要预读两段程序，找出当前程序段刀具运行轨迹与以下程序段偏置刀具运行轨迹的交点，如图 2–32 中的 *B* 点、*C* 点等，以确保机床把下一段工件轮廓向外补偿一个偏置值。

③刀补取消。刀具离开工件，刀具中心运行轨迹过渡到与编程轨迹重合的过程称为刀补取消，如图 2–32 中的 *EO* 段。

刀补取消用 G40 指令或 D00 指令来执行。要特别注意的是，G40 指令必须与 G41 指令或 G42 指令成对使用。

4）刀具半径补偿注意事项。在刀具半径补偿过程中要注意以下几个方面的问题。

①刀具半径补偿模式的建立与取消程序段只能在 G00 或 G01 移动指令模式下才有效。虽然现在有部分系统也支持 G02、G03 模式，但为防止出现差错，在刀具半径补偿建立与取消程序段最好不使用 G02、G03 指令。

②为保证刀补建立与刀补取消时刀具与工件的安全，通常采用 G01 运动方式来建立或取消刀补。如果采用 G00 运动方式来建立或取消刀补，则要采取先建立刀补再下刀和先退刀再取消刀补的加工方法。

③为了便于计算坐标，可采用切向切入方式或法向切入方式来建立或取消刀补。当不便于沿工件轮廓线方向切向或法向切入、切出时，可根据情况增加一个辅助程序段。

④刀具半径补偿建立与取消程序段的起始位置与终点位置最好与补偿方向在同一侧（如图 2–33 中的 *OA*），以防止在刀具半径补偿建立与取消过程中刀具产生过切现象（如图 2–33 中的 *OM*）。

⑤在刀具半径补偿模式下，一般不允许存在连续两段以上的非补偿平面内移动指令，否则刀具也会出现过切等危险动作。非补偿平面移动指令通常指只有 G、M、S、F、T 代码的程序段（如 G90、M05 等），程序暂停程序段（如 G04 X10.0 等）和 G17 平面加工中的 *Z* 轴移动指令等。

5）刀具半径补偿的应用。刀具半径补偿功能除了可直接按轮廓编程、简化编程工作外，在实际加工中还有许多其他方面的应用。

①用同一个程序对零件进行粗、精加工。如图 2–34a 所示，编程时按实际轮廓 *ABCD* 编程。在粗加工时，将偏置值设为 $D=R+\Delta$（其中 *R* 为刀具的半径，Δ 为精加工余量），这样在粗加工完成后，形成的工件轮廓加工尺寸要比实际轮廓 *ABCD* 每边都大 Δ。在精加工时，将偏置值设为 $D=R$，这样在零件加工完成后，即可得到实际轮廓 *ABCD*。同理，当工件加工后，如果测量尺寸比图样要求尺寸大，也可用同样的方法进行修整。

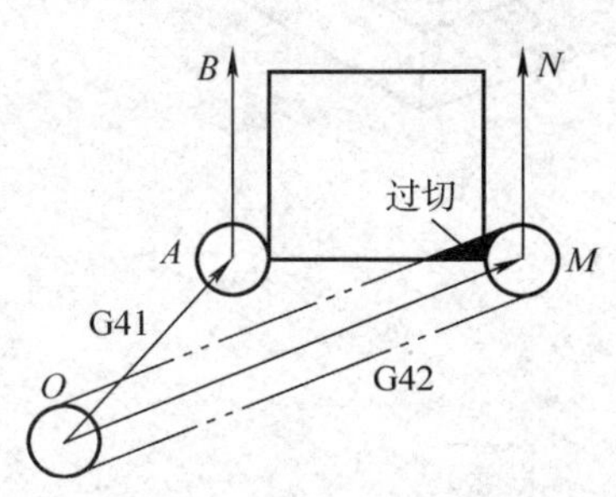

图 2–33 刀具半径补偿建立时的起始与终点位置

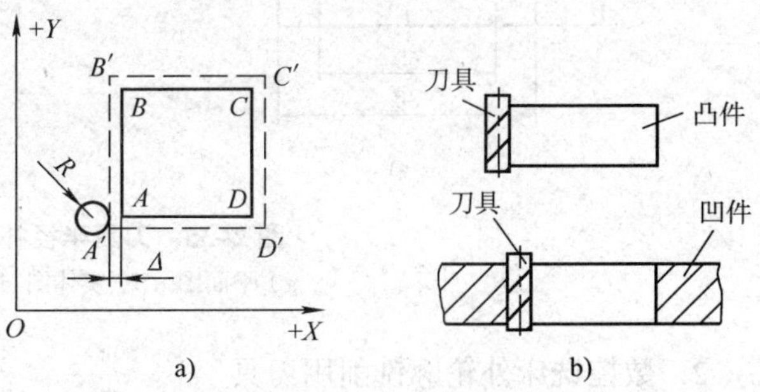

图 2–34 刀具半径补偿的应用

a）粗、精加工轨迹 b）内、外轮廓加工方式

②用同一个程序加工同一公称尺寸的凹、凸型面。如图 2–34b 所示，内、外轮廓编写成同一加工程序。在加工外轮廓时，将偏置值设为 $+D$，刀具中心将沿轮廓的外侧切削；在加工内轮廓时，将偏置值设为 $-D$，刀具中心将沿轮廓的内侧切削。此种方法在模具加工中运用较多。

6）刀具半径补偿编程实例。

例 2–2–1 如图 2–35 所示，选用 ϕ16 mm 键槽铣刀在 80 mm × 80 mm × 20 mm 的毛坯上加工 60 mm × 60 mm × 5 mm 的外轮廓，试编写数控加工程序。

数控加工程序如下：

```
O0010;
G90 G94 G40 G21 G17 G54;              （程序初始化，设定工件坐标系）
G91 G28 Z0;                            （刀具回 Z 向零点）
G90 G00 X–60.0 Y–60.0;                （刀具快速点定位到工件外侧，即轨迹 1）
        Z30.0;                         （Z 向快速点定位，即轨迹 2）
M03 S600 M08;                          （主轴正转，开切削液）
G01 Z–5.0 F50;                         （刀具切削进给至切削层深度，即轨迹 3）
G41 G01 X–30.0 Y–50.0 F100 D01;       （建立刀具半径补偿，切向切入，即轨迹 4）
        Y30.0;                         （G17 平面切削加工，即轨迹 5）
        X30.0;                         （轨迹 6）
        Y–30.0;                        （轨迹 7）
        X–50.0;                        （轨迹 8）
G40 G01 X–60.0 Y–60.0;                （取消刀具半径补偿，即轨迹 9）
G00 Z50.0;                             （刀具 Z 向退刀）
M30;                                   （主轴停转，程序结束）
```

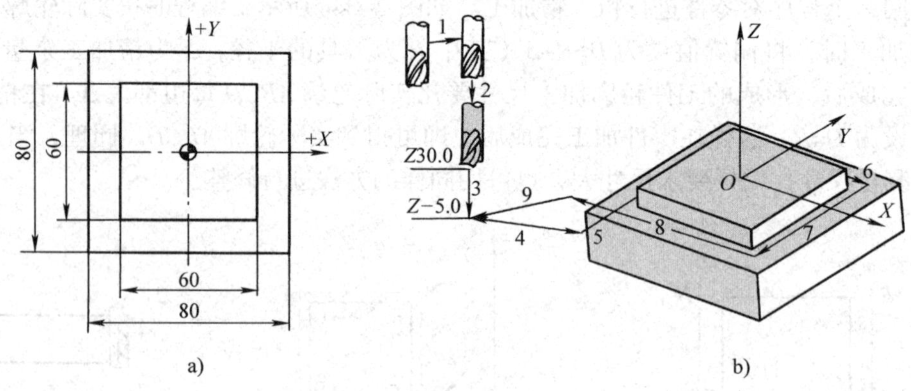

图 2–35 刀具半径补偿编程实例

a）平面图 b）实体图与刀具运行轨迹

2．数控铣床外轮廓铣削用刀具

（1）数控铣床用刀具材料

常用的数控刀具材料有高速钢、硬质合金、涂层硬质合金、陶瓷、立方氮化硼、金刚石等。其中，高速钢、硬质合金和涂层硬质合金在数控铣削刀具中应用最广。

（2）常用外轮廓铣削刀具

常用外轮廓铣削刀具主要有面铣刀、立铣刀、键槽铣刀、模具铣刀等。

1）面铣刀。如图 2–36 所示，面铣刀的圆周表面和端面上都有切削刃，圆周表面的切削刃为主切削刃，端面上的切削刃为副切削刃。面铣刀多为套式镶齿结构，刀齿为高速钢或硬质合金，刀体为 40Cr 钢。

图 2–36 面铣刀

刀片和刀齿与刀体的安装方式有整体焊接式、机夹焊接式和可转位式三种，其中可转位式是当前最常用的一种安装方式。

根据面铣刀规格的不同，面铣刀直径可取 40 ~ 400 mm，螺旋角为 10°，刀齿数可取 4 ~ 20。

2）立铣刀。如图 2–37 所示，立铣刀是数控机床上用得最多的一种铣刀。立铣刀的圆柱表面和端面上都有切削刃，圆柱表面的切削刃为主切削刃，端面上的切削刃为副切削刃，它们可同时进行切削，也可单独进行切削。主切削刃一般为螺旋齿，这样可以增加切削平稳性，提高加工精度。由于普通立铣刀端面中心处无切削刃，所以立铣刀不能进行轴向进给，端面刃主要用来加工与侧面相垂直的底平面。

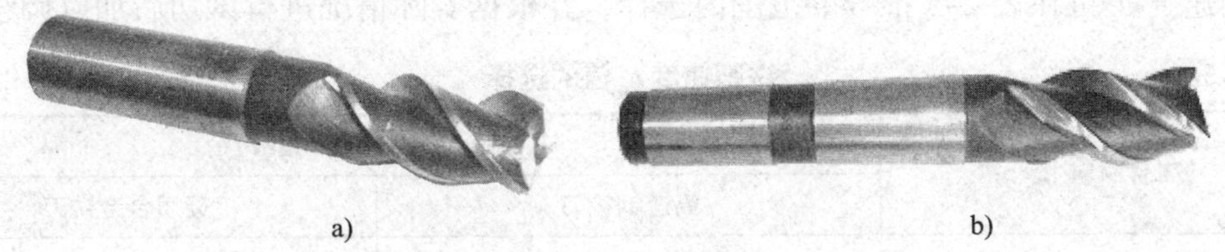

a) b)

图 2–37 立铣刀

a）直柄立铣刀 b）锥柄立铣刀

立铣刀的刀柄有直柄和锥柄之分。直径较小的立铣刀，一般为直柄形式。直径较大的立铣刀，一般为莫氏锥柄形式。一些大直径（ϕ25 ~ ϕ80 mm）的立铣刀，除采用锥柄形式外，还采用内螺纹孔来拉紧刀具。

3）键槽铣刀。如图 2–38 所示，键槽铣刀一般只有两个刀齿，圆柱面和端面都有切削刃，端面刃延伸至中心，既像立铣刀，又像钻头。加工时先轴向进给达到槽深，然后沿键槽方向铣出键槽全长。

按国家标准规定，直柄键槽铣刀直径为 2 ~ 22 mm，锥柄键槽铣刀直径为 14 ~ 50 mm。键槽铣刀直径的精度要求较高，其偏差有 e8 和 d8 两种。键槽铣刀重磨时，只需刃磨端面切削刃，因此重磨后铣刀直径不变。

4）模具铣刀。模具铣刀由立铣刀发展而成，可分为圆锥形立铣刀（圆锥半角为 3°、5°、7°、10°）、圆柱形球头立铣刀和圆锥形球头立铣刀三种，其柄部有直柄、削平型直柄和莫氏锥柄。模具铣刀中，圆柱形球头立铣刀在数控机床上应用较为广泛，如图 2–39 所示。

5）其他铣刀。轮廓加工时除使用以上几种铣刀外，还常使用鼓形铣刀和成形铣刀等。

图 2–38 键槽铣刀

图 2–39 圆柱形球头立铣刀

3. 铣削用量的合理选择

铣削用量包括铣削速度、进给量、铣削深度及铣削宽度等。合理选择铣削用量，对提高生产率、改善表面质量和加工精度都有着重要的作用。

（1）铣削速度 v_c

铣削速度是指在铣削过程中，铣刀的线速度。v_c（m/min）的计算公式为：

$$v_c=\frac{\pi Dn}{1\,000}$$

式中 D——铣刀的直径，mm；

n——铣刀的转速，r/min。

铣削速度在铣床上是以主轴的转速来调整的，但对铣刀使用寿命等因素的影响是以铣削速度来考虑的。因此，大都在选择好合适的铣削速度后，再根据铣削速度来计算铣床的主轴转速。

铣削速度 v_c 可在表 2–5 推荐的范围内选择，并根据实际情况进行试切后加以调整。

表 2–5 铣削速度 v_c 值的选择

工件材料	铣削速度 v_c /（m/min）	
	高速钢铣刀	硬质合金铣刀
20	20 ~ 45	150 ~ 250
45	20 ~ 35	80 ~ 220
40Cr	15 ~ 25	60 ~ 90
HT150	14 ~ 22	70 ~ 100
黄铜	30 ~ 60	120 ~ 200
铝合金	112 ~ 300	400 ~ 600
不锈钢	16 ~ 25	50 ~ 100

说明：①粗铣时取小值，精铣时取大值。
②工件材料强度和硬度较高时取小值，反之取大值。
③刀具材料耐热性较好时取大值，反之取小值。

（2）进给量

铣刀是多刃刀具，因此，进给量有以下几种不同的表达方式。

1）每齿进给量 f_z。铣刀每转过一个刀齿时在进给运动方向上相对于工件的位移量称为每齿进给量（mm/z），它是选择铣削进给速度的依据。每齿进给量的选择见表 2–6。

2）每转进给量 f。铣刀每转一转与工件的相对位移（mm/r）。

3）进给速度 v_f。铣刀相对于工件的移动速度，即单位时间内的进给量（mm/min）。

三者之间的关系为：

$$v_f=fn=f_z zn$$

式中 z——铣刀齿数。

表 2–6 **每齿进给量 f_z 值的选择** mm/z

刀具	高速钢刀具		硬质合金刀具	
	加工铸铁件	加工钢件	加工铸铁件	加工钢件
立铣刀	0.08 ~ 0.15	0.03 ~ 0.06	0.2 ~ 0.5	0.08 ~ 0.20
面铣刀	0.15 ~ 0.20	0.06 ~ 0.10	0.2 ~ 0.5	0.08 ~ 0.20

（3）铣削深度 a_p 与铣削宽度 a_e

铣削深度不同于车削时的背吃刀量，不是待加工表面与已加工表面的垂直距离，而是指平行于铣刀轴线测得的铣削层尺寸。铣削深度 a_p 的选择见表 2–7。

铣削宽度是指垂直于铣刀轴线测量的切削层尺寸。粗加工的铣削宽度一般取刀具直径的 3/5 ~ 4/5，精加工的铣削宽度由精加工余量确定（精加工余量一次性切削）。

表 2–7 **铣削深度 a_p 的选择** mm

刀具	高速钢铣刀		硬质合金铣刀	
	粗铣阶段	精铣阶段	粗铣阶段	精铣阶段
加工铸铁工件刀具	5 ~ 7	0.3 ~ 1	10 ~ 18	0.5 ~ 2
加工软钢工件刀具	<5	0.3 ~ 1	<12	0.5 ~ 2
加工中硬钢工件刀具	<4	0.3 ~ 1	<7	0.5 ~ 2
加工硬钢工件刀具	<3	0.3 ~ 1	<4	0.5 ~ 2

4．切削液的选用

（1）切削液的作用

切削液的主要作用是润滑、冷却、清洗和防锈。由于各种切削液的性能不同，其在加工中所起的作用也各不相同。

（2）切削液的种类

切削液主要分为水基切削液和油基切削液两类。水基切削液主要成分是水、化学合成水和乳化液，冷却能力强。油基切削液主要成分是各种矿物油、动物油、植物油或由它们组成的复合油，并可添加各种添加剂，因此其润滑性能突出。

（3）切削液的选择

粗加工或半精加工时，切削热量大，因此，切削液的作用应以冷却散热为主。精加工时，为了获得良好的已加工表面质量，切削液的作用应以润滑为主。

硬质合金刀具的耐热性能好，一般可不用切削液。如果要使用切削液，一定要采用连续冷却的方法。

（4）切削液的使用方法

使用切削液普遍采用浇注法。对于深孔加工、难加工材料的加工以及高速或强力切削加工，应采用高压冷却法。切削时切削液工作压力为 1 ~ 10 MPa，流量为 50 ~ 150 L/min。

使用切削液也可采用喷雾冷却法。加工时，切削液经高压处理并通过喷雾装置雾化后被高速喷射到切削区。

四、任务实施

1．刀具与铣削用量的选择

（1）刀具与刀柄选择

本任务主要加工外轮廓，不必进行 *Z* 向切削加工。因此，可选择两把高速钢材料的立铣刀进行加工，刀具直径分别取 16 mm 和 10 mm。

刀柄系统选择弹簧夹头刀柄和 ER 弹簧夹头。

（2）铣削用量与切削液选择

根据刀具材料和工件材料，选择切削速度 v_c 为 30 m/min，则转速 $n=1\ 000v_c/\pi D$，经计算，粗加工转速取 600 r/min，精加工转速取 1 000 r/min。粗加工进给速度取 150 mm/min，精加工进给速度取 100 mm/min。*Z* 向铣削深度取轮廓高度 5 mm。

数控铣床及加工中心的切削液通常选油基切削液。

2．编写数控加工程序

选择 TK7640 型 FANUC 0i MA 系统数控镗铣床，以工件上平面对称中心作为工件编程原点，尺寸较大方向作为 *X* 轴方向。外轮廓铣削参考精加工程序见表 2–8。

表 2–8　外轮廓铣削参考精加工程序

程序段号	加工程序	程序说明
	O0010;	程序号
N10	G90 G94 G40 G21 G17 G54;	程序初始化
N20	G91 G28 Z0;	返回 *Z* 向参考点
N30	G90 G00 X–60.0 Y–50.0;	定位到工件毛坯左下角外侧
N40	G00 Z30.0;	*Z* 向定位到安全高度
N50	S1000 M03 M08;	主轴正转，切削液开
N60	G01 Z–5.0 F100;	刀具切削进给到轮廓底平面
N70	G41 G01 X–40.0 D01;	建立刀具半径左补偿
N80	Y20.0;	轮廓精加工轨迹
N90	X–31.0;	
N100	G03 X–25.0 Y26.0 R6.0;	
N110	G01 Y30.0;	
N120	X–15.0;	
N130	G03 X15.0 R15.0;	
N140	G01 X25.0;	
N150	Y26.0;	
N160	G03 X31.0 Y20.0 I6.0 J0;	

续表

程序段号	加工程序	程序说明
N170	G01 X40.0;	轮廓精加工轨迹
N180	Y-20.0;	
N190	X31.0;	
N200	G03 X25.0 Y-26.0 I0 J-6.0;	
N210	G01 Y-30.0;	
N220	X15.0;	
N230	G03 X-15.0 I-15.0 J0;	
N240	G01 X-25.0;	
N245	Y-26.0;	
N250	G03 X-31.0 Y-20.0 I-6.0 J0;	
N260	G01 X-60.0;	
N270	G40 G01 X-60.0 Y-50.0;	刀具半径补偿取消
N280	G00 Z50.0 M09;	Z 向退刀，切削液关
N290	M30;	主轴停转，程序结束

3．加工步骤

（1）刀具半径补偿参数设定

1）按下功能键 OFFSET SETTING。

2）按下 CRT 显示器下软键［OFFSET］，出现如图 2-40 所示显示画面。

3）向下移动光标，将光标移动到程序中指定的刀具补偿号处，将刀具半径值输入对应的 GEOM（D）里。在输入过程中一定要注意不能搞错输入位置。

4）如果刀具使用一段时间后产生了磨损，则可将磨损值输入对应的位置，对刀具进行磨损补偿。将直径方向的磨损值输入对应的 WEAR（D）中，而将长度方向的磨损值输入对应的 WEAR（H）中。

【提示】 输入刀具半径补偿值时，一定要注意输入位置不能搞错。设定的刀具半径值不能大于或等于内凹圆弧的半径值，否则会出现报警。

```
WORK COORDINATES                    O0001 N0000
OFFSET
NO.   GEOM(H)  WEAR(H)   GEOM(D)  WEAR(D)
001   0.000    0.000     0.000    0.000
002   0.000    0.000     0.000    0.000
003   0.000    0.000     0.000    0.000
004   0.000    0.000     0.000    0.000
005   0.000    0.000     0.000    0.000
006   0.000    0.000     0.000    0.000
007   0.000    0.000     0.000    0.000
008   0.000    0.000     0.000    0.000

[OFFSET] [SETING] [WORK] [   ] [OPRT]
```

图 2-40 刀具半径补偿设定显示画面

（2）工件轮廓粗、精加工

1）用 $\phi16$ mm 立铣刀粗加工，去除大部分加工余量。

2）用 ϕ10 mm 立铣刀沿工件轮廓进行半精加工。其加工程序与精加工程序相同，刀具半径补偿值设定为 5.2 mm，以保证轮廓表面 0.2 mm 的精加工余量。

3）用 ϕ10 mm 立铣刀精加工，刀具半径补偿值设定为 5.0 mm（刀具半径）。

【提示】 不管是内轮廓还是外轮廓，采用刀具半径补偿方法留精加工余量时，刀具半径补偿参数中设定的值应为刀具半径 + 精加工余量（单边）。精加工的刀具半径补偿值大小可根据半精加工后的实际测量值来选取。假设在本任务的半精加工后，实际轮廓比原轮廓大了 0.16 mm（理论上应为 0.2 mm），则精加工刀具半径补偿值应设为 5.08 mm。

4．表面粗糙度分析

（1）加工过程中表面粗糙度的产生

在切削加工过程中，由于刀具几何形状和切削运动引起的残留面积、黏结在刀具刃口上的积屑瘤划出的沟纹、工件与刀具之间的振动引起的振动波纹以及刀具后面磨损造成的挤压与摩擦痕迹等，使零件表面上形成了缺陷，通常用表面粗糙度表示。

（2）影响表面粗糙度的因素

加工过程中，影响表面粗糙度的主要因素见表 2–9。

表 2–9 影响表面粗糙度的主要因素

影响因素	产生原因
装夹与找正	工件装夹不牢固，加工过程中产生振动
刀具	刀具磨损后没有及时修磨
	刀具刚度小，在加工过程中产生振动
	主偏角、副偏角及刀尖圆弧半径选择不当
加工	进给量选择过大，残留层高度增加
	切削速度选择不合理，产生积屑瘤
	铣削深度（精加工余量）选择过大或过小
	Z 向分层切深后没有进行精加工，留有接刀痕迹
	切削液选择不当或使用不当
	加工过程中刀具停顿
加工工艺	工件材料热处理不当或热处理工艺安排不合理
	采用不适当的进给路线，精加工采用逆铣

【提示】 表面粗糙度值增大大多可通过操作者正确、细致的操作来避免。

五、配分权重（见表 2–10）

表 2–10　外轮廓铣削配分权重表

工件编号				总得分		
项目与权重	序号	技术要求	配分	评分标准	检测记录	得分
加工（30%）	1	尺寸精度符合要求	10	超差全扣		
	2	几何精度符合要求	5	超差全扣		
	3	表面粗糙度符合要求	15	超差全扣		
程序与工艺（35%）	4	程序格式规范	5	每处不规范扣 1 分		
	5	刀补程序合理	15	每处不合理扣 5 分		
	6	铣削用量参数合理	10	每处不合理扣 5 分		
	7	程序完整	5	不完整全扣		
机床操作（20%）	8	刀具的选择与安装正确	5	每处错误扣 1 分		
	9	对刀及坐标系设定正确	5	每处错误扣 1 分		
	10	机床操作规范	5	每处不规范扣 1 分		
	11	意外情况处理合理	5	每处不合理扣 1 分		
安全文明生产（15%）	12	符合安全操作要求	10	出错全扣		
	13	工作场所整理合格	5	不合格全扣		

任务三　子程序的编程与外轮廓铣削加工

知识点

◎ 子程序的概念、格式和编程方法。
◎ 轮廓分层切削的方法。
◎ 精加工余量的确定方法。
◎ 数控铣床 / 加工中心常用夹具。

技能点

◎ 运用子程序编写数控铣床加工程序。
◎ 工件在机用虎钳中的装夹与找正。
◎ 尺寸精度的检验与误差分析。

一、任务描述

试编写如图 2–41 所示工件（毛坯材料为 45 钢，毛坯尺寸为 80 mm × 80 mm × 35 mm）的加工程序，并在数控铣床上进行加工。

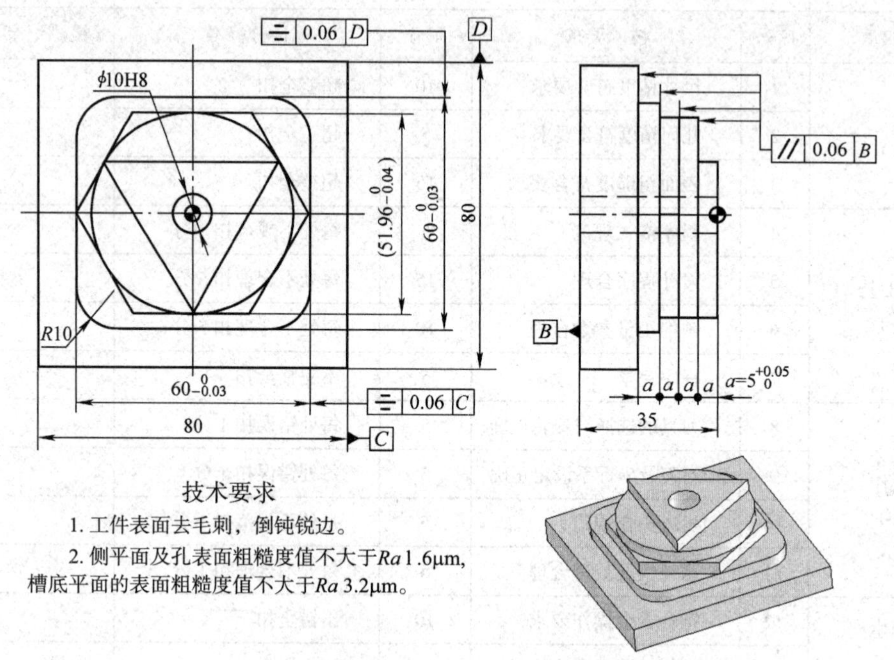

图 2–41　运用子程序铣削加工外轮廓任务图

二、任务分析

由于工件外形由四个不同的轮廓组成，且每个轮廓相互独立，所以完成该任务的数控编程时，采用子程序编程较为合适。在编写子程序时，要特别注意刀具半径补偿在子程序中的编程方法。

为了保证该工件的加工质量，加工前需选用合适的夹具进行装夹并进行仔细找正，加工时应选用合适的精加工余量，加工后应及时进行质量分析，找出产生误差的原因。

三、知识链接

1．编程中的子程序

（1）子程序的定义

机床的加工程序可以分为主程序和子程序两种。

所谓主程序是一个完整的零件加工程序，或是零件加工程序的主体部分，它和被加工零件或加工要求一一对应，不同的零件或不同的加工要求，都只有唯一的主程序。

在编制加工程序时，有时会遇到一组程序段在一个程序中多次出现，或者在几个程序中都要使用的情况，这组程序段就可以作为固定程序，并单独加以命名，称为子程序。子程序通常不可以作为独立的加工程序使用，它只能被调用实现加工中的局部动作。子程序执行结束后，能自动返回到调用它的主程序中。

（2）子程序的格式

在大多数数控系统中，子程序和主程序并无本质的区别。子程序和主程序在程序号及程序内容方面基本相同，但结束标记不同。主程序用 M02 指令或 M30 指令表示主程序结束；子程序则用 M99 指令表示子程序结束，并实现自动返回主程序功能。子程序格式举例如下：

O0100;

N10 G91 G01 Z–2.0;

…

N80 G91 G28 Z0;

N90 M99;

对于子程序结束指令 M99，不一定要单独书写一行，如上述程序中的 N80 与 N90 程序段合并写成“G91 G28 Z0 M99；”也是允许的。

（3）子程序的调用

在 FANUC 系统中，子程序的调用可通过辅助功能代码 M98 指令进行，且在调用格式中将子程序的程序号地址符改为 P。常用的子程序调用格式有以下两种。

格式一　M98 P× × × × L× × × ×；

例 2–3–1　M98 P100 L5;

例 2–3–2　M98 P100;

其中，地址符 P 后面的四位数字为子程序号，地址符 L 后面的数字表示重复调用的次数，子程序号及调用次数前的 0 可省略不写。如果只调用子程序一次，则地址符 L 及其后的数字可省略。例 2–3–1 表示调用子程序“O100”五次，而例 2–3–2 表示调用子程序“0100”一次。

格式二　M98 P× × × × × × × ×；

例 2–3–3　M98 P50010;

例 2–3–4　M98 P510;

地址符 P 后面的八位数字中，前四位表示调用次数，后四位表示子程序号。采用这种调用格式时，调用次数前的 0 可以省略不写，但子程序号前的 0 不可省略。例 2–3–3 表示调用子程序“O0010”五次，而例 2–3–4 表示调用子程序“O510”一次。

子程序的执行过程如下：

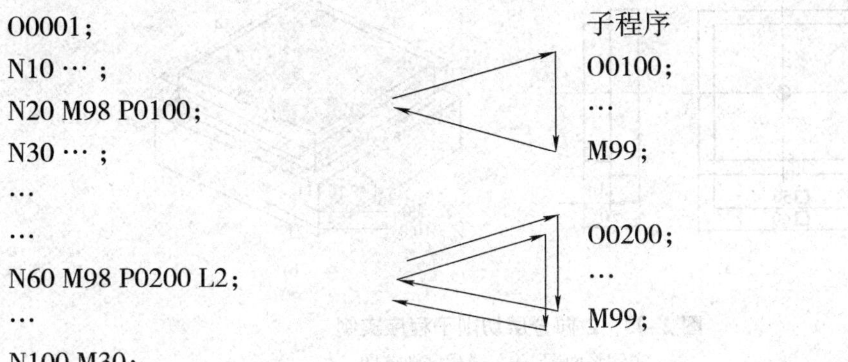

（4）子程序的嵌套

为了进一步简化程序，可以让子程序调用另一个子程序，这一功能称为子程序的嵌套。当主程序调用子程序时，该子程序被认为是一级子程序。系统不同，其子程序的嵌套级数也不相同，FANUC 系统可实现子程序四级嵌套，如图 2-42 所示。

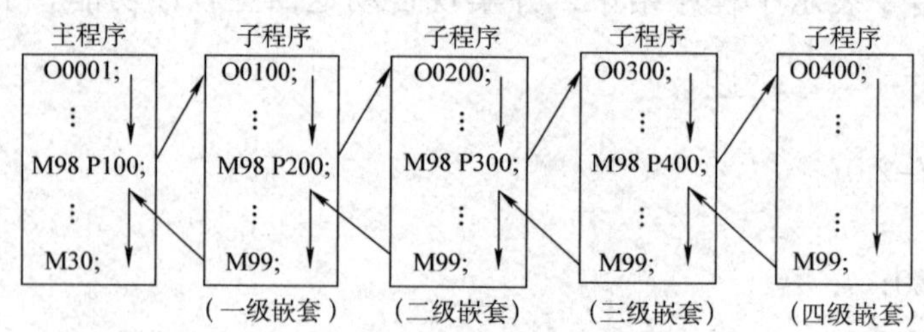

图 2-42 子程序的嵌套

（5）子程序调用的特殊用法

1）子程序返回到主程序某一程序段。如果在子程序返回程序段中加上 Pn，则子程序在返回主程序时将返回到主程序中顺序号为“n”的那个程序段。其程序格式如下：

M99 Pn;

例如：M99 P100;　　　（返回到 N100 程序段）

2）自动返回到程序头。如果在主程序中执行 M99 指令，则程序将返回到主程序的开头并继续执行程序。也可以在主程序中插入“M99 Pn;”用于返回到指定的程序段。为了能够执行后面的程序，通常在该指令前加“/”，以便在不需要返回执行时跳过该程序段。

3）强制改变子程序重复执行的次数。用“M99 L× ×;”指令可强制改变子程序重复执行的次数，其中，“L× ×”表示子程序调用的次数。例如，如果主程序用“M98 P× × L99;”调用，而子程序采用“M99 L2;”返回，则子程序重复执行的次数为两次。

（6）子程序的应用

1）零件的分层切削。当零件在某个方向上的总切削深度比较大时，可通过调用子程序采用分层切削的方式来编写该轮廓的加工程序。

例 2-3-5 在立式加工中心上加工如图 2-43a 所示凸台外轮廓，*Z* 向采用分层切削的方式，每次 *Z* 向铣削深度为 5 mm，试编写其数控加工程序。

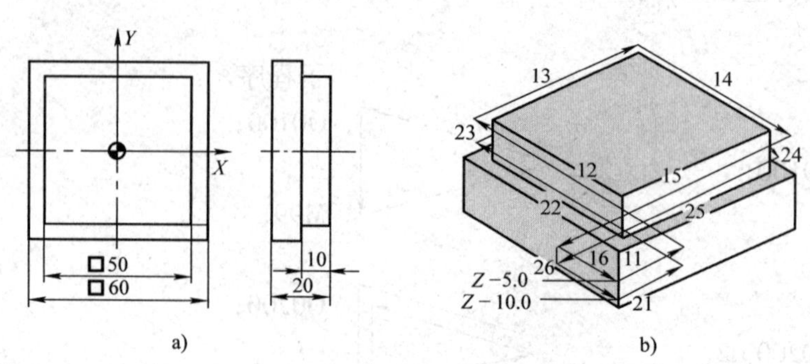

图 2-43 *Z* 向分层切削子程序实例

a）实例平面图　b）子程序轨迹图

其加工程序如下：

```
O0001;                          （主程序）
G90 G94 G40 G21 G17 G54;
G91 G28 Z0;
G90 G00 X-40.0 Y-40.0;          （XY平面快速点定位）
        Z20.0;
M03 S1000 M08;
G01 Z0.0 F50;                   （刀具下降到子程序Z向起点）
M98 P100 L2;                    （调用子程序2次）
G00 Z50.0 M09;
M30;

O100;                           （子程序）
G91 G01 Z-5.0;                  （刀具从Z0或Z-5.0位置向下移动5 mm）
G90 G41 G01 X-25.0 D01 F100;    （建立刀具半径左补偿，并沿轮廓切线方向切入，
                                 如图2-43b所示轨迹11或21）
          Y25.0;                （轨迹12或22）
          X25.0;                （轨迹13或23）
          Y-25.0;               （轨迹14或24）
          X-40.0;               （沿切线方向切出，轨迹15或25）
G40 Y-40.0;                     （取消刀具半径左补偿，轨迹16或26）
M99;                            （子程序结束，返回主程序）
```

2）同平面内多个相同轮廓的加工。在数控编程时，只编写其中一个轮廓的加工程序，然后用主程序调用。

例2-3-6 加工如图2-44所示外轮廓，三角形凸台高为5 mm，试编写该外轮廓的数控铣削精加工程序。

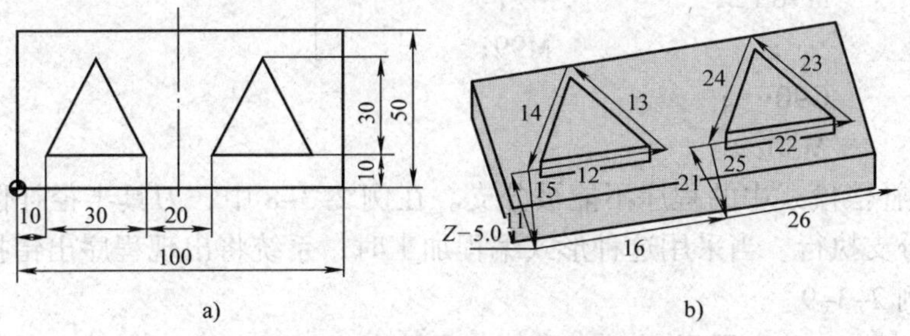

图2-44 同平面多轮廓子程序加工实例

a）实例平面图 b）子程序轨迹图

其精加工程序如下：

```
O0001;                          （主程序）
G90 G94 G40 G21 G17 G54;
```

```
G91 G28 Z0;
G90 G00 X0 Y-10.0;                 （XY 平面快速点定位）
        Z20.0;
M03 S1000 M08;
G01 Z-5.0 F50;                     （刀具 Z 向下降至凸台底平面）
M98 P100 L2;                       （调用子程序 2 次）
G90 G00 Z50.0 M09;
M30;
O100;                              （子程序）
G91 G42 G01 Y20.0 D01 F100;        （建立刀具半径右补偿，并从轮廓切线方向
                                   切入，如图 2-44b 所示轨迹 11 或 21）
            X40.0;                 （轨迹 12 或 22）
            X-15.0 Y30.0;          （轨迹 13 或 23）
            X-15.0 Y-30.0;         （轨迹 14 或 24）
G40 X-10.0 Y-20.0;                 （取消刀具半径右补偿，轨迹 15 或 25）
    X50.0;                         （刀具移动到子程序第二次循环的起点，如
                                   图 2-44b 所示轨迹 16 或 26）
M99;                               （子程序结束，返回主程序）
```

3）程序的优化。加工中心加工工件时往往包含许多独立的工序，编程时，可把每一个独立的工序编成一个子程序，主程序只有换刀和调用子程序的命令，从而达到优化程序的目的。

（7）使用子程序的注意事项

1）注意主程序与子程序间模式代码的变换。在例 2-3-7 中，子程序采用了 G91 模式，需要注意及时进行 G90 与 G91 模式的变换。

```
例 2-3-7    O1;（主程序）    O2;（子程序）
G90 模式    G90 G54;         G91…;          ┐
G91 模式    M98 P2;          …;             │ G91 模式
            …;               M99;           ┘
G90 模式    G90…;
            M30;
```

2）在半径补偿模式中的程序不能被分支。在例 2-3-8 中，刀具半径补偿模式在主程序及子程序中被分支执行，当采用这种形式编程加工时，系统将出现程序出错报警。正确的程序书写格式见例 2-3-9。

```
例 2-3-8    O1;（主程序）    O2;（子程序）
            G91…;            …;
            G41…;            M99;
            M98 P2;
            G40…;
            M30;
```

例 2-3-9

O1;（主程序）	O2;（子程序）
G91…;	G41…;
…;	…;
M98 P2;	G40…;
M30;	M99;

2. 精加工余量的确定

（1）精加工余量的概念

精加工余量是指精加工过程中所切去的金属层厚度。通常情况下，精加工余量由精加工一次切削去除。

加工余量有单边余量和双边余量之分。轮廓和平面的加工余量指单边余量，它等于实际切削的金属层厚度。而对于一些内圆和外圆等回转体表面，加工余量有时指双边余量，即以直径方向计算，实际切削的金属层厚度为加工余量的一半。

（2）影响精加工余量的因素

精加工余量的大小对零件的最终加工质量有直接影响。选取的精加工余量不能过大，也不能过小。余量过大会增加切削力、切削热的产生，进而影响加工精度和加工表面质量；余量过小则不能消除上一道工序（或工步）留下的各种误差、表面缺陷和本工序的装夹误差，容易造成废品。因此，应根据影响余量大小的因素合理地确定精加工余量。

影响精加工余量大小的因素主要有两个，即上一道工序（或工步）的各种误差、表面缺陷和本工序的装夹误差。

（3）精加工余量的确定方法

确定精加工余量的方法主要有以下三种。

1）经验估算法。此方法是凭工艺人员的实践经验估算精加工余量。为避免因余量不足而产生废品，所估余量一般偏大，仅用于单件、小批量生产。

2）查表修正法。将工厂生产实践和试验研究积累的有关精加工余量的资料制成表格，并汇编成手册，确定精加工余量时，可先从手册中查得所需数据，然后结合工厂的实际情况进行适当修正。这种方法目前应用广泛。

3）分析计算法。采用此方法确定精加工余量时，需运用计算公式和一定的试验资料，对影响精加工余量的各种因素进行综合分析和计算来确定精加工余量。用这种方法确定精加工余量比较经济合理，但必须有比较全面、可靠的试验资料。

用数控铣床加工时，采用经验估算法或查表修正法确定的精加工余量推荐值见表 2-11，表中轮廓指单边余量，孔指双边余量。

表 2-11　精加工余量推荐值　mm

加工方法	刀具材料	精加工余量	加工方法	刀具材料	精加工余量
轮廓铣削	高速钢	0.2 ~ 0.4	铰孔	高速钢	0.1 ~ 0.2
	硬质合金	0.3 ~ 0.6		硬质合金	0.2 ~ 0.3
扩孔	高速钢	0.5 ~ 1	镗孔	高速钢	0.1 ~ 0.5
	硬质合金	1 ~ 2		硬质合金	0.3 ~ 1

3．数控铣床夹具

（1）机床夹具的分类

机床夹具的种类很多，按通用化程度可分为通用夹具、专用夹具、成组夹具和组合夹具等类型。

1）通用夹具。车床上的卡盘、顶尖和数控铣床上的机用虎钳、分度头等均属于通用夹具。这类夹具已实现了标准化。其特点是通用性强、结构简单，装夹工件时无须调整或稍加调整即可，主要用于单件、小批量生产。

2）专用夹具。专用夹具是专为某个零件的某道工序设计的。其特点是结构紧凑、操作迅速且方便。但这类夹具设计和制造的工作量大、周期长、投资大，只有在大批量生产中才能充分发挥其经济价值。

3）成组夹具。成组夹具是随着成组加工技术的发展而产生的。它是根据成组加工工艺，把工件按形状、尺寸和工艺的共性分组，针对每组相近工件而专门设计的。其特点是使用对象明确、结构紧凑、调整方便。

4）组合夹具。组合夹具是由一套预先制造好的标准元件组装而成的专用夹具。它具有专用夹具的优点，用完后可拆卸存放，从而缩短了生产准备周期，减少了加工成本。因此，组合夹具既适用于单件及中、小批量生产，又适用于大批量生产。

（2）数控铣床 / 加工中心常用夹具介绍

1）机用虎钳和压板。机用虎钳具有较好的通用性和经济性，适用于尺寸较小的方形工件的装夹。常用的机用虎钳如图 2–45 所示，一般采用机械螺旋式、气动式或液压式夹紧方式。

对于较大或四周不规则的工件，无法采用机用虎钳或其他夹具装夹时，可直接采用压板进行装夹，如图 2–46a 所示。加工中心压板通常采用 T 形螺母（见图 2–46b）与螺栓夹紧方式。

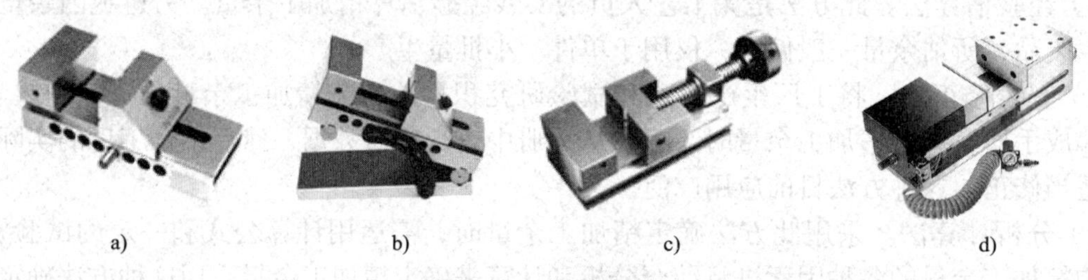

a) b) c) d)

图 2–45 机用虎钳

2）卡盘和分度头。如图 2–47 所示，卡盘根据卡爪的数量分为二爪卡盘、三爪自定心卡盘、四爪单动卡盘和六爪卡盘等类型。在数控车床和数控铣床上应用较多的是三爪自定心卡盘和四爪单动卡盘。三爪自定心卡盘具有自动定心作用和装夹简单的特点，因此，中、小型圆柱形工件在数控铣床或数控车床上加工时，常采用三爪自定心卡盘进行装夹。卡盘的夹紧有机械螺旋式、气动式或液压式等多种形式。

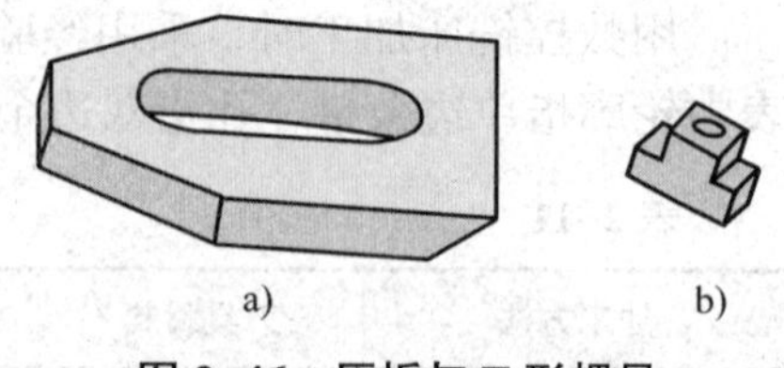

a) b)

图 2–46 压板与 T 形螺母

a）压板 b）T 形螺母

许多机械零件，如花键、离合器、齿轮等在加工中心上加工时，常采用分度头分度的方法来等分每一个齿槽，从而加工出合格的零件。分度头是数控铣床和普通铣床的主要附件。

在机械加工中，常用的分度头有万能分度头、简单分度头、直接分度头等，如图 2–48 所示。这些分度头的分度精度不是很高，因此，为了提高分度精度，数控机床上还采用投影光学分度头和数显分度头等对精密零件进行分度。

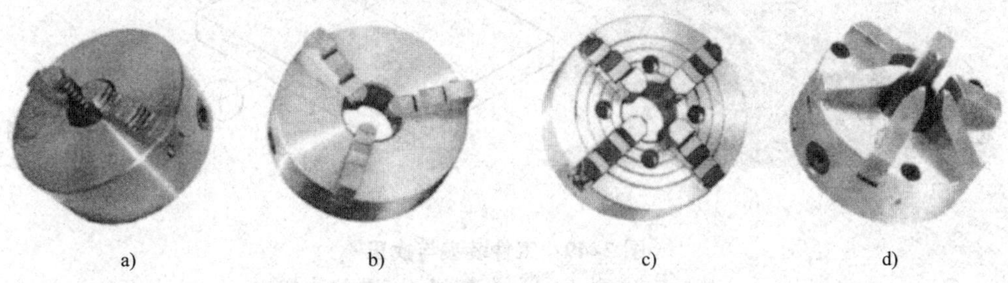

图 2–47 卡盘

a）二爪卡盘 b）三爪自定心卡盘 c）四爪单动卡盘 d）六爪卡盘

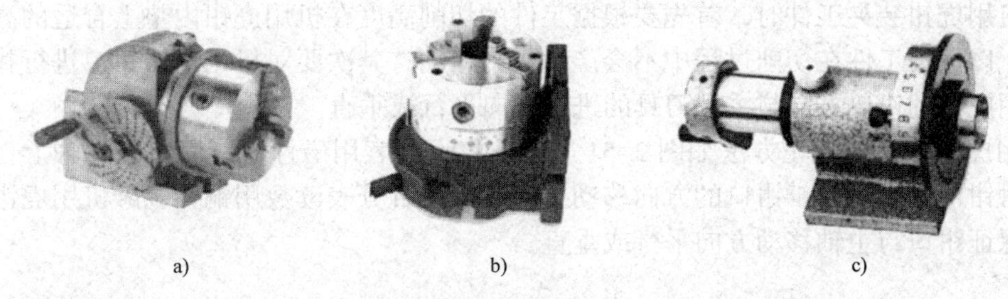

图 2–48 分度头

a）万能分度头 b）简单分度头 c）直接分度头

3）夹具的选择。数控铣床 / 加工中心上夹具的选择要根据零件精度等级、零件结构特点、产品批量及机床精度等情况综合考虑。选择顺序：首先考虑通用夹具，其次考虑组合夹具，最后考虑专用夹具和成组夹具。

四、任务实施

1. 工件装夹与找正

外轮廓铣削加工时，常采用压板或机用虎钳装夹。

（1）压板装夹

如图 2–49a 所示，用压板装夹工件时，应使压板、垫铁的高度略高于工件，以保证夹紧效果；压板螺栓应尽量靠近工件，以增大压紧力；压紧力要适中，或在压板与工件表面安装软材料垫片，以防工件变形或工件表面受到损伤；工件不能在工作台面上拖动，以免划伤工作台面。

在使用机用虎钳或压板装夹工件过程中，应对工件进行找正。找正时，将百分表用磁性表座（见图 2–50）固定在主轴上，使百分表测头接触工件，在前后或左右方向移动主轴，从而找正工件上下平面与工作台面的平行度，如图 2–49 所示。同样在侧平面内移动主轴，找正工件侧面与轴进给方向的平行度。如果不平行，则可用铜棒轻敲工件或垫塞尺的办法进行纠正，然后重新进行找正。

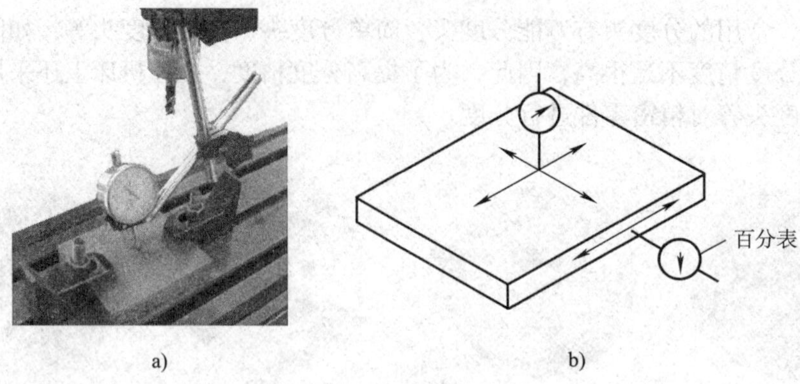

a)　　b)

图 2-49　工件装夹与找正

a）压板装夹与找正　b）找正时百分表的移动方向

（2）机用虎钳装夹

用机用虎钳装夹工件时，首先要根据工件的切削高度在机用虎钳内垫上合适的高精度平行垫铁，以保证工件在切削过程中不会产生受力移动；其次要对机用虎钳钳口进行找正，以保证机用虎钳的钳口方向与主轴刀具的进给方向平行或垂直。

机用虎钳钳口的找正方法如图 2-51 所示。将百分表用磁性表座固定在主轴上，百分表测头接触钳口，沿平行于钳口的方向移动主轴，根据百分表读数用铜棒轻敲机用虎钳进行调整，以保证钳口与主轴移动方向平行或垂直。

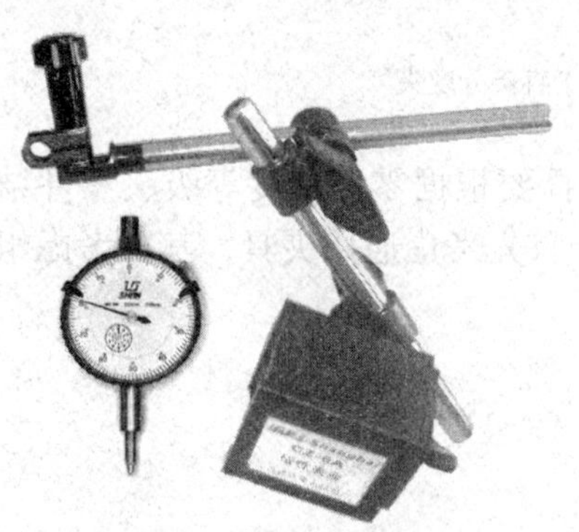

图 2-50　百分表与磁性表座

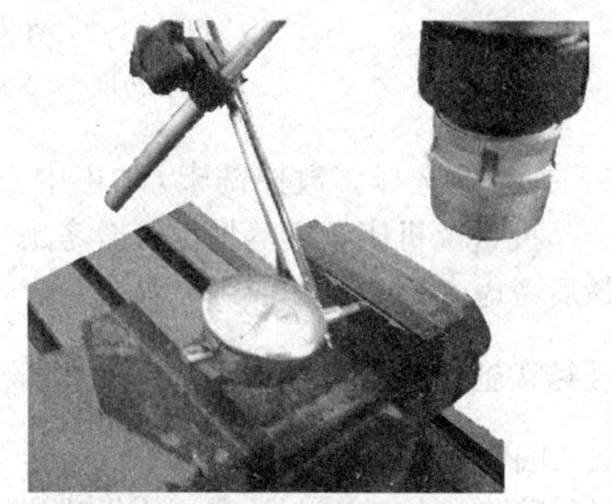

图 2-51　机用虎钳钳口的找正方法

【提示】 本任务在机用虎钳中装夹工件时，一定要耐心、细致地进行操作。

2．程序编制与加工

（1）刀具、铣削用量、机床、编程原点的选择

本任务选用 ϕ16 mm 高速钢立铣刀进行加工，铣削用量为：转速 n=600 r/min，进给速度 f=100 mm/min，Z 向铣削深度取 5 mm。数控机床选择 TK7640 型 FANUC 0i 系统数控铣床。编程原点选在工件上平面对称中心位置。

（2）Z 向分层切削及精加工余量的确定

1）Z 向分层切削。由于轮廓的 Z 向切削深度较大，因此，在 Z 向采用子程序分层切削的方法进行切削，Z 向每次切深为 5 mm。方形凸台总切深为 20 mm，Z 向分四层切削；六边

形、圆、三角形凸台的分层切削次数依次为三次、两次和一次。

2）分层切削方法。为了避免出现分层切削的接刀痕迹，分层切削时通过修改刀具半径补偿值留出精加工余量，等分层切削完成后再在总深度方向进行一次精加工。精加工前，需对刀具半径补偿值、主程序中子程序调用次数（改成一次）和子程序 Z 向切深进行修改（改成等于总切深）。

3）确定精加工余量。根据刀具、工件材料、装夹、加工精度等具体情况，参照经验公式选取精加工余量为单边 0.3 mm。

（3）坐标计算

如图 2-52 所示，利用三角函数进行计算，计算结果如下：

A（-15.0，-25.98）、B（-30.0，0）、C（-15.0，25.98）、D（15.0，25.98）、E（30.0，0）、F（15.0，-25.98）、G（0，-25.98）、H（-22.5，12.99）、I（22.5，12.99）、M（-5.0，-43.30）、N（-25.0，-25.98）。

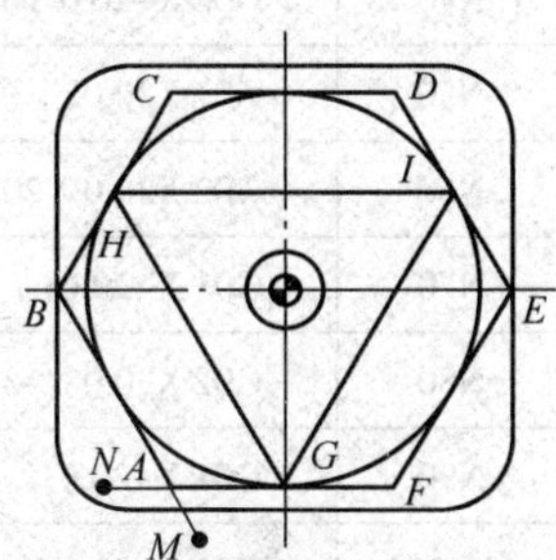

图 2-52 坐标计算

（4）编程与加工

根据以上分析，编写铣削外轮廓参考精加工程序（见表 2-12），并进行加工。

表 2-12 铣削外轮廓参考精加工程序

程序段号	加工程序	程序说明
	O0010;	主程序
N10	G90 G94 G40 G21 G17 G54;	程序初始化
N20	G91 G28 Z0;	返回 Z 向参考点
N30	G90 G00 X-50.0 Y-50.0;	XY 平面定位到毛坯左下角外侧
N40	Z30.0;	Z 向降至安全高度
N50	S600 M03 M08;	主轴正转，切削液开
N60	G01 Z0.0 F100;	子程序 Z 向起点
N70	M98 P101 L4;	分别调用 4 个子程序，加工 4 个不同的凸台轮廓
N80	G01 Z0.0;	
N90	M98 P102 L3;	
N100	G01 Z0.0;	
N110	M98 P103 L2;	
N120	G01 Z0.0;	
N130	M98 P104;	
N140	G91 G28 Z0 M09;	返回 Z 向参考点，切削液关
N150	M30;	主轴停转，程序结束

续表

程序段号	加工程序	程序说明
	O0101;	方形凸台轮廓子程序
N10	G91 G01 Z-5.0;	*Z* 向分层切削，每次切深 5 mm
N20	G90 G41 G01 X-30 D01;	刀补建立在轮廓切线延长线上
N30	Y20.0;	铣削加工
N40	G02 X-20.0 Y30.0 R10.0;	
N50	G01 X20.0;	
N60	G02 X30.0 Y20.0 R10.0;	
N70	G01 Y-20.0;	
N80	G02 X20.0 Y-30.0 R10.0;	
N90	G01 X-20.0;	
N100	G02 X-30.0 Y-20.0 R10.0;	
N110	G40 G01 X-50.0 Y-50.0;	取消刀具半径补偿
N120	M99;	子程序结束
	O0102;	六边形凸台轮廓子程序
N10	G91 G01 Z-5.0;	*Z* 向分层切削，每次切深 5 mm
N20	G90 G41 G01 X-5.0 Y-43.30 D01;	沿切线方向切入，图 2-52 中的 *M* 点
N30	X-30.0 Y0;	铣削加工
N40	X-15.0 Y25.98;	
N50	X15.0;	
N60	X30.0 Y0;	
N70	X15.0 Y-25.98;	
N80	X-25.0;	沿切线方向切出，图 2-52 中的 *N* 点
N90	G40 G01 X-50.0 Y-50.0;	取消刀具半径补偿
N100	M99;	子程序结束
	O0103;	圆形凸台轮廓子程序
N10	G91 G01 Z-5.0;	*Z* 向分层切削，每次切深 5 mm
N20	G90 G41 G01 X15.0 Y-25.98 D01;	沿切线方向切入，图 2-52 中的 *F* 点
N30	X0;	到圆弧起点
N40	G02 X0 Y-25.98 I0 J25.98;	铣削加工，用 I、J 编程
N50	X-15.0;	沿切线方向切出，图 2-52 中的 *A* 点
N60	G40 G01 X-50.0 Y-50.0;	取消刀具半径补偿

续表

程序段号	加工程序	程序说明
N70	M99;	子程序结束
	O0104;	三角形凸台轮廓子程序
N10	G91 G01 Z-5.0;	Z 向分层切削，每次切深 5 mm
N20	G90 G41 G01 X10.0 Y-43.30 D01;	沿切线方向切入
N30	X-22.50 Y12.99;	铣削加工
N40	X22.5;	
N50	X-10.0 Y-43.30;	沿切线方向切出
N60	G40 G01 X-50.0 Y-50.0;	取消刀具半径补偿
N70	M99;	子程序结束

注：刀具半径补偿通常建立在子程序中，且不能被分支。

【提示】 在编写本任务程序时，刀具沿轮廓的切入与切出点通常选在轮廓的延长线上或切线上。

3．外轮廓的测量与分析

（1）常用量具的分类

根据量具的特点，量具可分为以下三种类型。

1）万能量具。这类量具一般都有刻度，在测量范围内可以测量零件的形状和尺寸的具体数值，如游标卡尺、千分尺、百分表和游标万能角度尺等。

2）专用量具。这类量具不能测出实际尺寸，只能测定零件形状和尺寸是否合格，如卡规、塞规、塞尺等。

3）标准量具。这类量具只能制成某一固定尺寸，通常用来校对和调整其他量具，也可作为标准与被测零件进行比较，如量块。

本任务中涉及的量具主要指万能量具。

（2）外轮廓的测量

外轮廓测量常用量具如图 2–53 所示。游标卡尺和千分尺主要用于长度尺寸的测量，而游标万能角度尺和直角尺用于角度的测量。

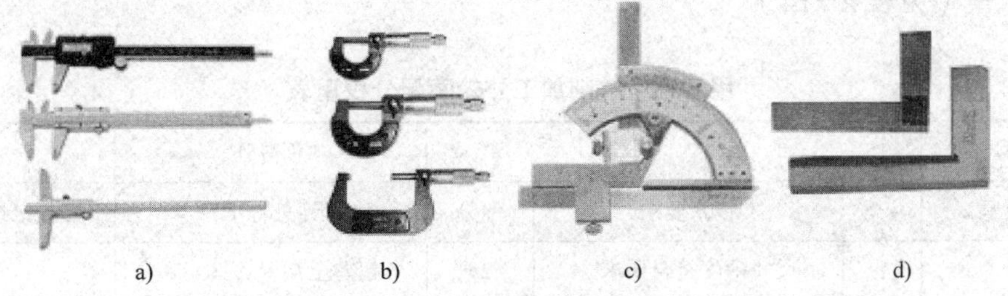

a)　b)　c)　d)

图 2–53　外轮廓测量常用量具

a）游标卡尺　b）千分尺　c）游标万能角度尺　d）直角尺

用游标卡尺测量工件时，对操作者的手感要求较高。测量时游标卡尺夹持工件的松紧程度对测量结果影响较大，因此，实际测量时的测量精度不是很高。本任务中游标卡尺主要用于总长、总宽、总高等未注公差尺寸的测量。

千分尺的测量精度通常为 0.01 mm，测量灵敏度要比游标卡尺高，而且测量时也容易控制其夹持工件的松紧程度，因此，千分尺主要用于较高精度的轮廓尺寸的测量。本任务中千分尺主要用于测量有公差要求的尺寸，如尺寸 $60_{-0.03}^{0}$ mm 等。

游标万能角度尺和直角尺主要用于各种角度和垂直度的测量，测量时采用透光法进行检查，本任务中主要用于六边形和三角形角度的测量。

（3）尺寸精度及误差分析

铣削加工过程中尺寸精度降低的原因分析见表 2–13。

表 2–13　尺寸精度降低的原因分析

影响因素	产生原因
装夹与找正	工件装夹不牢固，加工过程中产生松动与振动
	工件找正不正确
刀具	刀具尺寸不正确或产生磨损
	对刀不正确，产生位置误差
	刀具刚度小，加工过程中产生振动
加工	切削深度过大，导致刀具发生弹性变形，加工面歪斜
	刀具补偿参数设置不正确
	精加工余量选择过大或过小
	铣削用量选择不当，导致切削力、切削热过大，从而产生热变形和内应力
工艺系统	机床原理误差
	机床几何误差
	工件定位不正确或夹具与定位元件制造误差

【提示】 表中因工艺系统所产生的尺寸精度降低可通过对机床和夹具的调整来解决，而因前面三项对尺寸精度的影响因素则可以通过操作者正确、细致的操作来解决。

五、配分权重（见表 2–14）

表 2–14　用子程序铣削加工外轮廓配分权重表

工件编号				总得分		
项目与权重	序号	技术要求	配分	评分标准	检测记录	得分
加工（40%）	1	尺寸精度符合要求	25	超差全扣		
	2	几何精度符合要求	5	超差全扣		
	3	表面粗糙度符合要求	10	超差全扣		

续表

项目与权重	序号	技术要求	配分	评分标准	检测记录	得分
程序与工艺（30%）	4	程序格式规范	5	每处不规范扣 1 分		
	5	子程序正确	10	每处错误扣 2 分		
	6	加工参数正确	5	每处错误扣 1 分		
	7	加工路线正确	10	不正确全扣		
机床操作（20%）	8	工件装夹与找正符合加工要求	10	每处错误扣 2 分		
	9	对刀及坐标系设定正确	5	不正确全扣		
	10	机床操作正确	5	每处错误扣 2 ~ 5 分		
安全文明生产（10%）	11	符合安全操作要求	5	出错全扣		
	12	工作场所整理合格	5	不合格全扣		

任务四 组合件加工

知识点

◎ 数控加工工艺分析方法。
◎ 数控铣床加工零件结构工艺性分析方法。
◎ 组合件工艺分析及编程方法。
◎ 几何精度与配合精度分析。

技能点

◎ 卡盘（三爪自定心卡盘、分度头）的装夹与找正。
◎ 选择合适的加工路线编制数控铣床加工程序。

一、任务描述

试在数控铣床上加工如图 2–54 所示组合件，已知工件毛坯材料为 45 钢，毛坯尺寸件 1 为 80 mm × 80 mm × 20 mm，件 2 为 ϕ60 mm × 30 mm（工时定额 5 h）。

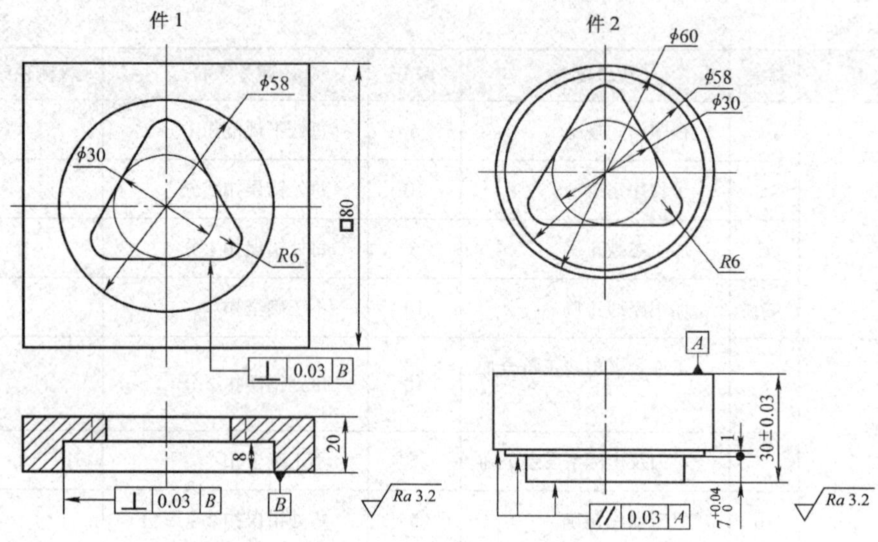

技术要求

1. 件1由件2配作而成，配合间隙小于0.04，换位后配合间隙小于0.06。
2. 配合件组合总高为30±0.04，件2侧母线与件1上平面垂直度误差小于0.04。
3. 工件表面去毛刺，倒钝锐边。

a)

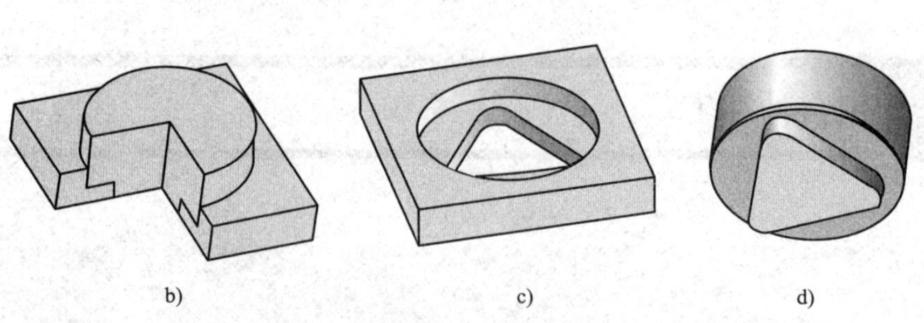

b) c) d)

图 2–54 组合件加工

a）件 1 与件 2 零件图 b）件 1 与件 2 装配示意图 c）件 1 实物图 d）件 2 实物图

二、任务分析

件 1 为方形工件，采用平口钳装夹。件 2 为圆柱形工件，采用三爪自定心卡盘进行装夹，加工过程中要注意工件需在三爪自定心卡盘上找正。

此外，由于该组合件涉及内、外轮廓的加工，在加工过程中要注意选择合适的加工路线，并进行合理的结构工艺性分析。

三、知识链接

1．数控加工工艺

数控加工工艺是数控加工方法和数控加工过程的总称。

（1）数控加工工艺的基本特点

1）工艺内容明确而具体。数控加工工艺与普通加工工艺相比，在工艺文件的内容和格式上都有很大的区别。许多在普通加工工艺中不必考虑而由操作人员在操作过程中灵活掌握并调整的问题（如工序内工步的安排，对刀点、换刀点及加工路线的确定等），在编制数控加工工艺文件时必须详细列出。

2）工艺要求准确而严密。数控机床虽然自动化程度高，但自适应性差，不能像普通加工时那样可以根据加工过程中出现的问题进行人为的调整。所以，数控加工的工艺文件必须保证加工过程中的每一细节准确无误。

3）工艺装备先进。为了满足数控加工高质量、高效率和高柔性的要求，数控加工中广泛采用先进的数控刀具、组合刀具等工艺装备。

4）工序集中。数控加工大多采用工序集中的原则来安排加工工序，从而缩短了生产周期，减少了设备投入，提高了经济效益。

（2）数控加工工艺分析的主要内容

数控加工工艺分析的主要内容包括以下几个方面。

1）选择适合在数控机床上加工的零件。

2）分析被加工零件的图样，明确加工内容和技术要求。

3）确定零件的加工方案，制定数控加工工艺路线。

4）进行加工工序设计（如选取零件的定位基准，确定夹具方案，划分工步，选取刀具和辅具，确定切削用量等）。

5）编制数控加工程序，选取对刀点和换刀点，确定刀具补偿值，确定加工路线。

6）分配数控加工中的允差。

7）处理数控机床上的部分工艺指令。

2. 数控铣床加工零件结构工艺性分析

零件的结构工艺性是指根据加工工艺特点对零件结构的设计要求，也就是说零件的结构设计会影响或决定加工工艺性的好坏。本书仅从数控加工的可行性、方便性和经济性方面加以分析。

（1）正确标注零件图样尺寸

由于数控加工程序是以准确的坐标点为基础进行编制的，因此，各图形几何要素的相互关系应明确，各几何要素的条件要充分，应无引起矛盾的多余尺寸或影响工序安排的封闭尺寸。

（2）保证基准统一

在数控加工的零件图样上，最好以同一基准标注尺寸或直接给出坐标尺寸。这种标注方法既便于编程，也便于尺寸之间的相互协调，给保持设计基准、工艺基准、检测基准与编程原点设置的一致性带来了方便。

（3）零件各加工部位的结构工艺性

零件各加工部位的结构工艺性要求如下。

1）零件的内腔与外形最好采用统一的几何类型和尺寸，这样可以减少所使用刀具的种数和换刀次数，从而简化编程并提高生产率。

2）轮廓最小内圆弧或外轮廓的内凹圆弧的半径 R 限制了刀具的直径，因此，圆弧半径 R 不能取得过小。此外，零件的结构工艺性还与 $\frac{R}{H}$（H 为零件轮廓面的最大加工高度）的值有关，当 $\frac{R}{H}>0.2$ 时零件的结构工艺性较好（见图 2–55 中 R20 mm 圆弧）；反之则较差（见图 2–55 中 R5 mm 圆弧）。

3）铣削槽底平面时，槽底圆角半径 r 不能过大。圆角半径 r 越大，铣刀端面刃与铣削平面的最大接触直径 $d=D-2r$（D 为铣刀直径）越小，加工平面的能力就越差，效率越低，工艺性也越差，如图 2–56 所示。

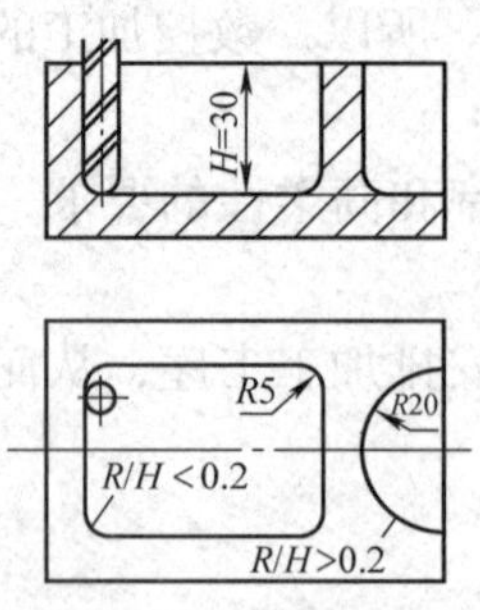

图 2–55　零件结构工艺性

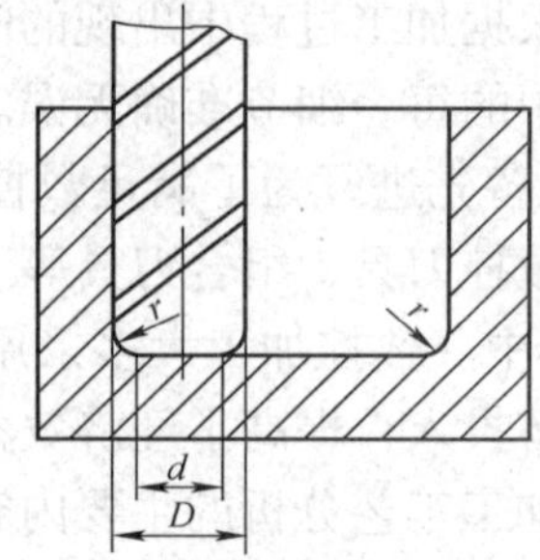

图 2–56　槽底平面圆弧对加工工艺的影响

（4）分析零件的变形情况

对于零件在数控铣床加工过程中的变形问题，可在加工前采取适当的热处理工艺（如调质、退火等）来解决，也可采取粗、精加工分开或对称去除加工余量等常规方法来解决。

（5）毛坯的结构工艺性

对于毛坯的结构工艺性要求，首先应保证毛坯的加工余量充足且尽量均匀；其次应保证毛坯在加工时定位与装夹的可靠性和方便性，以便在一次装夹过程中加工出尽量多的表面。对于不便装夹的毛坯，可考虑在毛坯上另外增加装夹余量或工艺凸台、工艺凸耳等辅助基准。

3．加工路线的确定

（1）确定加工路线的原则

在数控加工中，刀具的刀位点相对于零件运动的轨迹称为加工路线。加工路线的确定与工件的加工精度和表面粗糙度直接相关。确定加工路线的原则如下：

1）应保证被加工零件的精度和表面粗糙度要求，且加工效率较高。

2）使数值计算简便，以减少编程工作量。

3）应使加工路线最短，这样既可减少程序段，又可减少空刀时间。

4）应根据工件的加工余量和机床、刀具的刚度等具体情况确定加工路线。

（2）轮廓铣削加工路线的确定

1）切入、切出方法选择。采用立铣刀侧刃铣削轮廓类零件时，为减少接刀痕迹，保证零件表面质量，铣刀的切入和切出点应选在零件轮廓曲线的切线上（如图 2–57 中 *A–B–C–B–D*），而不应沿法向直接切入零件，以避免加工表面产生刀痕，保证零件轮廓光滑。

铣削内轮廓表面时，如果切入和切出无法外延，则切入与切出应尽量采用圆弧过渡，如图 2–58 所示。在无法实现时铣刀可沿零件轮廓的法线方向切入和切出，但需将切入、切出点选在零件轮廓两几何元素的交点处。

2）凹槽切削方法选择。凹槽切削方法有三种，即行切法，环切法和先行切、后环切法，如图 2–59 所示。三种方法中，行切法最差，先行切、后环切法最好。

3）轮廓铣削加工应避免刀具的进给停顿。在轮廓加工过程中，在工件、刀具、夹具、机床系统弹性变形平衡的状态下，进给停顿时切削力减小，会改变系统的平衡状态，刀具会在进给停顿处的零件表面上留下刀痕，因此在轮廓加工中应避免进给停顿。

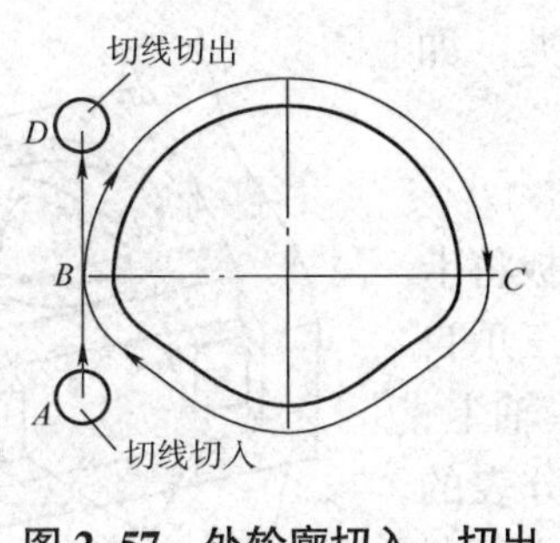

图 2–57 外轮廓切入、切出

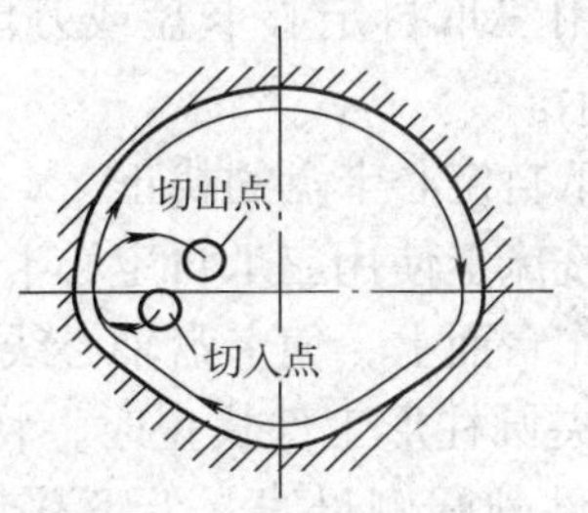

图 2–58 内轮廓切入、切出

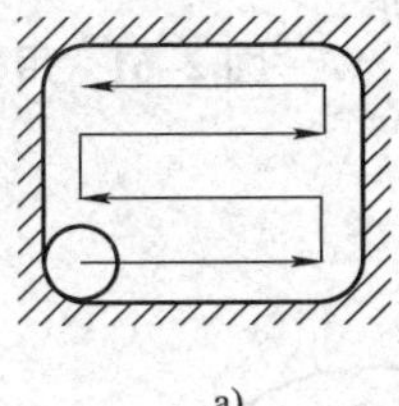
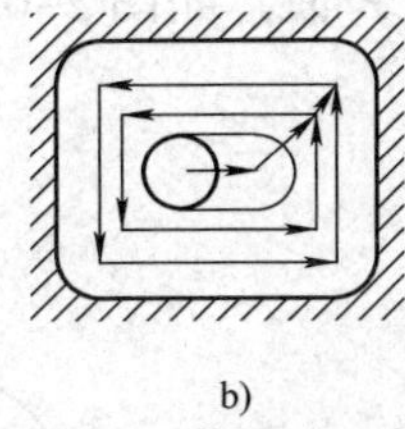
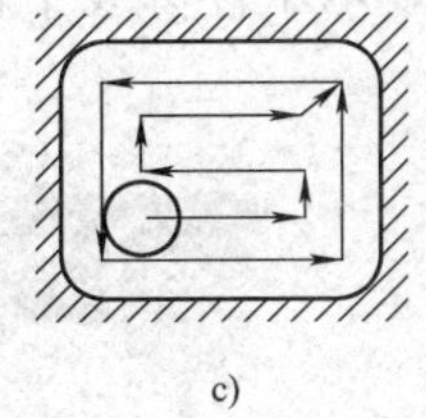

a) b) c)

图 2–59 凹槽切削方法

a）行切法 b）环切法 c）先行切、后环切法

4）顺铣与逆铣。根据刀具的旋转方向和工件的进给方向间的相互关系，数控铣削分为顺铣和逆铣，如图 2–60 所示。

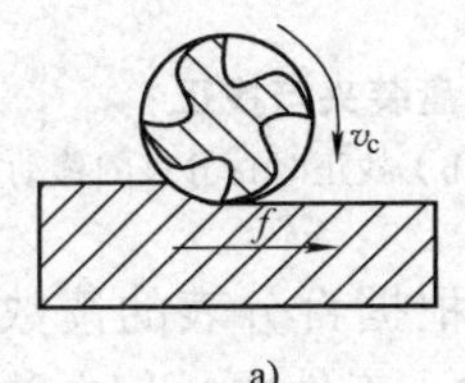

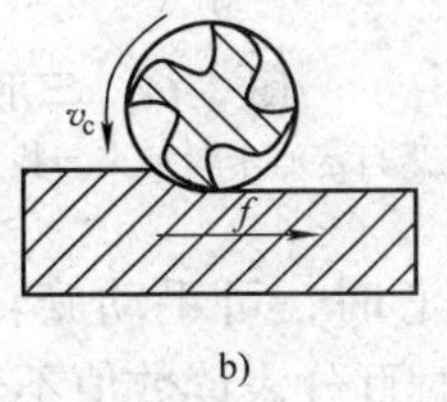

a) b)

图 2–60 顺铣与逆铣

a）逆铣 b）顺铣

逆铣是指刀具的切削速度方向与工件的移动方向相反。采用逆铣可以使加工效率大大提高，但由于逆铣切削力大，导致切削变形增大、刀具磨损加快。通常在粗加工时采用逆铣的加工方法。

顺铣是指刀具的切削速度方向与工件的移动方向相同。顺铣的切削力及切削变形小，但容易产生崩刃现象。通常在精加工时采用顺铣的加工方法。

在刀具正转的情况下，采用左刀补铣削为顺铣，而采用右刀补铣削为逆铣。

四、任务实施

1. 工件装夹与找正

（1）选择装夹方案

本任务件 1 采用机用虎钳装夹。装夹时，钳口内垫上合适高度的高精度平行垫铁，垫铁间留出加工型腔时的落刀间隙，装夹后的工件如图 2–61 所示。然后进行工件的找正。

件 2 采用三爪自定心卡盘或万能分度头进行装夹，如图 2–62a 所示。

（2）三爪自定心卡盘的找正

在数控铣床上使用三爪自定心卡盘时，通常用压板将卡盘压紧在工作台面上，使卡盘轴心线与主轴平行。用三爪自定心卡盘装夹圆柱形工件找正时，将百分表固定在主轴上，测头接触工件外圆侧母线，上下移动主轴，根据百分表的读数用铜棒轻敲工件进行调整，当主轴上下移动过程中百分表读数不变时，表示工件母线平行于 Z 轴，如图 2–62b 所示。

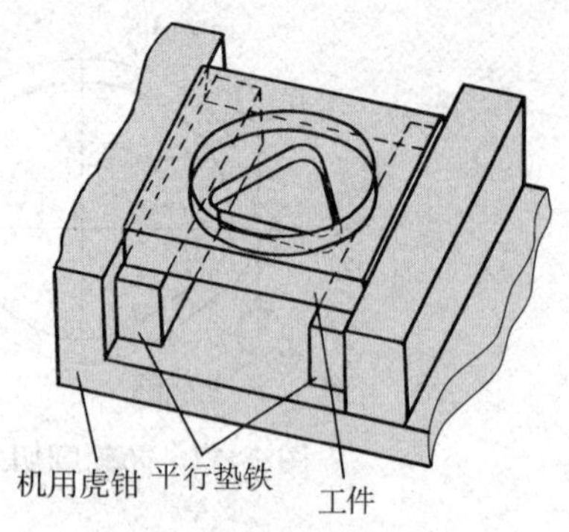

图 2–61 用机用虎钳装夹工件

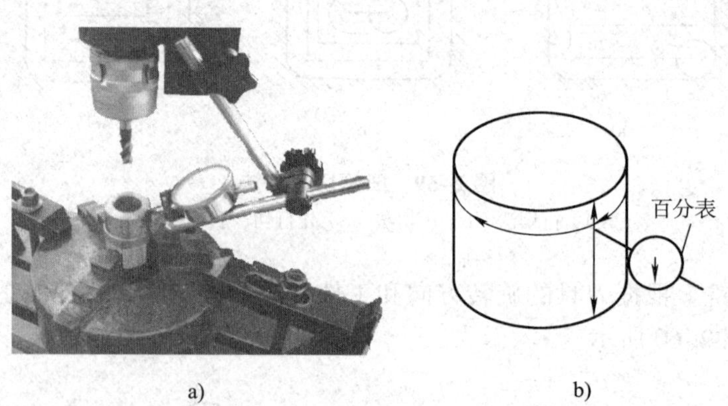

图 2–62 三爪自定心卡盘装夹与找正

a）三爪自定心卡盘装夹与找正示意图 b）找正时百分表的移动方向

当找正工件外圆圆心时，可手动旋转主轴，根据百分表的读数值在 XY 平面内移动工件，直至手动旋转主轴时百分表读数值不变。此时，工件中心与主轴轴线同轴，记下此时的机床坐标系 X、Y 的坐标，可将该点（圆柱中心）设为工件坐标系 XY 平面的工件坐标系原点。内孔中心的找正方法与外圆圆心找正方法相同，但找正内孔时通常使用杠杆式百分表，如图 2–63 所示。

用分度头装夹工件（工件水平）的找正方法如图 2–64 所示。首先，分别在 A 点和 B 点处前后移动百分表，调整工件，保证两处百分表的最大读数相等，以找正工件与工作台面平行；然后，找正工件侧母线与工件进给方向平行。

图 2–63 杠杆式百分表

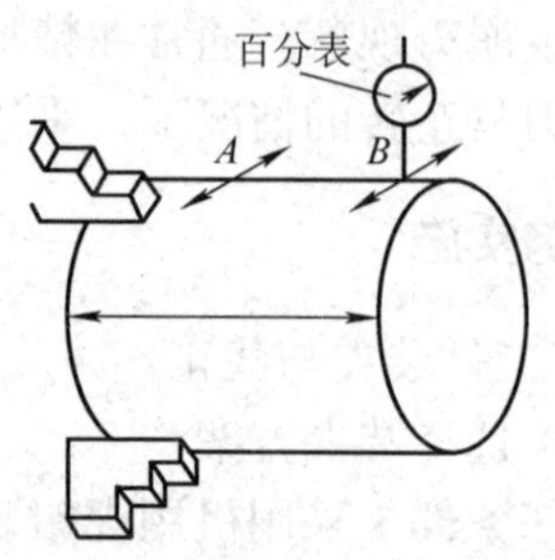

图 2–64 分度头装夹工件的找正方法

【提示】 工件装夹后所处的坐标位置应与编程中的工件坐标位置相同。

2．编程与加工

（1）根据零件结构选择刀具

加工件 2 时，由于 *XY* 平面最大加工余量为 15 mm，为了一次性切削 *XY* 平面内的粗加工余量，选 ϕ16 mm 立铣刀。刀尖圆弧半径 *r* 小于 0.5 mm，以避免加工垂直交角处的圆角半径影响配合精度。

加工件 1 时，为避免增加换刀次数，选用加工件 2 的 ϕ16 mm 立铣刀加工内圆弧。加工内三角形时，由于其最小圆弧半径是 6 mm，因此选用 ϕ10 mm 立铣刀加工。

（2）切入与切出

本任务采用切向切入与切出的加工路线。外轮廓加工路线如图 2–65 所示，当加工三角形轮廓时，以 *CB* 延长线上的点 *A* 作为切入点；当加工整圆时，以切线 *ME* 的 *M* 点作为切入点，而以切线 *EN* 的 *N* 点作为切出点。内轮廓加工路线如图 2–66 所示，当加工内圆弧时，以圆弧 *OP* 作为切入过渡圆弧，而以圆弧 *PO* 作为切出过渡圆弧；加工内三角形轮廓时，以交点 *Q* 作为切入与切出点。

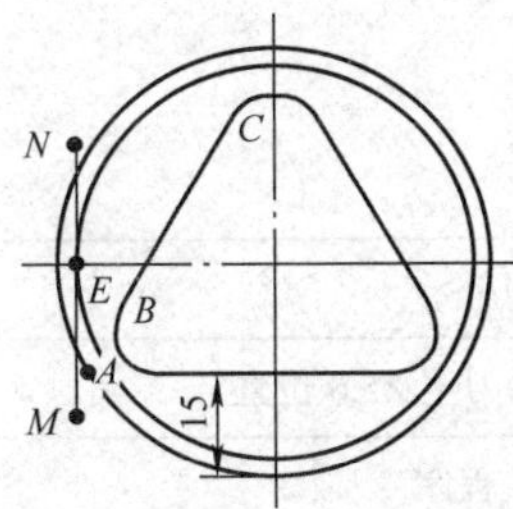

图 2–65　外轮廓加工路线

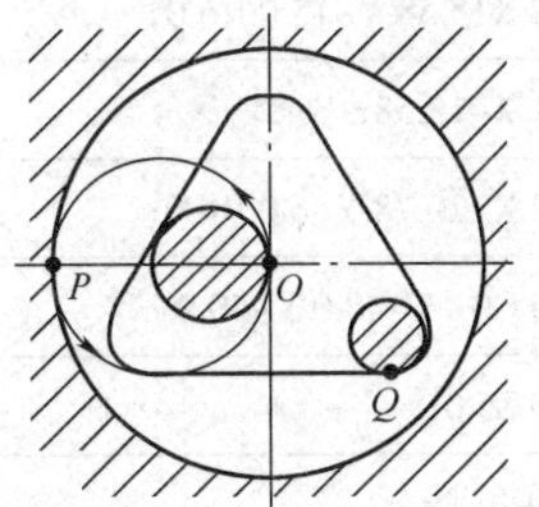

图 2–66　内轮廓加工路线

（3）轮廓切削方法与精加工余量的确定

加工外轮廓时，应一次性去除粗加工余量。加工内轮廓时，在工件圆心位置 *Z* 向进刀，采用环切法（环切两次）去除加工余量。精加工余量取 0.3 mm（单边），采用修改刀补的方法保留精加工余量。

（4）编写加工程序

组合件精加工参考程序见表 2–15。

表 2–15　组合件精加工参考程序

程序段号	加工程序	程序说明
	O0010;	件 2 精加工主程序
N10	G90 G94 G40 G21 G17 G54;	程序初始化
N20	G91 G28 Z0;	返回 *Z* 向参考点
N30	G90 G00 X–40.0 Y–40.0;	*XY* 平面定位到毛坯左下角外侧
N40	Z30.0;	*Z* 向降至安全高度
N50	S600 M03 M08 F100;	主轴正转，切削液开

续表

程序段号	加工程序	程序说明
N60	M98 P101；	加工外轮廓子程序
N70	M98 P102；	
N80	G91 G28 Z0 M09；	返回 Z 向参考点，切削液关，拆卸工件
N90	M30；	主轴停转，程序结束
	O0101；	件 2 三角形圆弧凸台轮廓加工子程序
N10	G01 Z−7.0；	Z 向一次性切削至深度要求
N20	G41 G01 X−25.98 Y15.0 D01；	刀补建立在轮廓切线延长线上
N30	X−5.20 Y21.0；	加工三角形圆弧凸台轮廓
N40	G02 X5.20 R6.0；	
N50	G01 X20.78 Y−6.0；	
N60	G02 X15.58 Y−15.0 R6.0；	
N70	G01 X−15.58；	
N80	G02 X−20.78 Y−6.0 R6.0；	
N90	G40 G01 X−40.0 Y−40.0；	取消刀补
N100	G00 Z5.0；	Z 向抬刀至 Z5.0 位置
N110	M99；	返回主程序
	O0102；	件 2 圆弧凸台轮廓加工子程序
N10	G01 Z−8.0；	Z 向一次性切削至深度要求
N20	G41 G01 X−29.0 Y−10.0 D01；	沿切线方向切入
N30	Y0；	圆弧凸台轮廓加工，用 I、J 编程
N40	G02 I29.0 J0；	
N50	Y10.0；	沿切线方向切出
N60	G40 G01 X−50.0 Y50.0；	取消刀补
N70	M99；	返回主程序
	O0020；（ϕ16 mm 立铣刀）	件 1 内圆柱轮廓加工主程序
N10	…	程序开始
N20	G01 Z−8.0 F100；	Z 向一次性切削至深度要求
N30	G41 G01 X0 Y0 D01；	建立刀具半径补偿
N40	G03 X−30.0 R15.0；	过渡圆弧切入
N50	G03 I30.0 J0；	加工内圆柱轮廓
N60	G03 X0 R15.0；	过渡圆弧切出

续表

程序段号	加工程序	程序说明
N70	G40 G01 X−10.0；	取消刀具半径补偿
N80	G00 Z50.0 M09；	程序结束
N90	M30；	
	O0030；（ϕ10 mm 立铣刀）	件 1 内三角形圆弧轮廓加工主程序
N10	…	
N20	G01 Z−16.0 F100；	Z 向一次性切削至深度要求
N30	G41 G01 X15.58 Y−15.0 D02；	刀补建立在轮廓交点（图 2−66 中 Q 点）
N40	G03 X−20.78 Y−6.0 R6.0；	加工内三角形圆弧轮廓
N50	G01 X5.20 Y21.0；	
N60	…	
N70	G01 X15.58；	
N80	G40 G01 X0 Y0；	取消刀具补偿
N90	G00 Z50.0 M09；	程序结束
N100	M30；	

注：编程时，各基点的坐标请自行计算并验证。加工内轮廓时，由于使用了两种刀具，所以采用两个不同的主程序加工。

【提示】 在编写本任务程序时，要综合运用刀具半径补偿、子程序等方面的知识，并注意编程过程中的加工工艺分析。

切入与切出点的选择将对工件的表面粗糙度产生直接影响。

3. 精度及误差分析

（1）几何精度及几何误差分析

本任务中，主要几何精度有各加工表面与基准面的垂直度、平行度等。垂直度采用百分表或直角尺来检测，平行度采用百分表来检测。

在外轮廓的加工过程中，组合件几何误差的产生原因分析见表 2−16。

表 2−16　组合件几何误差的产生原因分析

影响因素	产生原因
装夹与找正	工件装夹不牢固，加工过程中产生松动与振动
	夹紧力过大，工件产生弹性变形，切削完成后变形恢复
	工件找正不正确，造成加工面与基准面不平行或不垂直
刀具	刀具刚度小，加工过程中产生振动
	对刀不正确，产生位置误差
加工	切削深度过大，导致刀具发生弹性变形，加工面歪斜
	铣削用量选择不当，导致切削力过大而使工件变形

续表

影响因素	产生原因
工艺系统	夹具装夹、找正不正确（如本任务中钳口找正不正确）
	机床几何误差
	工件定位不正确或夹具与定位元件制造误差

【提示】 几何精度对配合精度有直接影响。

（2）配合精度及其误差分析

本任务常见配合误差及其原因分析见表 2–17。

表 2–17　　配合误差及其原因分析

现象	产生原因
工件不能配合或配合得太紧	单件轮廓尺寸精度不合格
	三角形凸台与外圆不同轴
	工件找正不正确，造成加工面与基准面不平行或不垂直
配合后总高度不正确	工件加工面交角处圆角过大，工件落不到底
	单件高度尺寸加工不正确
件 1 与件 2 不垂直	加工面与基准面不垂直
配合间隙过大或配合喇叭口	配合面呈锥形，造成配合间隙过大
	件 1 配作不合格
	精加工余量过大或刀具刚度小
配合不能互换	三角形凸台与外圆不同轴

注：表中仅列出了配合误差的部分现象，在实际加工过程中，配合误差情况要复杂得多，请同学自行加以分析并总结。

五、配分权重（见表 2–18）

表 2–18　　组合件加工配分权重表

工件编号				总得分		
项目与权重	序号	技术要求	配分	评分标准	检测记录	得分
加工（50%）	1	尺寸精度符合要求	10	超差全扣		
	2	几何精度符合要求	10	超差全扣		
	3	表面粗糙度符合要求	10	超差全扣		
	4	配合后各项精度符合要求	20	超差全扣		

续表

项目与权重	序号	技术要求	配分	评分标准	检测记录	得分
程序与工艺（25%）	5	程序格式规范	5	每处不规范扣 1 分		
	6	子程序正确	5	每处错误扣 1 分		
	7	加工参数正确	5	每处错误扣 1 分		
	8	加工路线正确	10	不正确全扣		
机床操作（15%）	9	工件装夹与找正正确	5	每处错误扣 1 分		
	10	对刀及坐标系设定正确	5	不正确全扣		
	11	机床操作正确	5	每处错误扣 1 ~ 5 分		
安全文明生产（10%）	12	符合安全操作要求	5	出错全扣		
	13	工作场所整理合格	5	不合格全扣		

思考与练习

1. 数控铣床和加工中心的加工对象各有哪些？
2. FANUC 系统常用的返回参考点指令有哪些？这些指令有何不同？
3. M02、M05、M30 指令的功能是什么？它们相互间有何联系？
4. 我国常用的加工中心刀柄系列有哪些？如何确定刀柄号？
5. 什么是刀具半径补偿？刀具半径补偿通常分为哪两种形式？
6. 在选择铣削用量时应考虑哪些因素？这些因素对铣削用量有何影响？
7. 什么是子程序？子程序有何特点？子程序调用应注意哪些问题？
8. 如何利用机用虎钳进行装夹与找正？如何利用压板进行装夹与找正？
9. 数控铣床加工过程中，影响精加工余量的因素有哪些？如何确定精加工余量？
10. 如何选择内、外轮廓的切入、切出方向？
11. 什么是顺铣？什么是逆铣？各有何特点？
12. 简要说明三爪自定心卡盘的找正过程。
13. 数控铣床加工时，影响尺寸精度的因素有哪些？
14. 用 ϕ6 mm 球头铣刀加工如图 2-67 所示心形零件轮廓轨迹（深度为 3 mm，材料为铝件），试编写其加工程序并进行加工。

各切点坐标如下：

A（0，0）

B（34.14，−14.14）

C（4.24，−44.03）

D（−4.24，−44.03）

E（−34.14，−14.14）

15．在 G17 平面内画出工件轮廓轨迹。

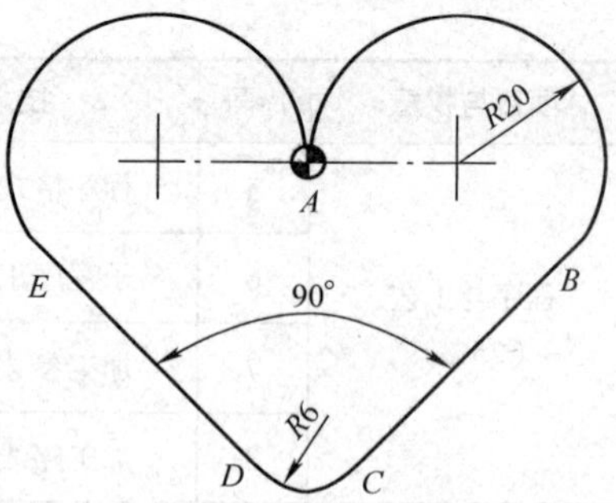

```
O0010;
…
N80 G41 G01 X0 Y0 F100 D01;
N90          Y40.0;
N100 G02 X20.0 Y60.0 R20.0;
N110 G01 X40.0;
N120      X60.0 Y40.0;
N130      Y0;
N140      X45.0;
N150 G03 X15.0 R-20.0;
N160 G01 X0;
N170 G40 G01 X-30.0 Y-30.0;
…
M30;
```

图 2-67　心形零件轮廓轨迹铣削实例

16．试完成如图 2-68 所示组合件的编程与加工（工时定额 5 h）。

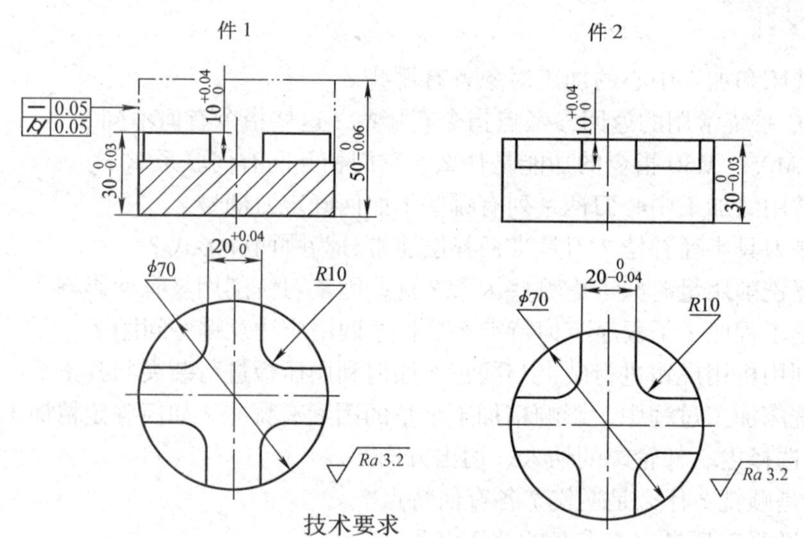

技术要求

1. 件 1 与件 2 配合间隙小于 0.04，换位配合间隙小于 0.06。
2. 工件表面去毛刺，倒钝锐边。

图 2-68　组合件加工实例

模块三

固定循环编程与孔加工

任务一 钻孔、锪孔、铰孔加工

知识点

◎ 数控加工固定循环的基本概念。

◎ 孔加工固定循环的基本指令格式。

◎ 钻孔、锪孔、铰孔循环的指令格式。

◎ 孔加工路线的确定方法。

技能点

◎ 孔加工方法的选择。

◎ 孔加工刀具的选择。

◎ 孔加工固定循环程序的编制。

◎ 孔的测量与孔加工精度及误差分析。

一、任务描述

试在数控铣床上完成如图 3–1 所示工件定位销孔、螺栓孔和方孔预钻孔的加工（工件材料为 45 钢，其余轮廓加工均已完成，工时定额 3 h）。

二、任务分析

该任务主要涉及钻孔、锪孔和铰孔加工，因此在编程过程中，需掌握孔加工固定循环编程方法以及孔加工工艺等理论知识。在编写孔加工固定循环指令时，要注意避免刀具以 G00 方式进刀与退刀过程中与夹具或工件发生干涉。

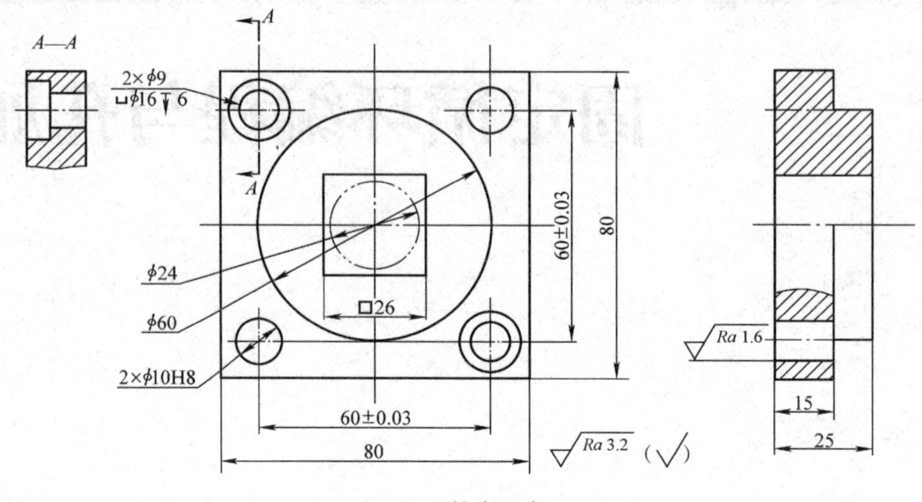

技术要求
方孔采用电脉冲加工，先加工出 ϕ24 的孔。

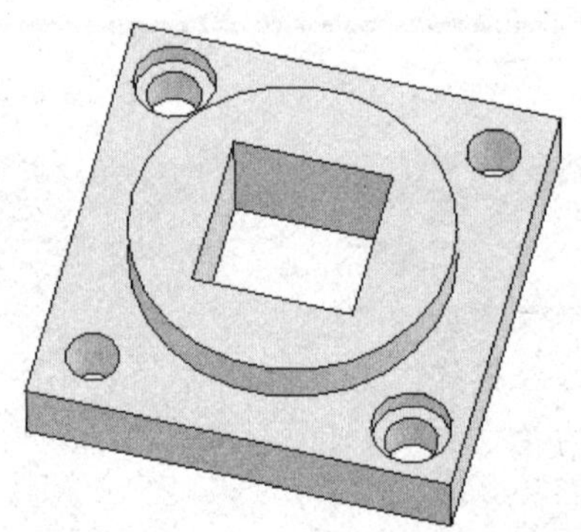

图 3–1　钻孔、锪孔、铰孔加工任务图

孔加工过程中，某些因素会导致孔加工精度降低。因此，在加工前应了解引起孔加工精度降低的常见因素，并在加工过程中加以避免，以达到事半功倍的效果。

三、知识链接

1．数控铣床 / 加工中心的固定循环

在数控铣床 / 加工中心上进行孔加工时，通常采用系统配备的固定循环功能进行编程。通过使用固定循环指令，可以在一个程序段内完成孔加工的全部动作（孔加工进给、孔底暂停、退刀等），从而大大减少编程的工作量。FANUC 0i 系统数控铣床 / 加工中心的固定循环指令见表 3–1。

（1）孔加工固定循环

1）孔加工固定循环动作。孔加工固定循环动作如图 3–2 所示，通常有以下六个动作。

表 3–1 孔加工固定循环指令

G 代码	加工动作	孔底部动作	退刀动作	用途
G73	间歇进给	—	快速进给	钻深孔
G74	切削进给	暂停、主轴正转	切削进给	攻左旋螺纹
G76	切削进给	主轴准停	快速进给	精镗孔
G80	—	—	—	取消固定循环
G81	切削进给	—	快速进给	钻孔
G82	切削进给	暂停	快速进给	钻孔与锪孔
G83	间歇进给	—	快速进给	钻深孔
G84	切削进给	暂停、主轴反转	切削进给	攻右旋螺纹
G85	切削进给	—	切削进给	铰孔
G86	切削进给	主轴停	快速进给	镗孔
G87	切削进给	主轴正转	快速进给	反镗孔
G88	切削进给	暂停、主轴停	手动	镗孔
G89	切削进给	暂停	切削进给	镗孔

①动作 1:（图 3–2 中 *AB* 段）*XY*（G17）平面快速定位。

②动作 2:（*BR* 段）*Z* 向快速进给到 *R* 点。

③动作 3:（*RZ* 段）*Z* 轴切削进给，进行孔加工。

④动作 4:（*Z* 点）孔底部的动作。

⑤动作 5:（*ZR* 段）*Z* 轴退刀。

⑥动作 6:（*RB* 段）*Z* 轴快速回到起始位置。

2）孔加工固定循环编程格式。孔加工固定循环的通用编程格式如下：

G73 ~ G89 X__ Y__ Z__ R__ Q__ P__ F__ K__ ；

参数说明如下：

X__ Y__ ：指定孔在 *XY* 平面内的位置；

Z__ ：孔底平面的位置；

R__ ：*R* 点平面所在位置；

Q__ ：G73 和 G83 深孔加工指令中刀具每次加工深度，或 G76 和 G87 精镗孔指令中主轴准停后刀具沿准停反方向的让刀量；

P__ ：指定刀具在孔底的暂停时间，数字不加小数点，以 ms 作为时间单位；

F__ ：孔加工切削进给时的进给速度；

K__ ：指定孔加工固定循环的次数，该参数仅在增量编程中使用。

在实际编程时，并不是每一种孔加工固定循环的编程都要用到以上格式的所有代码。

例 3–1–1 G81 X30.0 Y20.0 Z–32.0 R5.0 F50；

在孔加工固定循环编程格式中，除 K 代码外，其他所有代码都是模态代码，只有在循环取消时才被清除，因此，这些指令一经指定，在后面的重复加工中不必重新指定。

例 3–1–2 G82 X30.0 Y20.0 Z–32.0 R5.0 P1000 F50;

X50.0;

G80;

执行以上指令时，将在两个不同位置加工出两个相同深度的孔。

孔加工固定循环用 G80 指令取消。另外，如在孔加工固定循环中出现 01 组的 G 代码，则孔加工方式也会自动取消。

3）孔加工固定循环平面

①初始平面。初始平面如图 3–3 所示，它是为安全下刀而规定的一个平面。初始平面可以设定在任意一个安全高度上。当使用同一把刀具加工多个孔时，刀具在初始平面内的任意移动将不会与夹具、工件凸台等发生干涉。

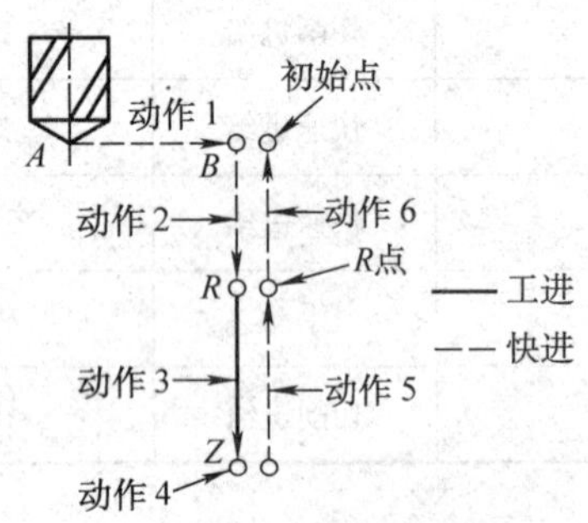

图 3–2 孔加工固定循环动作

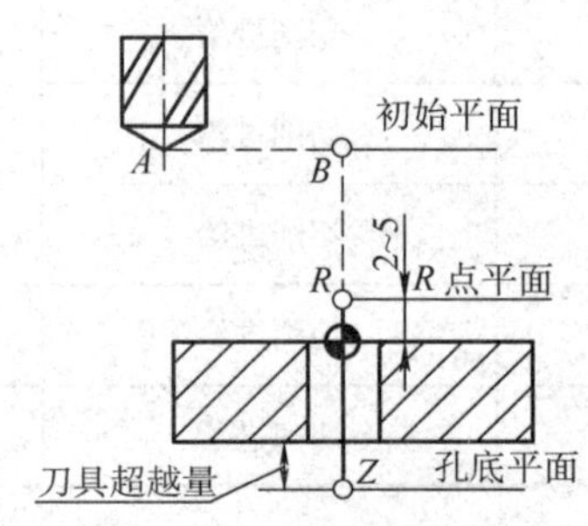

图 3–3 孔加工固定循环平面

②*R* 点平面。*R* 点平面又称为 *R* 参考平面。这个平面是刀具下刀时由快速进给（简称快进）转为切削进给（简称工进）的高度平面，距工件表面的距离主要考虑工件表面的尺寸变化，一般情况下取 2 ~ 5 mm，如图 3–3 所示。

③孔底平面。加工不通孔时，孔底平面就是孔底的 *Z* 轴高度平面。而加工通孔时，除要考虑孔底平面的位置外，还要考虑刀具超越量（图 3–3 中 *Z* 点），以保证所有孔深都加工到尺寸要求。

（2）G98 和 G99 指令方式

当刀具加工到孔底平面后，刀具从孔底平面以两种方式返回，即返回到初始平面和返回到 *R* 点平面，分别用指令 G98 和 G99 来指定。

1）G98 指令方式。G98 指令为系统默认返回方式，表示返回初始平面，如图 3–4 所示。当采用固定循环进行孔系加工时，通常不必返回到初始平面。当全部孔加工完成后或孔之间存在凸台或夹具等干涉时，则需返回初始平面。G98 指令格式如下：

G98 G81 X__Y__Z__R__F__；

2）G99 指令方式。G99 指令表示返回 *R* 点平面，如图 3–4 所示。在没有凸台等干涉情况下，加工孔系时，为了节省加工时间，刀具一般返回到 *R* 点平面。G99 指令格式如下：

G99 G82 X__Y__Z__R__P__F__；

（3）G90 和 G91 指令方式

固定循环中 R 值和 Z 值数据的指定与 G90 和 G91 指令方式选择有关，而 Q 值与 G90 和 G91 指令方式无关。

1）G90 指令方式。G90 指令方式中，X、Y、Z 和 R 值的取值均指工件坐标系中绝对坐标值，如图 3–5 所示。此时，R 值一般为正值，而 Z 值一般为负值。

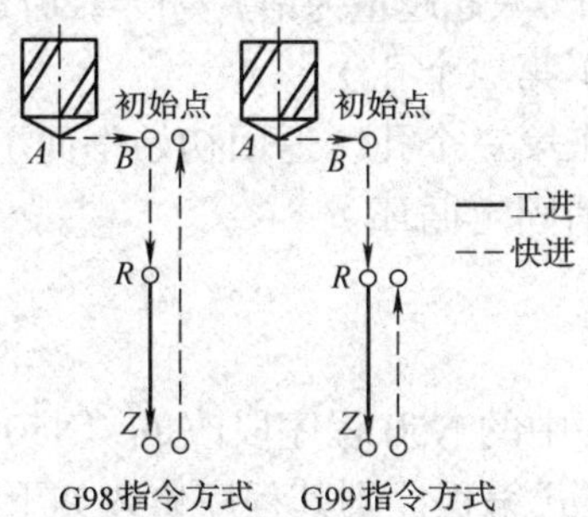

图 3–4 G98 和 G99 指令方式

图 3–5 G90 和 G91 指令方式

例 3–1–3 G90 G99 G83 X__Y__Z–20.0 R5.0 Q5.0 F__ ；

2）G91 指令方式。G91 指令方式中，R 值是指从初始平面到 R 点平面的增量值，而 Z 值是指从 R 点平面到孔底平面的增量值，如图 3–5 所示。此时，R 值和 Z 值（G87 例外）均为负值。

例 3–1–4 G91 G99 G83 X__Y__Z–25.0 R–30.0 Q5.0 F__K__ ；

2．固定循环指令 I

（1）钻孔循环指令 G81 与锪孔循环指令 G82

1）指令格式：G81 X__Y__Z__R__F__ ；

G82 X__Y__Z__R__P__F__ ；

2）指令动作。G81 指令常用于普通钻孔，其加工动作如图 3–6 所示。刀具在初始平面快速（G00 方式）定位到指令中指定的 X、Y 坐标位置，再 Z 向快速定位到 R 点平面，然后执行切削进给到孔底平面，最后刀具从孔底平面快速 Z 向退回到 R 点平面或初始平面。

G82 指令在孔底增加了进给后的暂停动作，以提高孔底表面质量。如果指令中不指定暂停参数 P，则该指令和 G81 指令完全相同。该指令常用于锪孔或台阶孔的加工。

例 3–1–5 试用 G81 或 G82 指令编写图 3–7 所示孔的数控铣床加工程序。

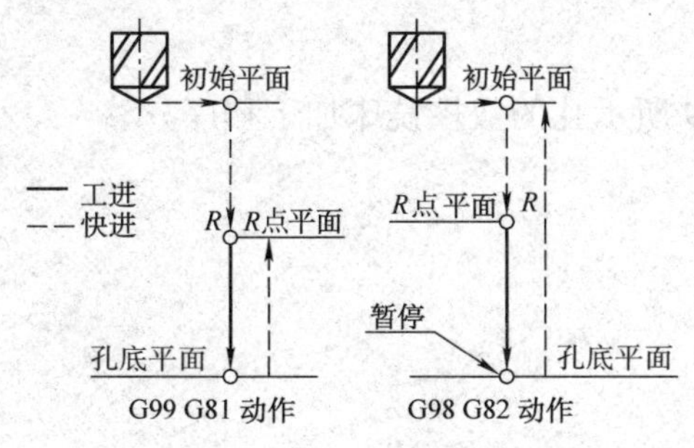

图 3–6 G81 与 G82 指令方式

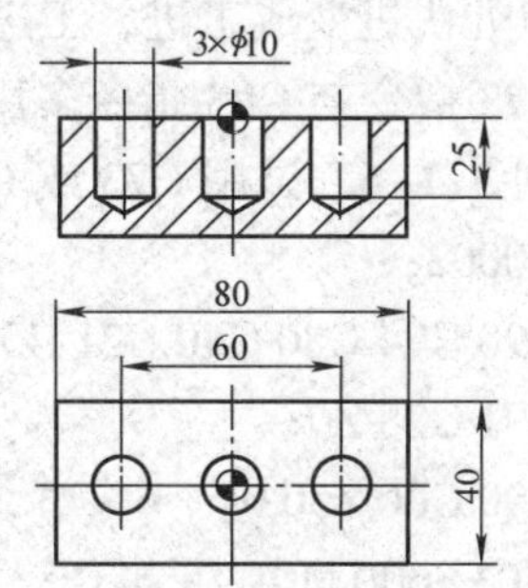

图 3–7 G81 与 G82 指令编程实例

```
O0001；
N10 G90 G94 G40 G80 G21 G54；
N20 G91 G28 Z0；
N30 M03 S600 M08；
N40 G90 G00 Z50.0；                        （Z50.0 即为初始平面）
N50 G99 G82 X-30.0 Y0 Z-27.887 R5.0 F60；   （Z 向刀具超越量为钻尖高度 2.887 mm）
N60          X0.0；                         （加工第二个孔）
N70 G98 X30.0；                             （加工第三个孔，返回初始平面）
N80 G80 M09；                               （取消固定循环）
N90 G91 G28 Z0；
N100 M30；
```

以上指令，如要改成 G81 指令进行加工，则只需将程序中的 N50 程序段改成"N50 G99 G81 X-30.0 Y0 Z-27.887 R5.0 F60；"即可。如果要以 G91 方式编程，则其程序修改如下：

```
O0001；
…
N40 G90 G00 Z50.0；                         （Z50.0 即为初始平面）
N50          X-60.0 Y0.0；                  （XY 平面定位到增量编程的起点）
N60 G91 G99 G82 X30.0 Z-32.887 R-45.0 F60 K3；（参数 K 仅在增量编程方式中使用）
N70 G80 M09；                               （取消固定循环）
…
```

（2）高速深孔钻循环指令 G73 与深孔钻循环指令 G83

所谓深孔，是指孔深与孔直径之比大于 5 而小于 10 的孔。加工深孔时，散热差，排屑困难，钻杆刚度小，易使刀具损坏和引起孔的轴线偏斜，从而影响加工精度和生产率。

1）指令格式：G73 X__Y__Z__R__Q__F__；

G83 X__Y__Z__R__Q__F__；

2）指令动作。如图 3-8 所示，G73 指令通过刀具 *Z* 轴方向的间歇进给实现断屑动作。指令中的 *Q* 值是指每一次的加工深度（均为正值且为带小数点的值）。图中的 *d* 值由系统指定，不需要用户指定。

G83 指令通过 *Z* 轴方向的间歇进给实现断屑与排屑动作。该指令与 G73 指令的不同之处在于：刀具间歇进给后快速退回到 *R* 点，再快速进给到 *Z* 向距上次切削孔底平面 *d* 处，从该点处快进变成工进，工进距离为 $Q+d$。

G73 指令与 G83 指令多用于深孔加工。

例 3-1-6 试用 G73 或 G83 指令编写图 3-9 所示孔的数控铣床加工程序。

```
O0002；
G90 G94 G80 G40 G21 G54；
G91 G28 Z0；
G90 G00 Z50.0；
M03 S600 M08；
G99 G73 X-50.0 Y-25.0 Z-55.0 R3.0 Q10.0 F60；   （每次切深 10 mm）
```

```
        X50.0;
        Y25.0;
G98 X-50.0;
G80 M09;
G91 G28 Z0;
M30;
```

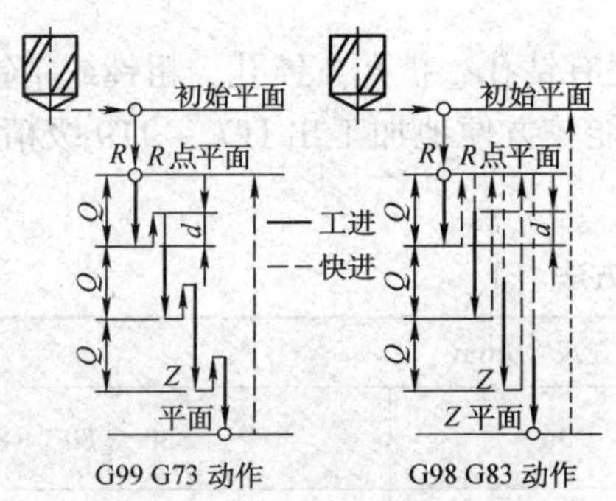

图 3-8 G73 与 G83 指令动作

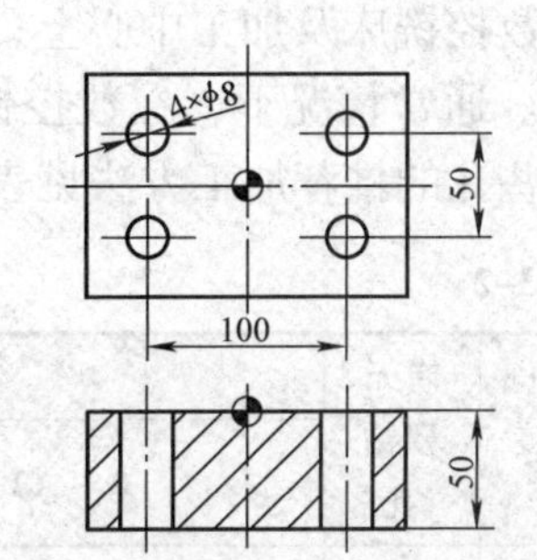

图 3-9 G73 与 G83 指令编程实例

（3）铰孔循环指令 G85

1）指令格式：G85 X__Y__Z__R__F__；

2）指令动作。如图 3-10 所示，执行 G85 指令时，刀具以切削进给方式加工到孔底，然后以切削进给方式返回到 R 点平面。该指令常用于铰孔和扩孔加工，也可用于粗镗孔加工。

例 3-1-7 试用 G85 指令编写图 3-11 所示孔的数控铣床加工程序。

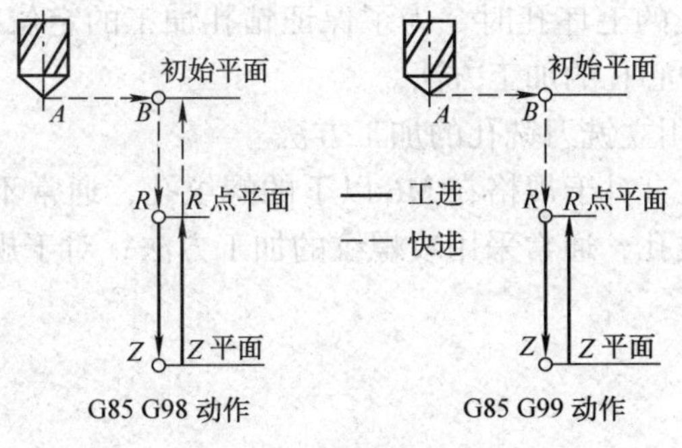

图 3-10 G85 指令动作

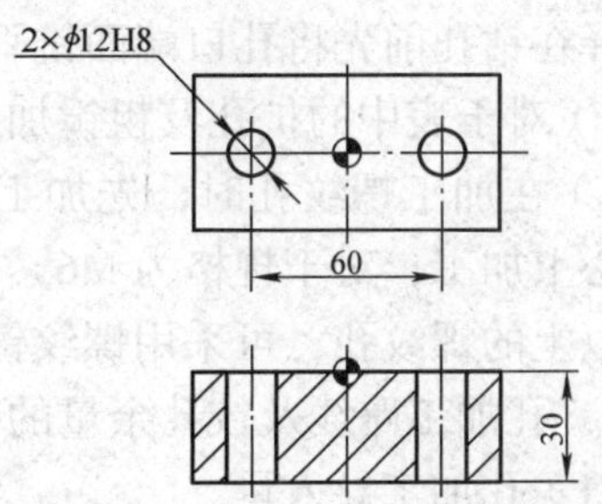

图 3-11 G85 指令编程实例

```
O0003;
…
M03 S200 M08;
G99 G85 X-30.0 Y0 Z-35.0 R3.0 F100;        （注意铰孔时切削用量的选择）
        X30.0;
G80;
…
```

3．数控加工方法的选择

（1）确定加工方法的原则

确定加工方法的原则是保证加工表面的加工精度和表面粗糙度要求。由于获得同一级精度及表面粗糙度的加工方法有多种，因而在实际选择时，要根据零件的形状、尺寸、批量、毛坯材料及毛坯热处理等情况合理选用。此外，还应考虑生产率和经济性的要求以及工厂的生产设备等实际情况。常用加工方法的经济加工精度及表面粗糙度可查阅相关工艺手册。

（2）孔加工方法的选择

在数控铣床及加工中心上，常用孔加工的方法有钻孔、扩孔、铰孔、粗镗或精镗孔及攻螺纹等。通常情况下，在数控铣床及加工中心上能较方便地加工出 IT7 ~ IT9 级精度的孔，对于这些孔的推荐加工方法见表 3–2。

表 3–2　孔的推荐加工方法

孔的精度	有无预钻孔	孔尺寸 /mm		
		0 ~ 12	12 ~ 30	30 ~ 80
IT9 ~ IT11	无	钻—铰	钻—扩	钻—扩—镗（或铰）
	有	粗扩—精扩，或粗镗—精镗（余量少可一次性扩孔或镗孔）		
IT8	无	钻—扩—铰	钻—扩—精镗（或铰）	钻—扩—粗镗—精镗
	有	粗镗—半精镗—精镗（或精铰）		
IT7	无	钻—粗铰—精铰	钻—扩—粗铰—精铰，或钻—扩—粗镗—半精镗—精镗	
	有	粗镗—半精镗—精镗（如仍达不到精度要求还可进一步采用精细镗）		

对表 3–2 说明如下：

1）在加工直径小于 30 mm 且没有预钻孔的毛坯孔时，为了保证钻孔加工的定位精度，可选择在钻孔前先将孔口端面铣平或采用钻中心孔的加工方法。

2）对于表中的扩孔及粗镗加工，也可采用立铣刀铣孔的加工方法。

3）在加工螺纹孔时，先加工出螺纹底孔。对于规格在 M6 以下的螺纹孔，通常不在加工中心上加工；对于规格为 M6 ~ M20 的螺纹孔，通常采用攻螺纹的加工方法；对于规格在 M20 以上的螺纹孔，可采用螺纹镗刀镗削加工。

4．孔加工路线及铰孔余量的确定

（1）孔加工导入量

孔加工导入量（ΔZ）如图 3–12 所示。它是指在孔加工过程中，刀具自快进转为工进时，刀尖点位置与孔上表面之间的距离。

孔加工导入量的具体值由工件表面的尺寸变化量确定，一般情况下取 2 ~ 10 mm。当孔上表面为已加工表面时，导入量取较小值（2 ~ 5 mm）。

（2）孔加工超越量

加工不通孔时，超越量（$\Delta Z'$）如图 3–12 所示。$\Delta Z'$ 应大于或等于钻尖高度 Z_p $\left(Z_p=\frac{D}{2}\cos\alpha\approx 0.3D\right)$。

通孔镗孔时，超越量取 1 ~ 3 mm。

通孔铰孔时，超越量取 3 ~ 5 mm。

钻削通孔时，超越量等于 Z_p+（1 ~ 3）mm。

（3）相互位置精度高的孔系加工路线的选择

对于相互位置精度要求较高的孔系加工，特别要注意孔的加工顺序的安排，避免将坐标轴的反向间隙带入而影响位置精度。

加工如图 3–13 所示孔系，如按 A—1—2—3—4—5—6—P 安排加工路线，在加工 5、6 孔时，X 轴方向的反向间隙会使定位误差增大，而影响 5、6 孔与其他孔的位置精度。而采用 A—1—2—3—P—6—5—4 的加工路线时，可避免反向间隙的引入，提高 5、6 孔与其他孔的位置精度。

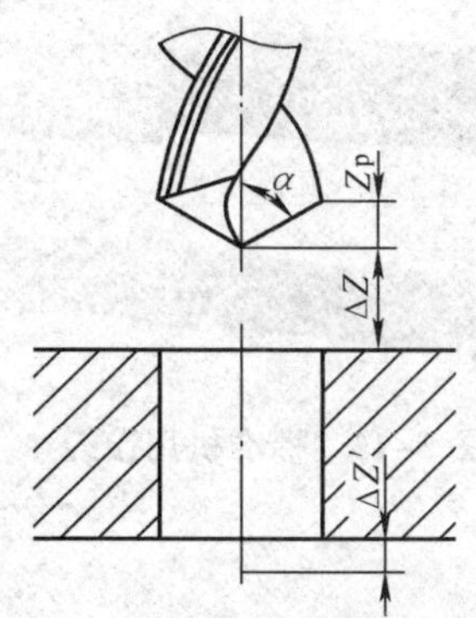

图 3–12 孔加工导入量与超越量

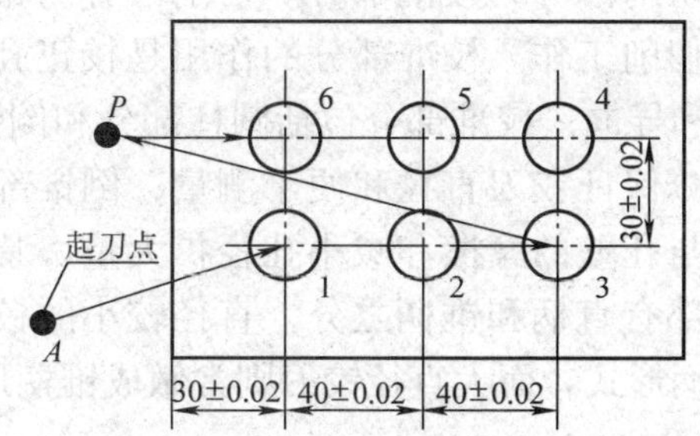

图 3–13 孔系加工路线

5. 钻头与铰刀

（1）钻头

加工中心常用的钻头如图 3–14 所示，有中心钻、标准麻花钻、扩孔钻和锪钻等。麻花钻由工作部分和柄部组成。工作部分包括切削部分和导向部分，而柄部有莫氏锥柄和圆柱柄两种。刀具材料常采用高速钢和硬质合金。

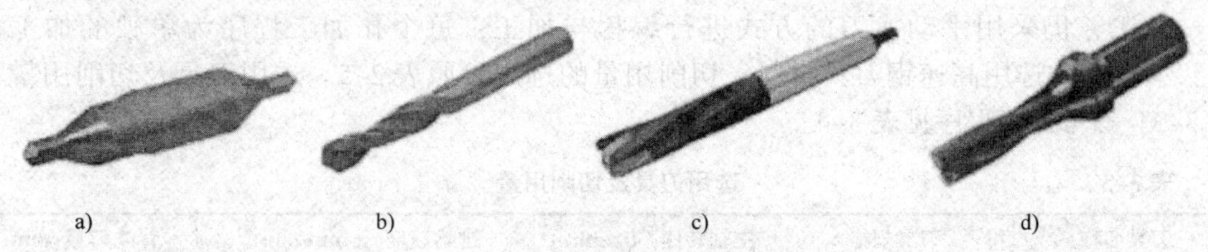

a) b) c) d)

图 3–14 加工中心常用的钻头

a）中心钻 b）标准麻花钻 c）扩孔钻 d）锪钻

1）中心钻。中心钻主要用于孔的定位，由于切削部分的直径较小，所以用中心钻钻孔时应选取较高的转速。

2）标准麻花钻。标准麻花钻的切削部分由两个主切削刃、两个副切削刃、一个横刃和两条螺旋槽组成。在加工中心上钻孔，因无夹具钻模导向，受两切削刃上切削力不对称的影响，容易引起钻孔偏斜，故要求标准麻花钻的两切削刃有较高的刃磨精度（两刃长度一致，顶角对称于标准麻花钻轴线），或先用中心钻确定中心，再用标准麻花钻钻孔。

3）扩孔钻。标准扩孔钻一般有 3 ~ 4 条主切削刃，切削部分的材料为高速钢或硬质合金，结构形式有直柄式、锥柄式和套式等。在小批量生产时，常用麻花钻改制或直接用标准麻花钻代替。

4）锪钻。锪钻主要用于加工锥形沉孔或平底沉孔。锪孔加工的主要问题是所锪端面或锥面产生振痕。因此，在锪孔过程中要特别注意刀具参数和切削用量的正确选用。

（2）铰刀

数控铣床及加工中心采用的铰刀有通用标准铰刀、机夹硬质合金刀片单刃铰刀和浮动铰刀等。铰孔的加工精度可达 IT6 ~ IT9 级，表面粗糙度可达 *Ra*0.8 ~ 1.6 μm。

标准机用铰刀如图 3–15 所示，有 4 ~ 12 齿，由工作部分、颈部和柄部三部分组成。铰刀工作部分包括切削部分与校准部分。切削部分为锥形，担负主要切削工作。校准部分的作用是校正孔径、修光孔壁和导向。校准部分包括圆柱部分和倒锥部分。圆柱部分保证铰刀直径和便于测量，倒锥部分可减少铰刀与孔壁的摩擦和减小孔径扩大量。整体式铰刀的柄部有直柄和锥柄之分，直径较小的铰刀一般做成直柄形式，而大直径铰刀则常做成锥柄形式。

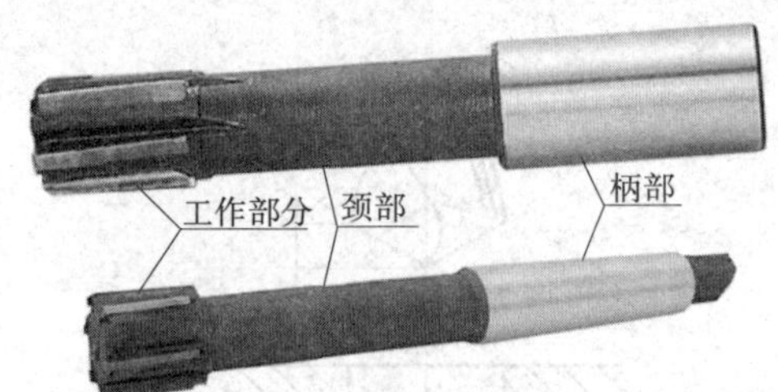

图 3–15 标准机用铰刀

四、任务实施

1. 选择孔的加工方法

*ϕ*9 mm 孔为内六角螺栓孔，精度要求不高，采用中心钻定位—钻孔—锪孔的加工方法。

*ϕ*10 mm 销孔不仅有很高的尺寸精度要求，还有很高的位置精度要求，所以采用中心钻定位—钻孔—铰孔的加工方案。

*ϕ*24 mm 预钻孔，由于其精度要求不高，因此采用钻孔—扩孔的加工方法。

2. 编写加工程序

本任务仍采用手动换刀的方式进行编程与加工，每个孔加工程序为单独的加工程序。本任务均选用高速钢刀具材料，切削用量的选用参照表 2–5。选用刀具及切削用量见表 3–3。参考加工程序见表 3–4。

表 3–3 选用刀具及切削用量

刀具名称	刀具规格	主轴转速 /（r/min）	进给速度 /（mm/min）	背吃刀量 /mm
中心钻	B2.5	2 000	100	1.25
标准麻花钻	*ϕ*9 mm	1 000	150	4.5
	*ϕ*9.8 mm	900	120	4.9
扩孔钻	*ϕ*24 mm	600	100	7
机用铰刀	*ϕ*10 mm	200	100	0.1
键槽铣刀	*ϕ*16 mm	500	120	3.5

表 3–4 钻孔、锪孔、铰孔参考加工程序

程序段号	加工程序	程序说明
	O0010;	中心钻定位程序（B2.5 中心钻）
N10	G90 G94 G80 G21 G17 G54;	程序初始化
N20	G91 G28 Z0;	Z 向回参考点
N30	G90 G00 Z50.0;	初始平面
N40	S2000 M03 M08;	采用较高转速
N50	G98 G81 X–30.0 Y–30.0 Z–15.0 R–5.0 F100;	有台阶，采用 G98 方式退刀
N60	X30.0;	加工孔
N70	Y30.0;	
N80	X–30.0;	
N90	X0 Y0;	
N100	G80 M09;	取消固定循环
N110	G91 G28 Z0;	Z 向回参考点
N115	M30;	主轴停转，程序结束
	O0050;	铰孔程序
N10	…	
N20	M03 S200 M08;	铰孔取较低转速
N30	G99 G85 X–30.0 Y–30.0 Z–30.0 R3.0 F100;	铰孔超越量为 5 mm
N40	X30.0 Y30.0;	加工第二个孔
N50	G80 M09;	程序结束
N60	…	

注：本任务的其他孔加工程序比较简单，请同学参照以上程序自行编程。

【提示】 在本任务编程过程中，要注意 G98 与 G99 指令的合理选择。本任务在台阶表面进行钻孔，所以刀具回到初始平面。

操作过程中，每换一次刀都要进行一次对刀和设定工件坐标系。通常情况下，*XY* 平面内的工件坐标系不变，只需对刀设定 *Z* 轴方向的坐标系即可。

3．孔的测量及孔加工误差分析

（1）孔径的测量

孔径尺寸精度要求较低时，可采用钢直尺、内卡钳或游标卡尺进行测量，如本任务中

ϕ9 mm 孔径的测量。当孔的精度要求较高时，可以采用以下几种测量方法。

1）内卡钳测量。当孔口试切削或位置狭小时，使用内卡钳测量方便、灵活。当前使用的内卡钳已采用量表或数显方式来显示测量数据，数显内卡钳如图 3–16 所示。采用这种内卡钳可以测量 IT7 ~ IT8 级精度的孔。

2）塞规测量。塞规如图 3–17a 所示，是一种专用量具，一端为通端，另一端为止端。使用塞规检测孔径时，当通端能进入孔内，而止端不能进入孔内时，说明孔径合格，否则为不合格。与此相类似，轴类零件也可采用环规测量，如图 3–17b 所示。

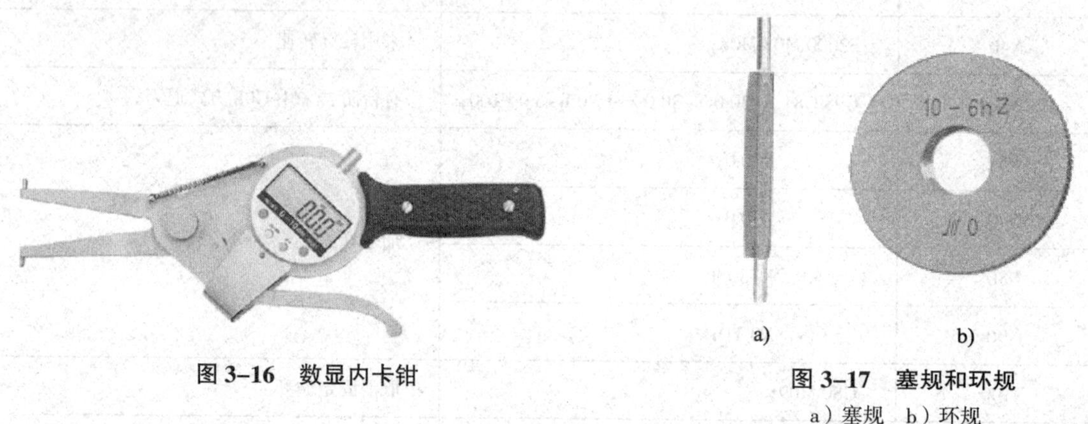

图 3–16　数显内卡钳

图 3–17　塞规和环规

a）塞规　b）环规

3）内径百分表测量。内径百分表如图 3–18 所示。测量内孔时，图中左端测头在孔内摆动，读出直径方向的最大读数即为内孔尺寸。内径百分表适用于深度较大内孔的测量。

4）内径千分尺测量。内径千分尺如图 3–19 所示，其测量方法和外径千分尺相同，但其刻线方向和外径千分尺相反，测量时的旋转方向也相反。内径千分尺不适合深度较大孔的测量。

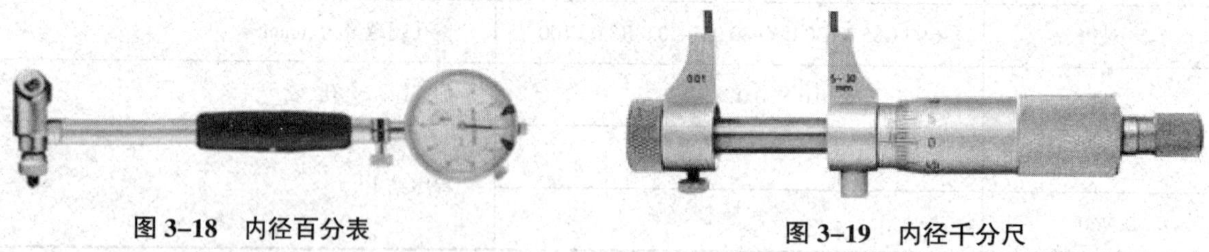

图 3–18　内径百分表

图 3–19　内径千分尺

（2）孔距测量

测量孔距时，通常采用游标卡尺。精度较高的孔距也可采用内径千分尺或外径千分尺配合圆柱测量心棒进行测量。

（3）孔的其他误差测量

除了要进行孔径和孔距测量外，有时还要进行圆度、圆柱度等形状误差的测量以及径向圆跳动度、轴向圆跳动度、端面与孔轴线的垂直度等位置误差的测量。

（4）钻孔与铰孔质量分析

钻孔与铰孔质量分析见表 3–5。

表 3–5 **钻孔与铰孔质量分析**

项目	出现问题	产生原因
钻孔	孔径大于规定尺寸	钻头两切削刃不对称，长度不一致
		钻头本身存在质量问题
		工件装夹不牢固，加工过程中工件松动或振动
	孔壁粗糙	钻头不锋利
		进给量过大
		切削液选用不当或供应不足
		加工过程中排屑不通畅
	孔歪斜	工件装夹后找正不正确，基准面与主轴不垂直
		进给量过大使钻头弯曲变形
	孔呈多边形或孔位偏移	对刀不正确
		钻头角度不对
		钻头两切削刃不对称，长度不一致
铰孔	孔径扩大	铰孔中心与底孔中心不一致
		进给量或铰削余量过大
		切削速度太高，铰刀热膨胀
		切削液选用不当或没加切削液
	孔径缩小	铰刀磨损或铰刀已钝
		切削速度过低
	孔呈多边形	铰削余量太大，铰刀振动
		铰孔前钻孔不圆
	表面粗糙度不符合要求	铰孔余量太大或太小
		铰刀切削刃不锋利
		切削液选用不当或没加切削液
		切削速度过大，产生积屑瘤
		孔加工固定循环选择不合理，进、退刀方式不合理
		容屑槽内切屑堵塞

【提示】 对于不同要求及不同形状的孔，注意选用合适的测量方法。

五、配分权重（见表 3–6）

表 3–6　钻孔、锪孔、铰孔加工配分权重表

工件编号				总得分		
项目与权重	序号	技术要求	配分	评分标准	检测记录	得分
加工（30%）	1	尺寸精度符合要求	10	超差全扣		
	2	表面粗糙度符合要求	10	超差全扣		
	3	形状精度符合要求	5	超差全扣		
	4	位置精度符合要求	5	超差全扣		
程序与工艺（45%）	5	固定循环指令格式规范	10	每处不规范扣 2 分		
	6	程序正确	10	每处错误扣 5 分		
	7	加工路线合理	5	不合理全扣		
	8	加工工艺参数合理	5	每处不合理扣 1 分		
	9	孔测量方法合理	10	每处不合理扣 5 分		
	10	孔质量分析合理	5	不合理全扣		
机床操作（15%）	11	对刀正确	5	出错全扣		
	12	机床操作规范	5	每次不规范扣 1 ~ 5 分		
	13	刀具选择正确	5	出错全扣		
安全文明生产（10%）	14	符合安全操作要求	5	出错全扣		
	15	工作场所整理合格	5	不合格全扣		

任务二　镗孔与攻螺纹加工

知识点

◎ 镗孔与攻螺纹加工固定循环编程的方法。

◎ 镗孔与攻螺纹的加工工艺。

◎ 镗孔与螺纹孔加工用刀具。

◎ 镗孔与攻螺纹加工的测量及误差分析方法。

技能点

◎ 控制镗孔尺寸。

◎ 编制零件镗孔的加工程序。

一、任务描述

试在数控铣床上完成图 3–20 所示工件中孔的加工（工件材料为 45 钢，外轮廓加工均已完成，工时定额 3 h）。

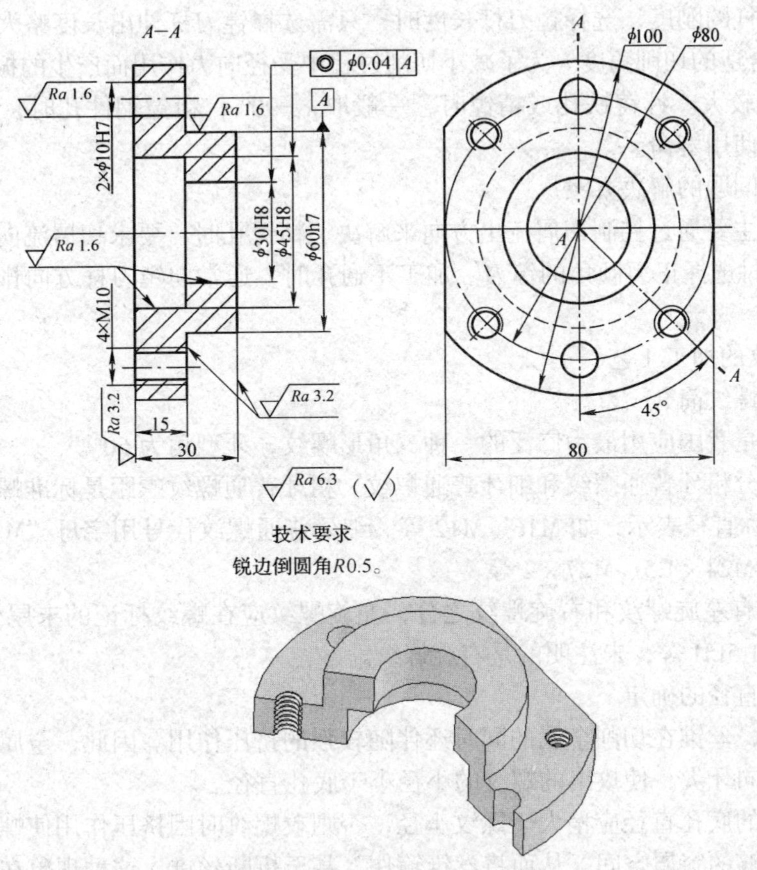

图 3–20　镗孔与攻螺纹任务图

二、任务分析

完成该任务时，主要使用镗孔指令和攻螺纹指令进行编程，这些指令与前一任务的指令格式有类似之处，不同之处在于镗孔和攻螺纹的加工工艺及测量方法不同。

在镗孔加工过程中，保证孔径尺寸是通过对镗刀头的调整来实现的，特别是粗镗刀刀头的尺寸调整，完全靠手感来保证。在实习中一定要加强该方面基本功的训练，以镗出合格的孔径尺寸。

三、知识链接

1. 镗孔加工的关键技术

镗孔加工的关键技术是解决镗刀杆的刚度问题和排屑问题。

（1）刚度问题的解决方案

1）选择截面积大的镗刀杆。镗刀杆的截面积通常为内孔截面积的 1/4。为了增加镗刀杆的刚度，应根据所加工孔的直径和预钻孔的直径，尽可能选择截面积大的镗刀杆。

通常情况下，孔径为 $\phi30$ ~ $\phi120$ mm 时，镗刀杆直径一般为孔径的 7/10 ~ 8/10；孔径小于 $\phi30$ mm 时，镗刀杆直径取孔径的 8/10 ~ 9/10。

2）镗刀杆的伸出长度尽可能短。镗刀杆伸得太长，会降低镗刀杆刚度，容易引起振动。为了增加镗刀杆的刚度，选择镗刀杆长度时，只需选择镗刀杆伸出长度略大于孔深即可。

3）选择合适的切削角度。为了减小切削过程中受径向力作用而产生的振动，镗刀的主偏角一般应选得较大。镗铸铁孔或精镗时，一般取 κ_r=90°；粗镗钢件孔时，取 κ_r=60° ~ 75°，以提高刀具的使用寿命。

（2）排屑问题的解决方案

排屑问题主要通过控制切屑流出方向来解决。精镗孔时，要求切屑流向待加工表面（即前排屑），此时选择正刃倾角的镗刀。加工不通孔时，通常向镗刀杆方向排屑，此时选择负刃倾角的镗刀。

2. 攻螺纹的加工工艺

（1）普通螺纹简介

普通螺纹是我国应用最为广泛的一种三角形螺纹，牙型角为 60°。

普通螺纹分粗牙普通螺纹和细牙普通螺纹。粗牙普通螺纹螺距是标准螺距，其代号用字母"M"及公称直径表示，如 M16、M12 等。细牙普通螺纹代号用字母"M"及公称直径 × 螺距表示，如 M24 × 1.5、M27 × 2 等。

普通螺纹有左旋螺纹和右旋螺纹之分，左旋螺纹应在螺纹标记的末尾处加注"LH"字样，如 M20 × 1.5LH 等，未注明的是右旋螺纹。

（2）底孔直径的确定

攻螺纹时，丝锥在切削金属的同时还伴随较强的挤压作用。因此，金属材料产生塑性变形形成凸起挤向牙尖，使攻出的螺纹的小径小于底孔直径。

攻螺纹前的底孔直径应稍大于螺纹小径，否则攻螺纹时因挤压作用使螺纹牙顶与丝锥牙底之间没有足够的容屑空间，从而将丝锥箍住，甚至折断丝锥。这种现象在攻塑性较大的材料时将更为严重。但底孔直径也不宜过大，否则会使螺纹牙型高度不够而降低强度。

底孔直径的大小通常根据经验公式确定，其公式如下：

$$D_{底}=D-P\text{（加工钢件等塑性金属）}$$

$$D_{底}=D-1.05P\text{（加工铸铁件等脆性金属）}$$

式中 $D_{底}$——攻螺纹时钻螺纹底孔用钻头直径，mm；

D——螺纹大径，mm；

P——螺距，mm。

螺纹的螺距，对于细牙螺纹，已在螺纹代号中做了标记；而对于粗牙螺纹，每一种螺纹螺距的尺寸规格是固定的，如 M8 的螺距为 1.25 mm，M10 的螺距为 1.5 mm，M12 的螺距为 1.75 mm 等，具体请查阅有关螺纹尺寸参数表。

（3）不通孔螺纹底孔深度的确定

攻不通孔螺纹时，由于丝锥切削部分有锥角，端部不能切出完整的牙型，所以钻孔深度要大于螺纹的有效深度，如图 3-21 所示。一般取

$$H_{钻}=h_{有效}+0.7D$$

式中 $H_{钻}$——底孔深度，mm；

$h_{有效}$——螺纹有效深度，mm；

D——螺纹大径，mm。

（4）螺纹轴向起点和终点尺寸的确定

在数控机床上攻螺纹时，沿螺距方向的 Z 向进给应与机床主轴的旋转保持严格的速比关系。但在实际攻螺纹开始时伺服系统有一个加速的过程，攻螺纹结束前也相应有一个减速的过程，在这两段时间内，螺距得不到有效保证。为了避免出现这种情况，在安排工艺时要尽可能考虑合理的导入量 δ_1 和导出量 δ_2（即“超越量”），如图 3–22 所示。

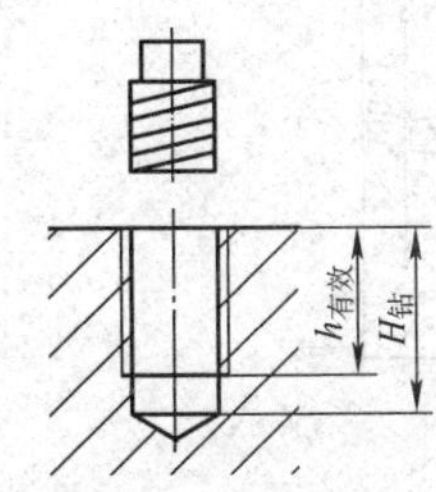

图 3–21 不通孔螺纹底孔深度

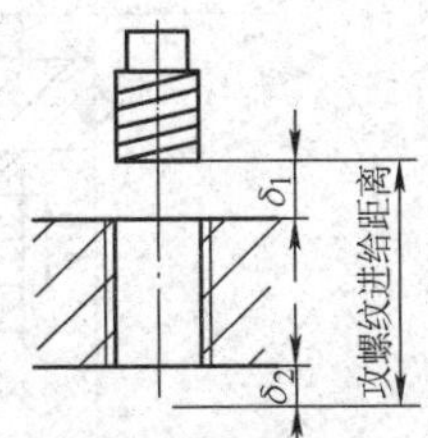

图 3–22 攻螺纹轴向起点与终点

δ_1 和 δ_2 的数值与机床拖动系统的动态特性有关，还与螺纹的螺距和精度有关。δ_1 一般取 $2P$ ~ $3P$，对大螺距和高精度螺纹则取较大值；δ_2 一般取 P ~ $2P$。此外，在加工通孔螺纹时，导出量还要考虑丝锥前端切削锥角的长度。

3．固定循环指令Ⅱ

（1）粗镗孔循环指令 G86、G88 和 G89

粗镗孔指令除前节介绍的 G85 指令外，还有 G86、G88、G89 指令等，其指令格式与铰孔循环指令 G85 的格式相类似。

1）指令格式：G86 X__Y__Z__R__P__F__；

G88 X__Y__Z__R__P__F__；

G89 X__Y__Z__R__P__F__；

2）指令动作。如图 3–23 所示，执行 G86 循环指令时，刀具以切削进给方式加工到孔底，然后主轴停转，刀具快速退到 R 点平面后，主轴正转。采用这种方式退刀时，刀具在退回过程中容易在工件表面划出条痕。因此，该指令常用于精度及表面粗糙度要求不高的镗孔加工。

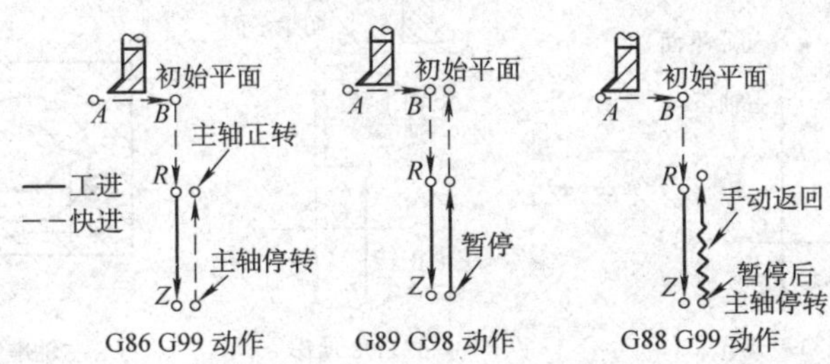

图 3–23 粗镗孔循环指令动作

G89 指令动作与前节介绍的 G85 指令动作类似，不同的是 G89 指令在孔底增加了暂停，因此该指令常用于阶梯孔的加工。

G88 循环指令较为特殊，刀具以切削进给方式加工到孔底，然后刀具在孔底暂停后主轴停转，这时可通过手动方式从孔中安全退出刀具。这种加工方式虽能提高孔的加工精度，但加工效率较低。因此，该指令常在单件加工中采用。

例 3–2–1 试用粗镗孔循环指令编写图 3–24 中两个 ϕ30 mm 孔的数控加工程序，工件材料为 45 钢。

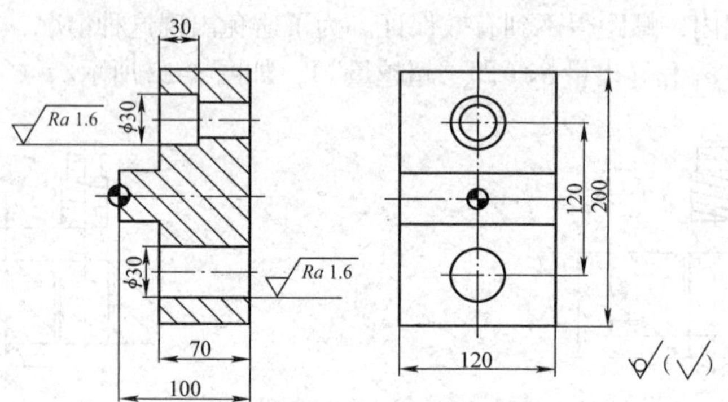

图 3–24 粗镗孔循环指令编程实例

```
O0003;
…
M03 S600 M08;
G98 G89 X0 Y-60.0 Z-105.0 R-27.0 F60;          （通孔，超越量为 5 mm）
G98 G89 X0 Y60.0 Z-60.0 R-27.0 P1000 F60;      （台阶孔增加孔底暂停动作）
G80 M09;
…
```

（2）精镗孔循环指令 G76 与反镗孔循环指令 G87

1）指令格式：G76 X__Y__Z__R__Q__P__F__；

G87 X__Y__Z__R__Q__F__；

2）指令动作。如图 3–25 所示，执行 G76 循环指令时，刀具以切削进给方式加工到孔底，实现主轴准停，刀具向刀尖相反方向移动 Q 值，使刀具脱离工件表面，保证刀具不划伤工件表面，然后快速退刀至 R 点平面或初始平面，主轴正转。G76 指令主要用于精镗孔加工。

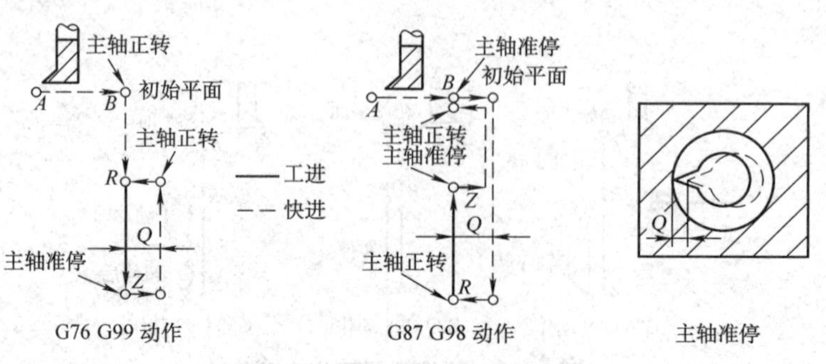

图 3–25 精镗孔循环指令动作

执行 G87 循环指令时，刀具在 G17 平面内快速定位后，主轴准停，刀具向刀尖相反方向偏移 Q 值，然后快速移动到孔底（R 点），在这个位置刀具按原偏移量反向移动相同的 Q 值，主轴正转并以切削进给方式加工到 Z 平面，主轴再次准停，并沿刀尖相反方向偏移 Q 值，快速提刀至初始平面并按原偏移量返回到 G17 平面的定位点，主轴开始正转，循环结束。由于执行 G87 循环指令时，刀尖无须在孔中经工件已加工表面退出，故加工表面质量较好，所以该循环指令常用于精密孔的镗削加工。

注意：G87 循环指令不能用 G99 指令进行编程。

例 3–2–2 试用精镗孔循环指令编写图 3–24 中两个 ϕ30 mm 孔的数控加工程序。

O0004；

…

M03 S600 M08；

G98 G87 X0 Y–60.0 Z–25.0 R–105.0 Q1000 F60；（通孔用 G87 指令）

G98 G76 X0 Y60.0 Z–60.0 R–27.0 Q1000 P1000 F60；（台阶孔用 G76 指令）

G80 M09；

M30；

（3）刚性攻右旋螺纹指令 G84 与攻左旋螺纹指令 G74

1）指令格式：G84 X__Y__Z__R__P__F__；

G74 X__Y__Z__R__P__F__；

注意：指令中的 F 是指螺纹的导程，单线螺纹则为螺纹的螺距。

2）指令动作。如图 3–26 所示，G74 指令为左旋螺纹攻螺纹循环指令，用于加工左旋螺纹。执行该循环指令时，主轴反转，在 G17 平面快速定位后快速移动到 R 点，执行攻螺纹指令到达孔底后，主轴正转退回到 R 点，主轴恢复反转，完成攻螺纹动作。

G84 指令动作与 G74 指令类似，只是 G84 指令用于加工右旋螺纹。执行该循环指令时，主轴正转，在 G17 平面快速定位后快速移动到 R 点，执行攻螺纹指令到达孔底后，主轴反转退回到 R 点，主轴恢复正转，完成攻螺纹动作。

在指定 G74 指令前，应先进行换刀并使主轴反转。另外，在用 G74 指令或 G84 指令攻螺纹期间，进给速度倍率、进给量保持均被忽略。

3）刚性攻螺纹指令方式。刚性攻螺纹指令方式有以下三种。

①在攻螺纹指令程序段之前指定"M29 S__；"。

②在包含攻螺纹指令的程序段中指定"M29 S__；"。

③将系统参数"NO.5200#0"设为 1。

注意：如果在 M29 和 G84/G74 之间指定 S 和轴移动指令，将产生系统报警；而如果在 G84/G74 中仅指定 M29 指令，也会产生系统报警。因此，本任务及以后任务中采用第三种方式指定刚性攻螺纹方式。

例 3–2–3 试用攻螺纹循环指令编写图 3–27 中两个螺纹孔的加工程序，工件材料为 45 钢。

O0004；

…

M03 S100 M08；

G99 G84 X–25.0 Y0 Z–15.0 R3.0 F1.75；（M12 粗牙普通螺纹的螺距为 1.75 mm）

```
…                                    （换左旋螺纹丝锥，换刀程序后叙）
M04 S100;                            （攻左旋螺纹时，主轴反转）
G98 G74 X25.0 Y0 Z-15.0 R3.0 F1.75;
G80 M09;
M30;
```

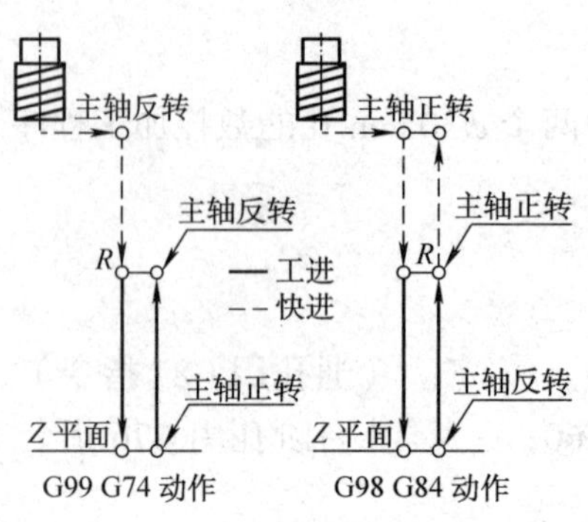

图 3-26 G74 指令与 G84 指令动作

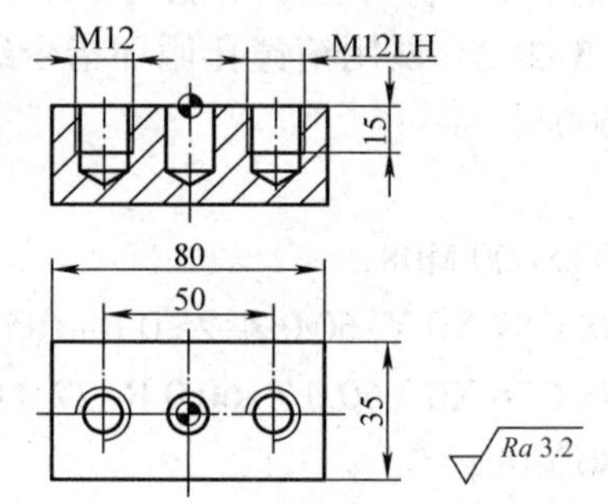

图 3-27 G74 指令与 G84 指令加工实例

（4）深孔攻螺纹断屑与排屑循环

1）指令格式：G84 X__Y__Z__R__P__Q__F__ ;

G74 X__Y__Z__R__P__Q__F__ ;

2）指令动作。如图 3-28 所示，深孔攻螺纹的断屑与排屑动作与深孔钻动作类似，不同之处在于刀具在 R 点平面以下的动作均为切削加工动作。

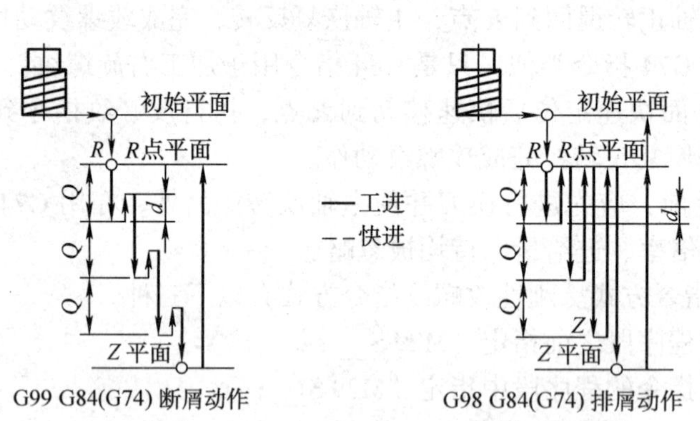

图 3-28 深孔攻螺纹断屑与排屑循环动作

深孔攻螺纹断屑与排屑动作的选择是通过修改系统攻螺纹参数来实现的。将系统参数“NO.5200#5”设为 0 时，不可实现深孔断屑攻螺纹；而将系统参数“NO.5200#5”设为 1 时，可实现深孔断屑攻螺纹。

（5）固定循环指令编程的注意事项

1）为了提高加工效率，在使用固定循环前，应先使主轴旋转。

2）由于固定循环指令是模态指令，因此在固定循环指令有效期间，如果 X、Y、Z、R 地址字中的任意一个被改变，就要进行一次孔加工。

3）固定循环程序段中，如在不需要指令的固定循环下指定了孔加工数据 Q、P，它们只作为模态数据进行存储，而无实际动作产生。

4）使用主轴自动启动的固定循环指令（G74、G84、G86）时，如果孔的 *XY* 平面定位距离较短，或从起点平面到 *R* 点平面的距离较短，且需要连续加工，为了防止在进入孔加工动作时主轴不能达到指定的转速，应使用 G04 暂停指令进行延时。

5）在固定循环方式中，刀具半径补偿功能无效。

4. 镗孔与螺纹孔加工的刀具

（1）镗孔刀具

镗孔所用刀具为镗刀。镗刀种类很多，按加工精度可分为粗镗刀和精镗刀。此外，镗刀按切削刃数量可分为单刃镗刀和双刃镗刀。

1）粗镗刀。倾斜型单刃粗镗刀如图 3–29 所示，其结构简单，用螺钉将镗刀刀头装夹在镗刀杆上。镗刀杆顶部和侧部有两个锁紧螺钉，分别起调整尺寸和锁紧作用。根据粗镗刀刀头在镗刀杆上的安装形式，粗镗刀又分成倾斜型粗镗刀和直角型粗镗刀。镗孔时，所镗孔径的大小要靠调整刀头的悬伸长度来保证，调整麻烦，效率低，大多用于单件、小批量生产。

2）精镗刀。精镗刀目前较多地选用可调精镗刀（见图 3–30）和精镗微调镗刀（见图 3–31）。这种镗刀的径向尺寸可以在一定范围内进行微调，调节方便且精度高。调整尺寸时，先松开锁紧螺钉，然后转动带刻度盘的调整螺母，等调至所需尺寸，再拧紧锁紧螺钉。

3）双刃镗刀。双刃镗刀如图 3–32 所示，其两端有一对对称的切削刃同时参加切削，与单刃镗刀相比，每转进给量可提高 1 倍左右，生产率高，同时可以消除切削力对镗刀杆的影响。

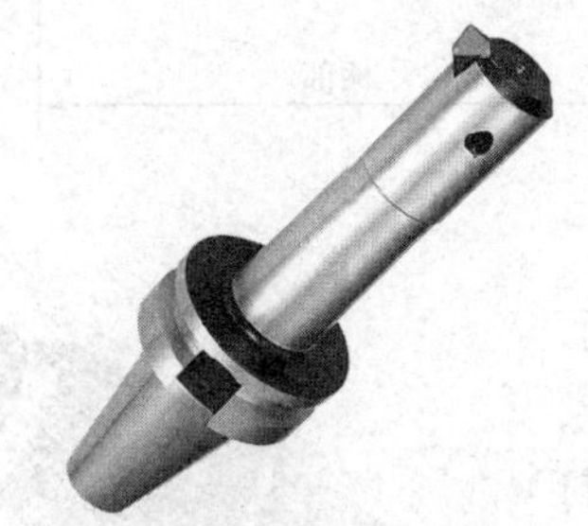

图 3–29 倾斜型单刃粗镗刀

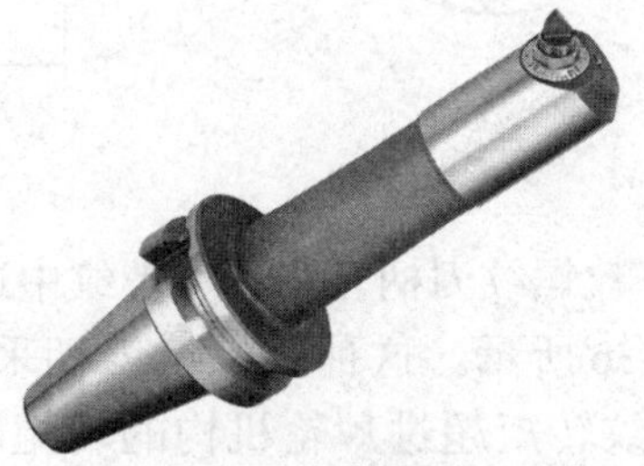

图 3–30 可调精镗刀

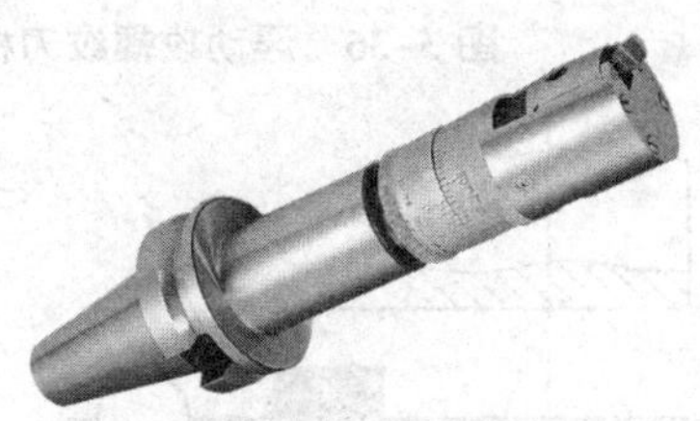

图 3–31 精镗微调镗刀

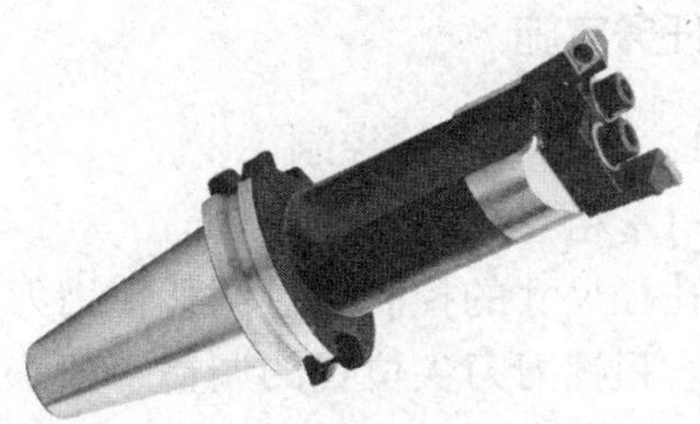

图 3–32 双刃镗刀

4）镗刀刀头。镗刀刀头有粗镗刀刀头和精镗刀刀头之分，如图 3–33、图 3–34 所示。粗镗刀刀头与普通焊接车刀类似；精镗刀刀头上带刻度盘，每格刻线表示刀头的调整距离为 0.01 mm（半径值）。

图 3–33　粗镗刀刀头

图 3–34　精镗刀刀头

（2）螺纹孔加工刀具

加工中心大多采用攻螺纹的方法来加工内螺纹。此外，还可采用螺纹铣削刀具来铣削加工螺纹孔。

1）丝锥。丝锥如图 3–35 所示，由工作部分和柄部组成。工作部分包括切削部分和校准部分。切削部分的前角为 8° ~ 10°，后角铲磨成 4° ~ 6°。前端磨出切削锥角，切削负荷分布在几个刀齿上，使切削省力。校准部分的大径、中径、小径均有（0.05 ~ 0.12）/100 的倒锥，以减小与螺纹孔的摩擦，并减小所攻螺纹的扩张量。

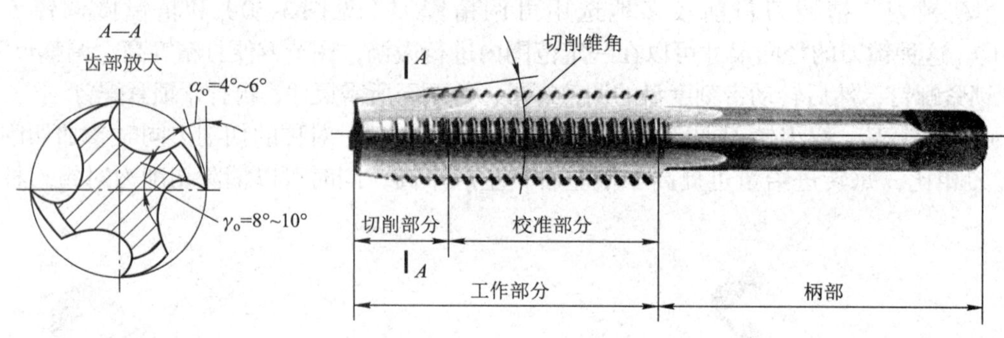

图 3–35　丝锥

2）攻螺纹刀柄。刚性攻螺纹中通常使用浮动攻螺纹刀柄，如图 3–36 所示。这种攻螺纹刀柄采用棘轮机构来带动丝锥，当攻螺纹转矩超过棘轮机构的转矩时，丝锥在棘轮机构中打滑，从而防止丝锥折断。

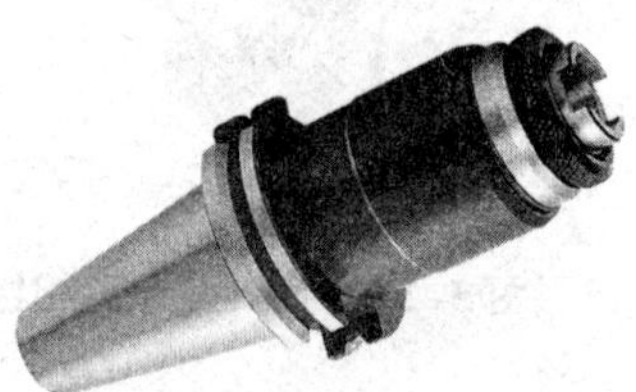

图 3–36　浮动攻螺纹刀柄

四、任务实施

1．镗孔尺寸的控制

（1）粗镗孔尺寸的控制

孔径尺寸的控制通过调整镗刀刀尖位置来进行。粗镗刀刀尖位置的调整一般采用敲刀法来实现，敲出量大多凭手感经验来控制；也有借助百分表来控制敲出量的，如图 3–37 所示。采用以上方法控制镗削孔径尺寸时，常通过试切法来获得准确的孔径。试切时，先在孔口镗深 1 mm，经测量检查，认为尺寸符合要求后

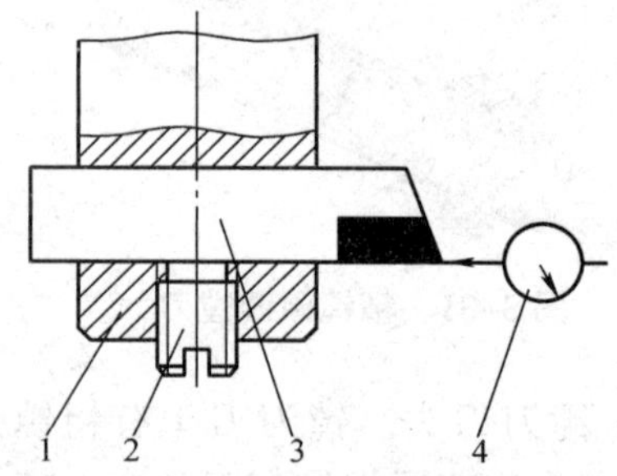

图 3–37　借助百分表控制敲出量

1—镗刀杆　2—紧固螺钉　3—镗刀头　4—百分表

再正式镗孔。

（2）精镗孔尺寸的控制

精镗孔尺寸控制较为方便，通常采用如下两种方法来控制：一种方法是试切法，先用粗调好的精镗刀在孔口试切，根据试切后的尺寸调节带刻度的螺母，然后进行精镗；另一种方法是机外调整法，先将精镗刀在机外对刀仪上对刀并调整至要求尺寸，再将精镗刀装入主轴进行加工。

【提示】 本任务粗、精镗孔均采用试切法调整，根据切出的尺寸分别进行粗、精镗刀的调整，以训练镗孔技能。

2．本任务编程与操作

（1）确定加工方案

2×ϕ10H7 孔采用钻孔—铰孔加工方案，铰孔的底孔直径取 ϕ9.8 mm。

4×M10 螺纹孔采用钻孔—攻螺纹加工方案，攻螺纹的底孔直径 $D_{底}=D-P=8.5$ mm。

ϕ30H8 和 ϕ45H8 孔采用钻孔—扩孔—粗镗孔—精镗孔加工方案，精镗孔余量取 0.3 mm（双边）。

（2）编制加工程序

本任务精加工参考程序见表 3–7。

表 3–7　镗孔与攻螺纹精加工参考程序

程序段号	加工程序	程序说明
	O0010;	镗孔精加工程序（精镗刀）
N10	G90 G94 G80 G21 G17 G54;	程序初始化
N20	G91 G28 Z0;	Z 向回参考点
N30	G90 G00 Z50.0;	初始平面
N40	S800 M03 M08;	精镗孔时，选择较高转速
N50	G76 X0 Y0 Z–15.0 R5.0 Q1000 P1000 F60;	加工 ϕ45 mm 台阶孔
N100	G80 M09;	取消固定循环
N110	G91 G28 Z0;	Z 向回参考点
N120	M30;	主轴停转，程序结束
	O0050	攻螺纹程序（M10 丝锥）
N10	G90 G94 G80 G21 G17 G54;	仍为 G94 格式
N20	G91 G28 Z0;	Z 向回参考点
N30	G90 G00 Z50.0;	Z 向退刀
N40	M03 S200 M08;	攻螺纹取较低转速
N50	G99 G84 X–28.28 Y–28.28 Z–20.0 R5.0 F1.5;	螺纹导入量为 5 mm，导出量为 5 mm
N60	X28.28;	依次加工 4 个螺纹孔
N70	Y28.28;	
N80	G98 X–28.28;	
N90	G80 M09;	取消固定循环
	…	

注：固定循环的螺纹加工编程过程，无须通过更改 G94 与 G95 格式来变换进给量的格式。

【提示】 本任务 ϕ30 mm 孔的精镗孔程序，只要在表中 O0010 程序的基础上对 N50 程序段做如下修改即可。

N50 G87 X0 Y0 Z5.0 R–35.0 Q1000 F60；（通孔采用反镗孔循环指令）

3．镗孔和螺纹测量及质量分析

（1）镗孔的测量

镗孔的测量请参阅任务一的相关内容。

（2）螺纹的测量

螺纹的主要测量参数有螺距、大径、小径和中径尺寸等。

1）大、小径的测量。外螺纹大径和内螺纹小径的公差一般较大，可用游标卡尺或千分尺测量。

2）螺距的测量。螺距一般可用钢直尺或螺距规测量。由于普通螺纹的螺距一般较小，所以采用钢直尺测量时，最好测量 10 个螺距的长度，然后除以 10，就得出一个较正确的螺距尺寸。

3）中径的测量。对精度要求较高的普通外螺纹，可用螺纹千分尺（见图 3–38）直接测量，螺纹千分尺所测得的读数就是该螺纹中径的实际尺寸；也可用三针测量法进行间接测量（三针测量法仅适用于外螺纹的测量），但需通过计算后才能得到中径尺寸。

4）综合测量。综合测量是指用螺纹塞规或螺纹环规（见图 3–39）综合检查内、外普通螺纹是否合格。使用螺纹塞规和螺纹环规时，应按螺纹对应的公差等级进行选择。

图 3–38 螺纹千分尺

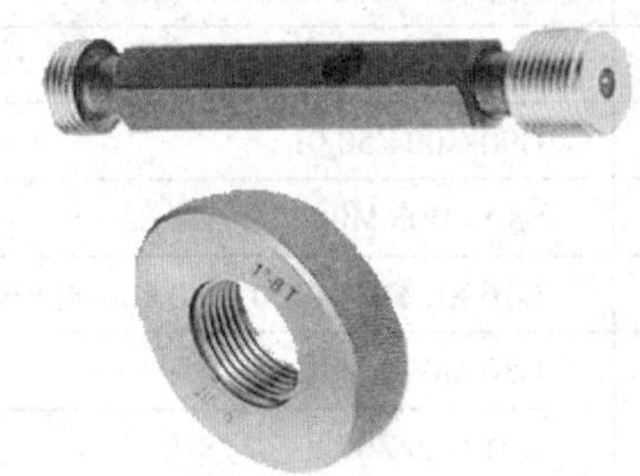

图 3–39 螺纹塞规与螺纹环规

【提示】 本任务内螺纹采用螺纹塞规进行综合测量。采用这种测量方法时，应按螺纹的公称直径和公差等级来选取不同规格的螺纹塞规。

（3）镗孔质量分析

镗孔质量分析见表 3–8。

表 3–8 镗孔质量分析

出现问题	产生原因
表面粗糙度不符合要求	镗刀刀尖角或刀尖圆弧太小
	进给量过大或切削液使用不当
	工件装夹不牢固，加工过程中工件松动或振动

续表

出现问题	产生原因
表面粗糙度不符合要求	镗刀杆刚度低，加工过程中产生振动
	精加工时采用不合适的镗孔循环指令，进、退刀时划伤工件表面
孔径超差或孔呈锥形	镗刀回转半径调整不当，与所加工孔直径不符
	镗刀回转半径测量不正确
	镗刀在加工过程中磨损
	镗刀刚度不足，镗刀偏让
	镗刀刀头锁紧不牢固
孔轴线与基准面不垂直	工件装夹与找正不正确
	工件定位基准选择不当

【提示】 单件加工过程中，镗孔尺寸不正确的主要原因是操作者对镗刀的调整不正确。

（4）攻螺纹质量分析

攻螺纹质量分析见表 3–9。

表 3–9 攻螺纹质量分析

出现问题	产生原因
螺纹乱牙或滑牙	丝锥夹紧不牢固，造成乱牙
	攻不通孔螺纹时，孔底平面选择过深
	切屑堵塞，没有及时清理
	加工程序不合理
丝锥折断	底孔直径太小
	底孔中心与攻螺纹主轴中心不重合
	攻螺纹夹头选择不合理，没有选择浮动夹头
尺寸不正确或螺纹不完整	丝锥磨损
	底孔直径太大，造成螺纹不完整
表面粗糙度不符合要求	转速太快，导致进给速度太快
	切削液选择不当或使用不合理
	切屑堵塞，没有及时清理
	丝锥磨损

五、配分权重（见表 3-10）

表 3-10　　镗孔与攻螺纹配分权重表

工件编号				总得分		
项目与权重	序号	技术要求	配分	评分标准	检测记录	得分
加工（45%）	1	尺寸精度符合要求	20	超差全扣		
	2	形状精度符合要求	10	超差全扣		
	3	位置精度符合要求	5	超差全扣		
	4	表面粗糙度符合要求	10	超差全扣		
程序与工艺（40%）	5	程序格式规范	5	每处不规范扣 1 分		
	6	攻螺纹与镗孔程序正确	15	每处错误扣 5 分		
	7	切削用量参数正确	5	每处错误扣 1 分		
	8	刀具选择正确	5	不正确全扣		
	9	误差测量与分析正确	10	每处错误扣 2 分		
机床操作（15%）	10	粗、精镗刀的调整方法正确	5	不正确全扣		
	11	机床操作正确、规范	5	每处错误扣 1 ~ 5 分		
	12	对刀正确	5	不正确全扣		
安全文明生产	13	符合安全操作要求	倒扣	出错倒扣 2 ~ 10 分		
	14	工作场所整理合格		不合格倒扣 2 ~ 10 分		

思考与练习

1. 什么是初始平面、*R* 点平面和孔底平面？如何定义这几个平面的 *Z* 向高度？
2. 执行固定循环时，刀具从孔底平面返回的方式有哪几种？在程序中如何进行定义？
3. 试写出 G83 指令的格式，并简要说明其动作的执行过程。
4. 如何确定孔加工过程中的导入量和超越量？
5. 如何进行孔径尺寸和孔距尺寸的测量？
6. 镗孔过程中需解决的关键问题是什么？如何解决？
7. 如何确定攻螺纹时的底孔直径？
8. 影响镗孔质量的因素有哪些？如何提高镗孔质量？

9．试编写图 3-40 所示工件的加工程序，并在加工中心上进行加工。

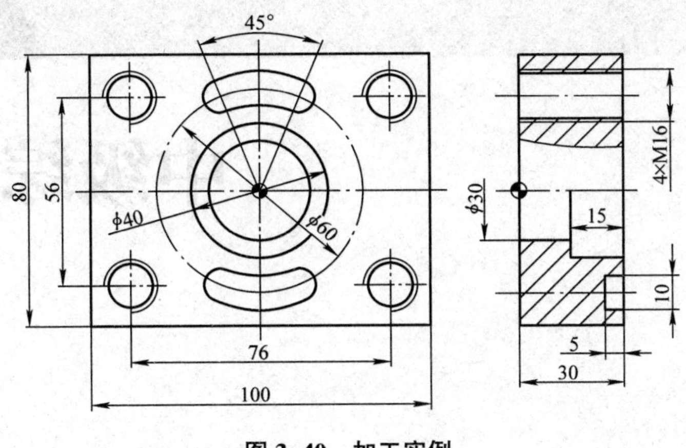

图 3-40 加工实例

中级综合练习

任务一 数控铣床 / 加工中心中级工综合练习（一）

知识点

◎加工中心的换刀程序。

◎刀具长度补偿编程及参数设定方法。

◎加工阶段的划分方法。

◎工序与工步的划分方法。

技能点

◎加工中心手动换刀及设定刀具长度补偿参数。

◎确定零件的加工工艺。

◎编写零件的加工程序。

一、任务描述

试在加工中心上完成图 4–1 所示工件（适用于数控铣床 / 加工中心中级工）的编程与加工，毛坯材料为 45 钢，毛坯尺寸为 100 mm × 80 mm × 25 mm（工时定额 4 h）。

二、任务分析

在工件的加工过程中需采用多把刀具，因此，建议在加工中心上采用自动换刀方式来完成换刀。此外，为了提高加工速度和加工效率，在工件的加工过程中应合理安排好加工顺序。

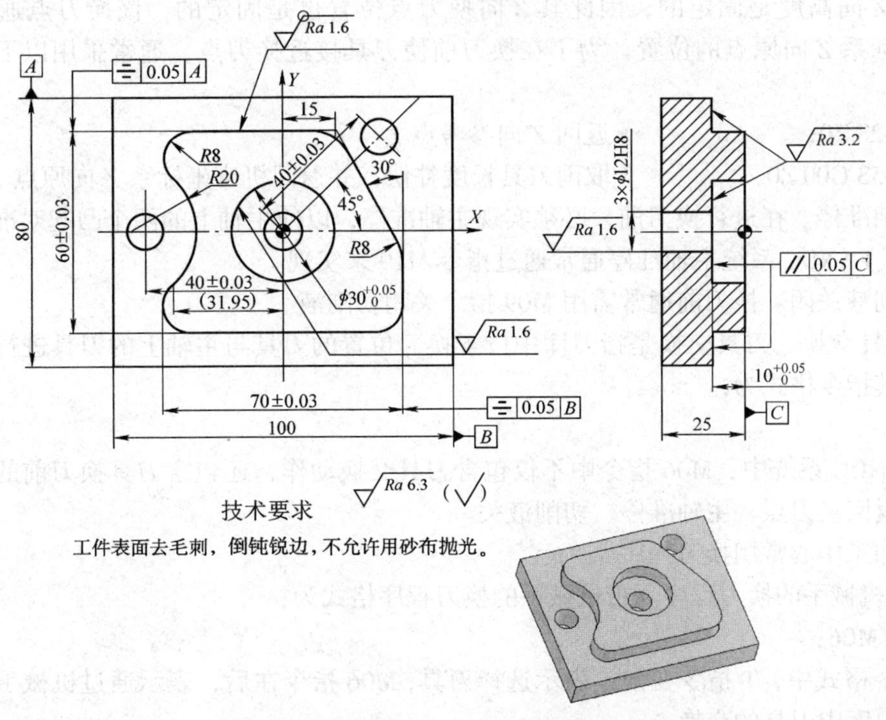

图 4–1　数控铣床 / 加工中心中级工综合练习（一）任务图

采用加工中心自动换刀加工零件时，通常将系统中工件坐标的 Z 参数值设定为 0，而将每一把刀对刀所得到的机床坐标系 Z 坐标输入刀具长度补偿参数之中。

三、知识链接

1. 加工中心自动换刀系统

在零件的加工过程中，有时需要用到几种不同的刀具来加工同一种零件。这时，如果是单件或较少批量（通常指少于 10 件）生产，采用手动换刀较为合适；而如果是批量较大的生产，则采用加工中心自动换刀的方式较为合适。

（1）换刀动作

通常情况下，不同数控系统的加工中心其换刀程序各不相同，但换刀动作却基本相同，通常分刀具选择和刀具交换两个基本动作。

1）刀具选择。刀具选择是将刀库上某个刀位的刀具转到换刀位置，为下次换刀做好准备。其指令格式为：

T__；(如："T01;""T13;" 等)

刀具选择指令可在任意程序段内执行。有时为了节省换刀时间，通常在加工过程中就同时执行 T 指令。如：

G01 X100.0 Y100.0 F100 T12；

执行该程序段时，主轴刀具在执行 G01 进给指令的同时，刀库中的刀具也转到换刀位置。

2）换刀前的准备。在执行换刀指令前，通常要做好以下几项换刀准备工作。

①主轴回到换刀点。立式加工中心的换刀点在 XY 平面上是任意的；在 Z 轴方向上，由

于刀库的 Z 向高度是固定的，因此其 Z 向换刀点位置也是固定的，该换刀点通常位于靠近机床坐标系 Z 向原点的位置。为了在换刀前使刀具接近换刀点，通常采用以下指令来实现。

G91 G28 Z0;　　（返回 Z 向参考点）

G49 G53 G00 Z0;　　（取消刀具长度补偿，并返回机床坐标系 Z 向原点）

②主轴准停。在进行换刀前，必须实现主轴准停，以使主轴上的两个凸起对准刀柄上的两个卡槽。FANUC 系统主轴准停通常通过指令 M19 来实现。

③切削液关闭。换刀前通常需用 M09 指令关闭切削液。

3）刀具交换。刀具交换是指刀库中位于换刀位置的刀具与主轴上的刀具进行自动换刀的过程。其指令格式为：

M06;

在 FANUC 系统中，M06 指令中不仅包含刀具交换动作，还包含刀具换刀前的所有准备动作，即返回换刀点、主轴准停、切削液关。

（2）加工中心常用换刀程序

1）带机械手的换刀程序。带机械手的换刀程序格式为：

T× × M06;

该指令格式中，T 指令在前，表示选择刀具；M06 指令在后，表示通过机械手执行主轴中刀具与刀库中刀具的交换。

例 4–1–1　加工中心换刀程序实例。

…

G40 G01 X20.0 Y30.0;　　（XY 平面内取消刀补）

G49 G53 G00 Z0;　　（刀具返回机床坐标系 Z 向原点）

T05 M06;　　（选择 5 号刀具，主轴准停，切削液关，刀具交换）

M03 S600 G54;　　（开启主轴，选择工件坐标系）

…

在执行该程序时，刀具先在 XY 平面内取消刀补；再执行返回机床坐标系 Z 向原点命令；主轴准停并 Z 向移动至换刀点；刀库转位寻刀，将 5 号刀转到换刀位置；执行 M06 指令进行换刀。换刀结束后，如需进行下一次加工，则需开启主轴。

2）不带机械手的换刀程序。当加工中心的刀库为转盘式刀库且不带机械手时，其换刀程序为：

M06 T07;

注意，该指令格式中，M06 指令在前，T 指令在后，且指令中的 M06 指令和 T 指令不可以前后调换位置。如果调换位置，则在指令执行过程中出现程序出错报警。

执行该指令时，同样先自动完成换刀前的准备动作，再执行 M06 指令，主轴上的刀具放入当前刀库中处于换刀位置的空刀位；然后刀库转位寻刀，将 7 号刀具转换到当前换刀位置，再次执行 M06 指令，将 7 号刀具装入主轴。这种方式的换刀，在每次换刀过程中要执行两次刀具交换。

3）子程序换刀。FANUC 系统中，为了方便编写换刀程序，防止自动换刀过程中出错，常自带换刀子程序，子程序号通常为 O8999，其程序内容为：

O8999; （立式加工中心换刀子程序）
M05 M09; （主轴停转，切削液关）
G80; （取消固定循环）
G91 G28 Z0; （*Z* 轴返回机床原点）
G49 M06; （取消刀具长度补偿，刀具交换）
M99; （返回主程序）

采用子程序换刀时，其主程序调用格式为：

T06 M98 P8999;

SIEMENS 系统换刀子程序号通常为 L6，其内容与上述子程序相类似。

2．刀具长度补偿

在自动换刀加工零件的过程中，刀具在安装后的长短各不相同。为了实现采用不同长度的刀具在同一工件坐标系中加工的目的，通常在加工中心的编程中采用刀具长度补偿指令。

（1）刀具长度补偿的定义

刀具长度补偿是用来补偿假定的刀具长度与实际的刀具长度之间差值的指令。系统规定所有轴都可采用刀具长度补偿，但同时规定刀具长度补偿只能加在一个轴上，要对补偿轴进行切换，必须先取消前面轴的刀具长度补偿。

（2）刀具长度补偿指令

1）指令格式：G43 H__； （刀具长度加补偿）
G44 H__； （刀具长度减补偿）
G49；或 H00； （取消刀具长度补偿）

2）指令说明。H__用于指定存放刀具长度补偿值的偏置存储器号。刀具号与刀具偏置存储器号可以相同，也可以不同。通常情况下为防止出错，最好采用相同的刀具号与刀具偏置存储器号。在地址符 H 所对应的偏置存储器中存入的刀具长度补偿值，其值为实际刀具长度与编程假设的刀具长度（通常将这一长度设定为 0）的差值。

G43 与 G44 均为刀具长度补偿指令，但指令的偏移方向相反。G43 表示刀具长度加补偿，G43 偏置存储器中的刀具长度补偿值 = 实际刀具长度 – 编程假设的刀具长度。G44 表示刀具长度减补偿，G44 偏置存储器中的刀具长度补偿值 = 编程假设的刀具长度 – 实际刀具长度。因此，偏置存储器中的刀具长度补偿值既可以是正值，也可以是负值。

G49 或 H00 均为取消刀具长度补偿指令。

3）指令执行过程。执行刀具长度补偿指令时，系统首先根据 G43 和 G44 指令将指令要求的 *Z* 向移动量与偏置存储器中的刀具长度补偿值做相应的“+”（G43）或“–”（G44）运算，计算出刀具的实际移动值，然后命令刀具做相应的运动。

例 4–1–2 如图 4–2 所示，采用 G43 指令编程，其指令格式及指令执行过程中刀具和实际移动量如下。

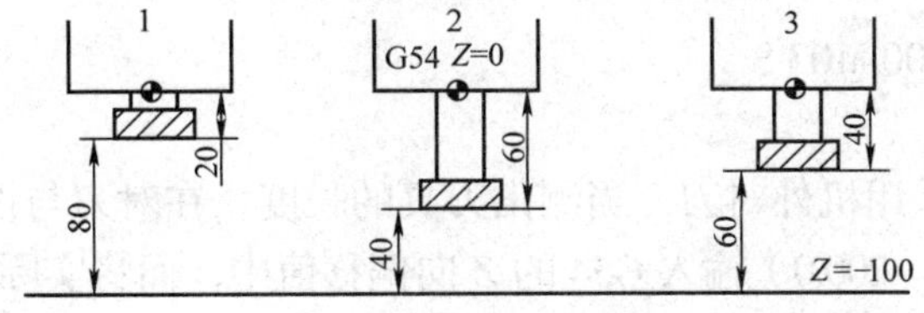

图 4–2 刀具长度补偿

采用 G43 指令编程时，输入 1 号刀具偏置存储器中的刀具长度补偿值 H01= 实际刀具长度 – 编程假设刀具长度 =20.0 mm；与此相对应，H02=60.0 mm，H03=40.0 mm。

刀具 1　G43 G01 Z–100.0 H01 F100；

刀具的实际移动量 =–100 mm+20 mm=–80 mm，刀具向下移 80 mm。

刀具 2　G43 G01 Z–100.0 H02 F100；

刀具的实际移动量 =–100 mm+60 mm=–40 mm，刀具向下移 40 mm。

如果刀具 3 采用 G44 指令编程，H03= 编程假设刀具长度 – 实际刀具长度 =–40.0 mm，其指令及对应的刀具实际移动量如下：

刀具 3　G44 G01 Z–100.0 H03 F100；

刀具的实际移动量 =–100 mm–（–40）mm=–60 mm，刀具向下移 60 mm。

注意：在实际编程过程中，为避免发生编程差错，常采用 G43 指令，其刀具长度补偿值通常为正值，表示实际的刀具长度比编程假设刀具长度长。

G43、G44 为模态指令，可以在程序中保持连续有效。

（3）刀具长度补偿功能的应用

立式加工中心中，刀具长度补偿功能常被用于工件坐标系零点偏置的辅助设定。即用 G54 指令设定工件坐标系时，仅在 *XY* 平面内进行零点偏置，而 *Z* 轴方向不偏置，*Z* 轴方向刀具刀位点与工件坐标系 *Z*0 平面之间的差值全部通过刀具长度补偿值来解决，如图 4–3 所示。

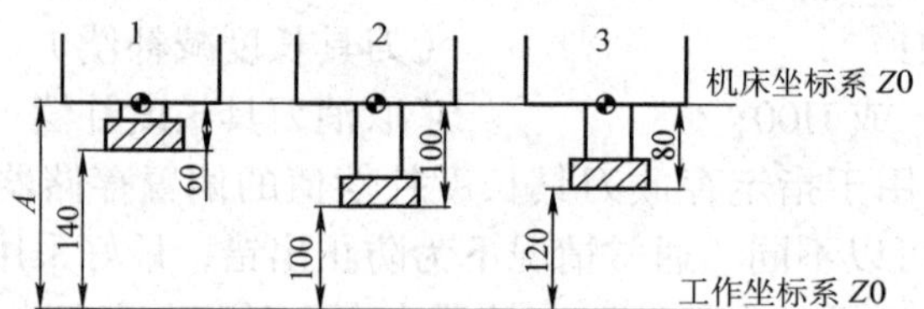

图 4–3　刀具长度补偿功能的应用

用 G54 指令设定工件坐标系时，*Z* 向偏移值为 0。刀具对刀时，将刀具的刀位点 *Z* 向移动到工件坐标系的 *ZO* 处，将 CRT 显示器显示的机床坐标系 *Z* 向坐标直接输入该刀具的长度补偿存储器中。这时，1 号刀具长度补偿存储器中的长度补偿值 H01=–140.0 mm，相应地，H02=–100.0 mm，H03=–120.0 mm。其编程格式如下：

```
…
T01 M06;
G43 G00 Z__H01 F100 M03 S__ ;
…
G49 G53 G00 Z0;
T02 M06;
G43 G00 Z__H02 F100 M03 S__ ;
…
```

执行以上指令，如采用机外对刀，当测出刀具的长度，在对刀与设定工件坐标系时，通常直接将图中测得的 *A* 值（–200.0）输入 G54 的 *Z* 向偏移值中，而将实际测出的刀具长度（正值）输入对应的刀具长度补偿存储器中。这时，H01=60 mm，H02=100 mm，H03=80 mm。

3. 加工阶段的划分

对重要的零件，为了保证加工质量和合理使用设备，零件的加工过程可划分为四个阶段，即粗加工阶段、半精加工阶段、精加工阶段和精密加工（包括光整加工）阶段。

（1）加工阶段的性质

1）粗加工阶段。粗加工的任务是切除毛坯上大部分多余的金属，使毛坯在形状和尺寸上接近零件成品，减小工件的内应力，为精加工做好准备。因此，粗加工的主要目的是提高生产率。

2）半精加工阶段。半精加工的任务是使主要表面达到一定的精度并留有一定的精加工余量，为主要表面的精加工做好准备，并可完成一些次要表面（如攻螺纹、铣键槽等）的加工。热处理工序一般放在半精加工的前后。

3）精加工阶段。精加工是从工件上切除较少的余量，所得精度比较高、表面粗糙度值比较小的加工过程。其目标是全面保证工件的尺寸精度和表面粗糙度等加工要求。

4）精密加工阶段。精密加工主要用于加工精度和表面粗糙度要求很高（IT6 级以上，表面粗糙度值 *Ra*0.4 μm 以下）的零件，其主要目的是进一步提高尺寸精度，减小表面粗糙度值。精密加工对位置精度影响不大。

并非所有零件的加工都要经过四个加工阶段。因此，加工阶段的划分不应绝对化，应根据零件的质量要求、结构特点、毛坯情况和生产纲领灵活掌握。

（2）划分加工阶段的目的

1）保证加工质量。工件在粗加工阶段切削的余量较多，因此，铣削力和夹紧力较大，切削温度也较高，零件的内应力也将重新分布，从而产生变形。如果不进行加工阶段的划分，将无法避免产生误差。

2）合理使用设备。粗加工可采用功率大、刚度高和精度低的机床加工，切削用量也可取较大值，从而充分发挥设备的潜力；精加工的切削力小，对机床破坏小，从而有利于保持设备的精度。因此，划分加工阶段既可提高生产率，又可延长精密设备的使用寿命。

3）便于及时发现毛坯缺陷。对于毛坯的各种缺陷（如铸件夹砂和余量不足等），在粗加工后即可发现，便于及时修补或决定报废，避免造成浪费。

4）便于组织生产。通过划分加工阶段，便于安排一些非切削加工工艺（如热处理工艺、去应力工艺等），从而有效地组织生产。

4. 加工顺序的安排

加工顺序（又称工序）通常包括切削加工工序、热处理工序和辅助工序。本书主要介绍切削加工工序。

（1）安排加工顺序的原则

1）基准面先行原则。用作精基准的表面应优先加工出来，因为定位基准的表面越精确，装夹误差就越小。

2）先粗后精原则。各个表面的加工顺序按照粗加工→半精加工→精加工→精密加工的顺序依次进行，逐步提高表面的加工精度和减小表面粗糙度值。

3）先主后次原则。零件的主要工作表面、装配基准面应先加工，从而能及早发现毛坯中主要表面可能出现的缺陷。次要表面加工可穿插进行，放在主要加工表面加工到一定程度后、最终精加工前进行。

4）先面后孔原则。对箱体、支架类零件，平面轮廓尺寸较大，一般先加工平面，再加工孔和其他尺寸。这样安排加工顺序，一方面用已加工平面定位稳定、可靠；另一方面在已加工平面上加工孔比较容易，并能提高孔的加工精度，特别是钻孔时孔的轴线不易偏斜。

（2）工序的划分

1）工序的定义。工序是工艺过程的基本单元，它是一个（或一组）工人在一个工作地点，对一个（或同时几个）工件连续完成的那一部分加工过程。划分工序的要点是工人、工件及工作地点三不变并连续加工完成。

2）工序划分的原则。工序划分的原则有两个，即工序集中原则和工序分散原则。在数控铣床 / 加工中心上加工的零件，一般按工序集中原则划分工序。

①工序集中原则。工序集中原则是指每道工序包括尽可能多的加工内容，从而使工序的总数减少。采用工序集中原则有利于保证加工精度（特别是位置精度）、提高生产率、缩短生产周期和减少机床数量；但工序集中的缺点是专用设备和工艺装备投资大，调整、维修比较麻烦，生产准备周期较长，不利于转产。

②工序分散原则。工序分散就是将工件的加工分散在较多的工序内进行，每一道工序的加工内容很少。采用工序分散原则有利于调整和维修加工设备和工艺装备，选择合理的切削用量且转产容易；但工序分散的缺点是工艺路线较长，所需设备及工人人数多，占地面积大。

3）工序划分的方法

①按所用刀具划分。以同一把刀具完成的那一部分工艺过程为一道工序，这种方法适用于工件的待加工表面较多、机床连续工作时间较长、加工程序的编制和检查难度较大等情况。加工中心常用这种方法划分工序。

例 4–1–3 如图 4–4 所示零件，工序一为用键槽铣刀粗、精加工内型腔侧面并粗加工底平面，工序二为用球头铣刀精加工底部曲面，工序三为用镗刀镗孔。

②按安装次数划分。以一次安装完成的那一部分工艺过程为一道工序。这种方法适用于加工内容不多的工件，加工完成后就能达到待检状态。

例 4–1–4 如图 4–5 所示凸轮零件，工序一为以毛坯外形定位装夹加工孔，工序二为以孔定位加工凸轮外轮廓。

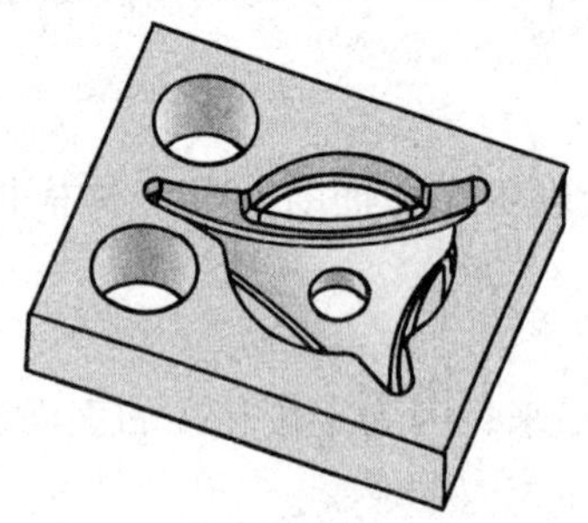

图 4–4 工序划分方法实例一

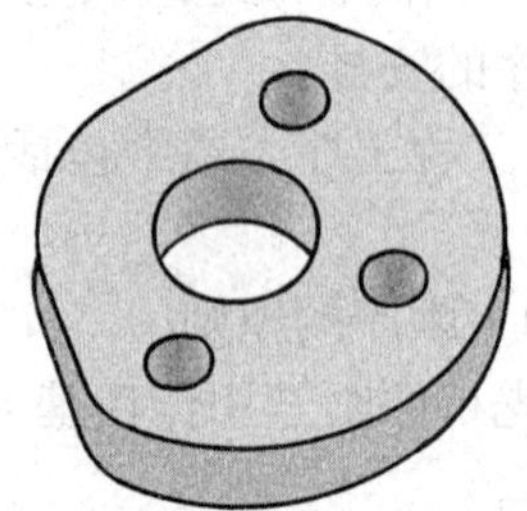

图 4–5 工序划分方法实例二

③按粗、精加工划分。即粗加工中完成的那部分工艺过程为一道工序，精加工中完成的那一部分工艺过程为一道工序。这种划分方法适用于加工后变形较大，需粗、精加工分开的零件，如毛坯为铸件、焊接件或锻件。

例 4–1–5 如图 4–6 所示零件，工序一为用普通机床去除内、外轮廓余量，即粗加工；工序二为数控机床精加工曲面轮廓。

④按加工部位划分。即以加工完成相同形面的那一部分工艺过程为一道工序，对于加工表面多而复杂的零件，可按其结构特点（如内形、外形、曲面和平面等）划分成多道工序。

例 4–1–6 如图 4–7 所示零件，工序一为粗、精加工外轮廓，工序二为钻、铰孔加工，工序三为粗、精加工上表面曲面。

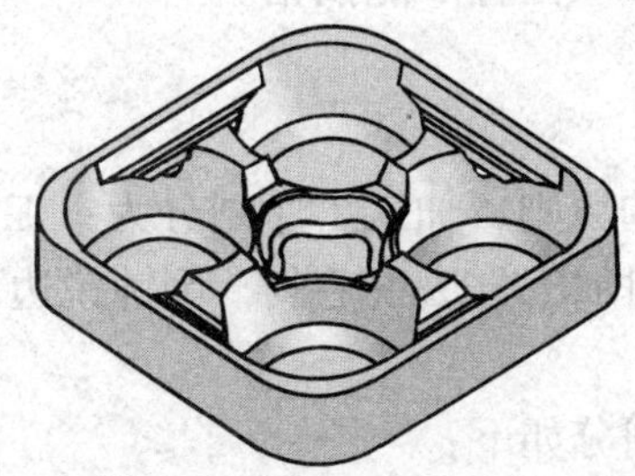

图 4–6 工序划分方法实例三

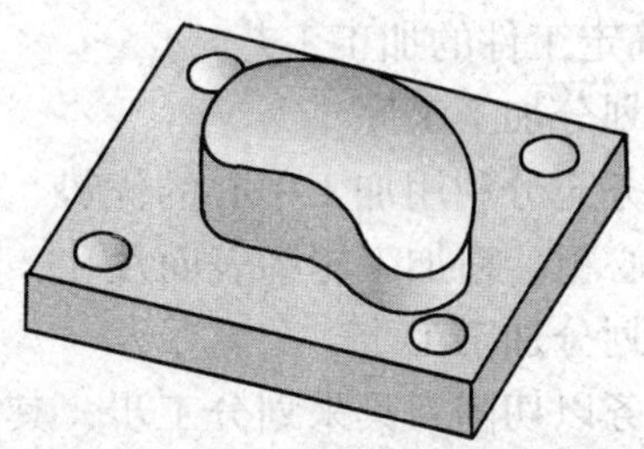

图 4–7 工序划分方法实例四

（3）工步的划分

1）工步的定义。工步是指在一次装夹中，加工表面、切削刀具和切削用量都不变的情况下所进行的那部分加工。划分工步的要点是加工表面、切削刀具和切削用量三不变。同一工步中可能有几次走刀。

2）工步划分的方法。通常情况下，可分别按粗、精加工分开的加工方法，先面后孔的加工方法和切削刀具来划分工步。在划分工步时，要根据零件的结构特点、技术要求等情况综合考虑。

四、任务实施

1. 加工中心手动换刀与设定刀具长度补偿参数

（1）加工中心手动换刀

以转盘式刀库、不带机械手的加工中心为例，其手动换刀的操作步骤如下。

1）按下模式选择按钮“MDI”。

2）按下 MDI 面板上的功能键 PROG。

3）输入字符“M06 T01；”后，按下功能键 INSERT。

4）按下循环启动按钮“CYCLE START”，主轴中的刀具即与刀库中 1 号刀位上的刀具进行交换。

【提示】 手动换刀操作的目的是将装入主轴的刀具交换至刀库中的相应位置，而加工过程中的换刀是将刀库中相应刀位上的刀具交换至主轴进行加工。在操作过程中，一定要清楚每一把刀在刀库中的位置，才能正确地进行自动加工的编程与换刀。

（2）刀具长度补偿参数的设定

本任务直接将每一把刀具对刀操作得到的刀具长度补偿值存入相对应的刀具长度补偿存储器。其操作步骤如下。

1）将系统 G54 坐标系中的 Z 值设为零。

2）按下功能键 OFFSET SETTING 。

3）按下 CRT 显示器下软键［OFFSET］，出现如图 4–8 所示画面。

4）向下移动光标，将光标移动到程序中指定的刀具补偿号处，将刀具长度补偿值输入至对应的 GEOM（H）中。

5）如果刀具使用一段时间后产生了长度方向的磨损，则可将磨损值输入至对应的 WEAR（H）中。

在刀具长度补偿参数的输入过程中，一定要注意输入位置不能搞错。

2. 确定工件的加工工艺

（1）划分加工工序

本任务充分利用加工中心的优势，采用工序集中的原则，加工工序划分为：工序一为采用加工中心粗、精加工轮廓表面及孔，工序二为采用钳加工方法去毛刺，倒钝锐边。

（2）划分加工工步

本任务以切削刀具来划分工步，其工序一的工步划分如下：

1）工件装夹与找正。

2）采用 ϕ16 mm 高速钢立铣刀粗加工内、外轮廓表面，保证精加工余量为 0.3 mm。

3）换 ϕ16 mm 硬质合金立铣刀精加工内、外轮廓表面。

4）换中心钻钻三个定位孔。

5）换 ϕ9.8 mm 钻头钻孔。

6）换 ϕ10 mm 铰刀铰孔。

7）拆卸工件，并对工件表面去毛刺，倒钝锐边。

8）自检后交验。

注意：零件加工工艺将对零件的加工精度产生直接影响。

3. 编写零件的加工程序

如图 4–9 所示，本任务编程过程中在 XY 平面内的基点坐标采用三角函数计算法或 CAD 绘图分析法计算如下：1（28.0，–30.0），2（–28.0，–30.0），3（–31.95，–15.71），4（–31.95，15.71），5（–28.0，30.0），6（10.38，30.0），7（17.31，26.0），8（33.93，–2.78），9（35.0，–6.78），10（35.0，–22.0）。

WORK COORDINATES　　　　O0001 N0000

OFFSET

NO.	GEOM(H)	WEAR(H)	GEOM(D)	WEAR(D)
001	0.000	0.000	0.000	0.000
002	0.000	0.000	0.000	0.000
003	0.000	0.000	0.000	0.000
004	0.000	0.000	0.000	0.000
005	0.000	0.000	0.000	0.000
006	0.000	0.000	0.000	0.000
007	0.000	0.000	0.000	0.000
008	0.000	0.000	0.000	0.000

[OFFSET] [SETING] [WORK] [　] [OPRT]

图 4–8　刀具长度补偿设定显示画面

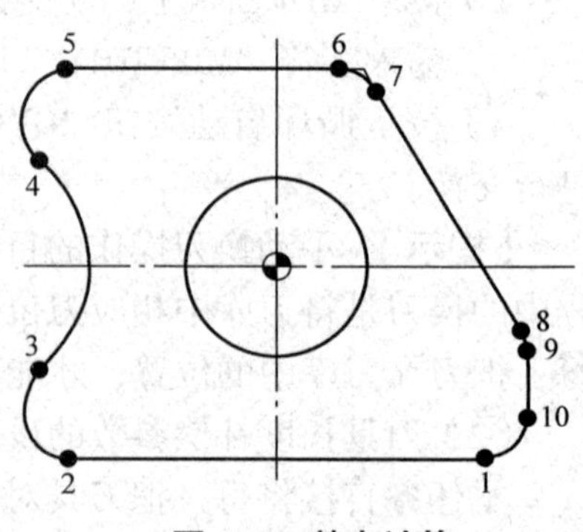

图 4–9　基点计算

本任务采用加工中心自动换刀的方式进行编程，其参考加工程序见表 4–1。

表 4–1　　数控铣床 / 加工中心中级工综合练习参考加工程序

程序段号	加工程序	程序说明
	O0010;	主程序
N10	G90 G94 G80 G21 G17 G54 F100;	程序初始化，主轴定位
N20	G91 G28 Z0;	
N30	G90 G00 X60.0 Y–50.0;	
N40	M06 T01;	换 1 号刀具（ϕ16 mm 高速钢立铣刀）
N50	S600 M03 M08;	主轴正转
N60	M98 P110;	内、外轮廓粗加工子程序
N70	M06 T02;	换 2 号刀具（ϕ16 mm 硬质合金立铣刀）
N80	S1800 M03 M08;	主轴正转，切削液开
N90	M98 P120;	轮廓精加工子程序
N100	M06 T03;	换 3 号刀具，用中心钻定位
N110	S2000 M03 M08;	主轴正转，切削液开
N120	M98 P130;	中心钻定位子程序
N130	M06 T04;	换 4 号刀具（ϕ9.8 mm 钻头）
N140	S1000 M03 M08;	主轴正转，切削液开
N150	M98 P140;	钻孔子程序
N160	M06 T05;	换 5 号刀具（ϕ10 mm 铰刀）
N170	S200 M03 M08;	主轴正转，切削液开
N180	M98 P150;	铰孔子程序
N190	M30;	主轴停转，程序结束
	O0110;	内、外轮廓粗加工子程序
N10	G90 G43 G00 Z30.0 H01;	刀具长度补偿
N20	G01 Z–10.0;	刀具切削进给到轮廓底平面
N30	G41 G01 X60.0 Y–30.0 D01;	加工外轮廓
N40	X–28.0;	
N50	G02 X–31.95 Y–15.71 R8.0;	
…	…	
N170	G02 X28.0 Y–30.0 R8.0;	
N180	G40 G01 X60.0 Y–50.0;	
N190	G00 Z30.0;	定位至内型腔
N200	X0 Y0;	
N210	G01 Z–10.0;	刀具切削进给到轮廓底平面
N220	G41 G01 X15.0 D01;	

续表

程序段号	加工程序	程序说明
N230	G03 I−15.0 J0；	铣内孔
N240	G40 G01 X0；	
N250	G49 G91 G28 Z0 M09；	取消刀具长度补偿，返回 *Z* 向参考点
N260	M99；	返回主程序
	O0150；	铰孔子程序
N10	G90 G43 G00 Z30.0 H01；	刀具长度补偿
N20	G85 X−40.0 Y0.0 Z−30.0 R−5.0 F100；	工件表面有凸台，返回初始平面
N30	X0；	孔加工
N40	X28.28 Y28.28；	
N50	G80 G49 M09；	取消刀具长度补偿，取消固定循环
N60	G91 G28 Z0；	返回 *Z* 向参考点
N70	M99；	返回主程序

注：外轮廓的粗、精加工也可采用同一子程序进行，但精加工时需将精加工刀具手动换入主轴并进行 *Z* 向对刀。

【提示】 在工件进行自动加工前，请再次确认刀具长度补偿值输入位置的正确性以及 G54 零点偏移中的 *Z* 值为零。

中心钻定位和钻孔采用 G81 指令编程，编程指令与“O0150”类似，请自行编制其加工子程序。

五、配分权重（见表 4−2）

表 4−2　　数控铣床 / 加工中心中级工综合练习（一）配分权重表

工件编号					总得分		
项目与权重		序号	技术要求	配分	评分标准	检测记录	得分
加工（75%）	轮廓	1	凸台宽（60 ± 0.03）mm	5	超差全扣		
		2	凸台长（70 ± 0.03）mm	5	超差全扣		
		3	孔 $\phi 30^{+0.05}_{0}$ mm	5	超差全扣		
		4	凸台高 $10^{+0.05}_{0}$ mm	4	超差全扣		
		5	对称度 0.05 mm（2 处）	3 × 2	每处超差扣 3 分		
		6	平行度 0.05 mm（2 处）	3 × 2	每处超差扣 3 分		
		7	*Ra*1.6 μm	5	每处超差扣 1 分		
		8	*Ra*3.2 μm	4	每处超差扣 2 分		
		9	*R*8 mm、*R*20 mm、30°	4	每处超差扣 2 分		

续表

项目与权重		序号	技术要求	配分	评分标准	检测记录	得分
加工（75%）	孔	10	孔径 ϕ12H8（3 处）	3×3	每处超差扣 3 分		
		11	孔距（40 ± 0.03）mm（2 处）	3×2	每处超差扣 3 分		
		12	*Ra*1.6 μm（3 处）	2×3	每处超差扣 2 分		
	其他	13	工件按时完成	5	未按时完成全扣		
		14	工件无缺陷	5	每处缺陷扣 1 分		
程序与工艺（15%）		15	程序正确、合理	5	每处错误扣 1 分		
		16	加工工艺合理	5	不合理全扣		
		17	加工路线合理	5	不合理全扣		
机床操作（10%）		18	机床操作规范	6	每处不规范扣 2 分		
		19	工件装夹正确	2	不正确全扣		
		20	刀具选择与安装规范	2	不规范全扣		
安全文明生产（倒扣）		21	符合安全操作要求	倒扣	断刀等安全事故停止操作，其余酌情扣 5 ~ 30 分		
		22	工作场所整理合格				

任务二 数控铣床 / 加工中心中级工综合练习（二）

知识点

◎数控加工工艺文件。

技能点

◎编写数控加工工序卡。

◎编写数控加工刀具调整单。

◎编写数控加工程序。

◎零件加工与测量。

一、任务描述

试在加工中心上完成图 4–10 所示工件（适用于数控铣床 / 加工中心中级工）的编程与加工，并完成该工件数控加工工序卡的编制。毛坯材料为 45 钢，毛坯尺寸为 100 mm × 120 mm × 25 mm（工时定额 4 h）。

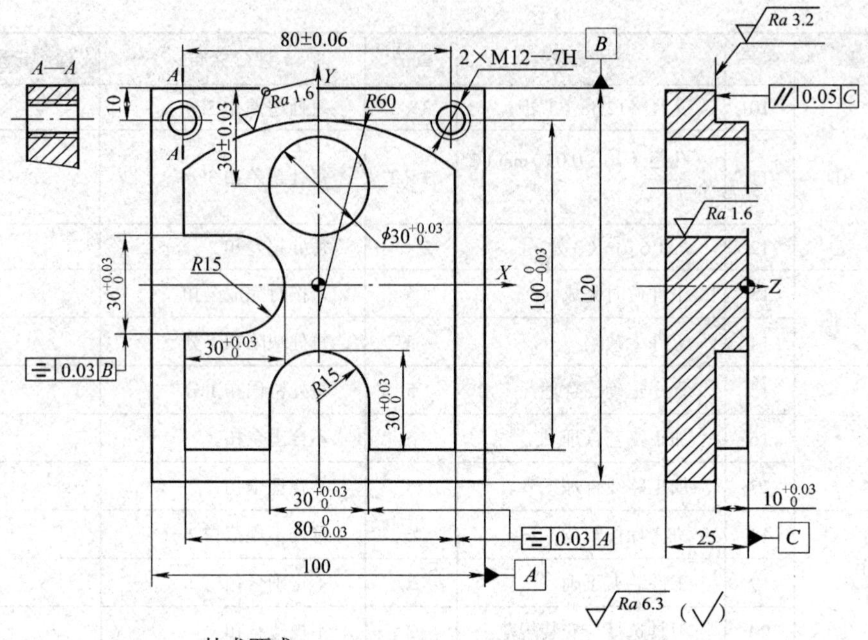

技术要求

工件去毛刺，倒钝锐边，不得用砂布抛光。

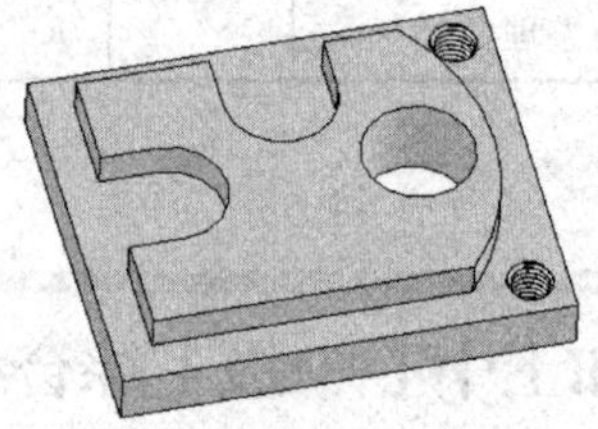

图 4–10　数控铣床 / 加工中心中级工综合练习（二）任务图

二、任务分析

该任务是一个典型的中级工课题，完成该任务的目的是进一步提高编程和加工能力。在编程与加工前合理安排加工工艺，将会达到事半功倍的效果。为此，学生应了解数控加工工艺文件的基础知识，并学会编写数控加工工序卡、数控加工刀具卡等工艺文件。

三、知识链接

1．数控加工工艺文件简介

数控加工工艺文件是数控加工与工艺内容的具体体现。常用的数控加工工艺文件包括数控加工编程任务书、数控加工工序卡、数控加工刀具调整单、数控机床调整单、数控加工进给路线图、数控加工程序单等。

以上工艺文件中，数控加工工序卡和数控加工刀具调整单中的数控加工刀具明细表最为重要，前者是说明加工顺序和加工要素的文件，后者是刀具使用的依据。

目前数控加工工艺文件尚无统一的国家标准，各企业可参照相关资料并根据企业特点自行制定有关工艺文件。但为了加强技术文件管理，数控加工工艺文件也应向标准化、规范化方向发展。

2．数控加工工艺文件的编制

（1）数控加工编程任务书

数控加工编程任务书是编程人员和工艺人员协调工作和编制程序的重要依据，主要包括工艺说明、技术要求、编程前加工余量等内容，详见表4–3。

表4–3　　数控加工编程任务书

××××学院 数控实习工厂		数控加工编程任务书		产品代号		零件名称	零件图号
				ST		灯罩模	ST2
主要工艺说明及技术要求 数控铣削精加工六角形花纹……							
设备		工艺人员		编程人员		收到日期	
编制		审核		批准		共　页　第　页	

（2）数控加工工序卡

数控加工工序卡主要包括使用的刀具规格、切削用量参数、加工工步等内容，它是操作人员配合加工程序进行数控加工的主要指导性工艺文件。数控加工工序卡应按已确定的工步顺序填写。数控加工工序卡格式见表4–4。

表4–4　　数控加工工序卡

××××学院 数控实习工厂		数控加工工序卡		产品代号		零件名称	零件图号
				ST		灯罩模	ST2
工艺序号	程序编号	夹具名称		夹具编号		使用设备	车间
10	ST15	机用虎钳					
工步号	**工步内容（加工面）**	**刀具号**	**刀具规格**	**主轴转速/（r/min）**	**进给速度/（mm/min）**	**铣削深度（背吃刀量）/mm**	
1	加工凸台轮廓	T01	ϕ16 mm立铣刀	500	150	10	
2	去除余量	T02	ϕ25 mm立铣刀	350	100	10	
3	中心钻进行孔定位	T03	B2.5中心钻	2 000	50	1.25	
…	…	…	…	…	…	…	
编制		审核		批准		共　页　第　页	

若在数控机床上只完成零件的一个工步，也可不填写数控加工工序卡。在工序内容不十分复杂时，可把零件草图画在数控加工工序卡上，并注明对刀点和编程原点。

（3）数控加工刀具调整单

数控加工刀具调整单主要包括数控加工刀具卡（简称刀具卡）和数控加工刀具明细表

（简称刀具表）两部分。

加工中心数控加工刀具卡详细记录了每一把刀具的编号、结构、刀片型号和材料等，它是组装刀具和调整刀具的依据。

数控加工刀具明细表是调刀人员调整刀具的主要依据。数控加工刀具明细表格式见表 4–5。

表 4–5　　数控加工刀具明细表

<table>
<tr><td>零件图号</td><td colspan="2">零件名称</td><td>材 料</td><td colspan="4" rowspan="2">数控加工刀具明细表</td><td>程序编号</td><td>车间</td><td>使用设备</td></tr>
<tr><td>ST2</td><td colspan="2">灯罩模</td><td>45 钢</td><td></td><td></td><td></td></tr>
<tr><td rowspan="3">刀号</td><td rowspan="3">刀位号</td><td rowspan="3">刀具名称</td><td rowspan="3">刀具图号</td><td colspan="3">刀具</td><td colspan="2" rowspan="2">刀补地址</td><td rowspan="2">换刀方式</td><td rowspan="3">加工部位</td></tr>
<tr><td colspan="2">直径 /mm</td><td>长度 /mm</td></tr>
<tr><td>设定</td><td>补偿</td><td>设定</td><td>直径</td><td>长度</td><td>自动 / 手动</td></tr>
<tr><td>T13005</td><td>T05</td><td>立铣刀</td><td>05</td><td>ϕ25</td><td>ϕ24.6</td><td>100</td><td>D05</td><td>H05</td><td>自动</td><td></td></tr>
<tr><td>T13007</td><td>T07</td><td>粗镗刀</td><td>07</td><td>ϕ49.8</td><td></td><td>237</td><td></td><td>H07</td><td>自动</td><td></td></tr>
<tr><td>…</td><td>…</td><td>…</td><td>…</td><td>…</td><td>…</td><td>…</td><td>…</td><td>…</td><td>…</td><td></td></tr>
<tr><td>编制</td><td></td><td>审核</td><td></td><td>批准</td><td colspan="2"></td><td colspan="2">年 月 日</td><td>共 页</td><td>第 页</td></tr>
</table>

（4）数控机床调整单

数控机床调整单是机床操作人员在加工前调整机床的依据。它主要包括机床操作面板开关调整单、数控加工工件装夹及零点设定卡片两部分。

机床操作面板开关调整单主要记录机床操作面板上有关“开 / 关”的位置，如进给速度倍率旋钮位置及冷却方式等内容。

数控加工工件装夹及零点（编程坐标系原点）设定卡片（简称工件装夹及零点设定卡）指定了数控加工工件定位方法和夹紧方法，标明了零点设定的位置和坐标方向、使用夹具的名称和编号等。数控加工工件装夹及零点设定卡片格式见表 4–6。

表 4–6　　数控加工工件装夹及零点设定卡片

<table>
<tr><td>零件图号</td><td>JS0102–4</td><td colspan="4" rowspan="2">数控加工工件装夹及零点设定卡片</td><td colspan="2">工序号</td><td></td></tr>
<tr><td>零件名称</td><td>行星架</td><td colspan="2">装夹次数</td><td></td></tr>
<tr><td colspan="4" rowspan="3">（零点设定简图）</td><td>3</td><td colspan="2">梯形槽螺栓</td><td colspan="2"></td></tr>
<tr><td>2</td><td colspan="2">压 板</td><td colspan="2"></td></tr>
<tr><td>1</td><td colspan="2">镗铣夹具板</td><td colspan="2"></td></tr>
<tr><td>编制</td><td>审核</td><td>批准</td><td>第 页</td><td></td><td colspan="2"></td><td colspan="2"></td></tr>
<tr><td></td><td></td><td></td><td>共 页</td><td>序号</td><td colspan="2">夹具名称</td><td colspan="2">夹具图号</td></tr>
</table>

（5）数控加工程序单

数控加工程序单是编程人员根据工艺分析情况，经过数值计算，按照机床特定的指令代码编制的。它是记录数控加工工艺过程、工艺参数、位移数据的清单，是手工输入数据和制备控制介质、实现数控加工的主要依据。

四、任务实施

1．编写数控加工工艺文件

（1）数控加工工序卡

本任务采用工序集中的原则，划分的加工工序为：工序一为采用加工中心粗、精加工轮廓表面及孔，工序二为钳加工去毛刺，倒钝锐边。工序一的数控加工工序卡见表 4–7。

表 4–7　数控铣床 / 加工中心中级工综合练习（二）数控加工工序卡

<table>
<tr><td colspan="2" rowspan="2">××××学院
数控实习工厂</td><td colspan="2" rowspan="2">数控加工工序卡</td><td colspan="2">产品代号</td><td colspan="2">零件名称</td><td>零件图号</td></tr>
<tr><td colspan="2">ZHLX2</td><td colspan="2">综合练习（二）</td><td>SX18</td></tr>
<tr><td>工艺序号</td><td>程序编号</td><td colspan="2">夹具名称</td><td colspan="2">夹具编号</td><td colspan="2">使用设备</td><td>车间</td></tr>
<tr><td>1</td><td>SX180</td><td colspan="2">机用虎钳</td><td colspan="2"></td><td colspan="2">TH7650</td><td>NC1</td></tr>
<tr><th>工步号</th><th colspan="2">工步内容（加工面）</th><th>刀具号</th><th>刀具规格</th><th>主轴转速 /（r/min）</th><th>进给速度 /（mm/min）</th><th colspan="2">铣削深度（背吃刀量）/mm</th></tr>
<tr><td>1</td><td colspan="2">粗铣外轮廓</td><td>T01</td><td>ϕ25 mm 立铣刀</td><td>400</td><td>150</td><td colspan="2">10</td></tr>
<tr><td>2</td><td colspan="2">中心钻定位</td><td>T02</td><td>B2.5 中心钻</td><td>2 000</td><td>50</td><td colspan="2">1.25</td></tr>
<tr><td>3</td><td colspan="2">钻孔</td><td>T03</td><td>ϕ10.3 mm 钻头</td><td>800</td><td>120</td><td colspan="2">5.15</td></tr>
<tr><td>4</td><td colspan="2">扩孔</td><td>T04</td><td>ϕ28 mm 钻头</td><td>300</td><td>80</td><td colspan="2">8.8</td></tr>
<tr><td>5</td><td colspan="2">精铣外轮廓</td><td>T05</td><td>ϕ16 mm 立铣刀</td><td>1 500</td><td>100</td><td colspan="2">0.3</td></tr>
<tr><td>6</td><td colspan="2">攻螺纹</td><td>T06</td><td>M12 丝锥</td><td>200</td><td>1.75 mm/r</td><td colspan="2">0.875</td></tr>
<tr><td>7</td><td colspan="2">粗镗孔</td><td>T07</td><td>粗镗刀</td><td>300</td><td>80</td><td colspan="2">0.7</td></tr>
<tr><td>8</td><td colspan="2">精镗孔</td><td>T08</td><td>精镗刀</td><td>1 000</td><td>50</td><td colspan="2">0.3</td></tr>
<tr><td>编制</td><td></td><td>审核</td><td></td><td>批准</td><td></td><td colspan="3">共　页　第　页</td></tr>
</table>

【提示】 编写数控加工工序卡时，首先确定该工序的工步内容，再根据每个工步内容选择刀具，最后根据所选择的刀具、刀具材料以及工件材料等来确定切削用量。

（2）数控加工刀具明细表

请根据该零件加工用刀具，自行列出本任务的数控加工刀具明细表。

2．编写加工程序

选择工件上表面对称中心作为编程原点。本任务在 *XY* 平面内的基点计算较为简单，请自行计算。

该零件采用加工中心自动换刀的方式进行编程，其参考加工程序见表 4–8。

表 4–8　　数控铣床 / 加工中心中级工综合练习（二）参考加工程序

程序段号	加工程序	程序说明
	O0010；	主程序
N10	G90 G94 G80 G21 G17 G54 F100；	程序开始
N20	G91 G28 Z0；	
N30	G90 G00 X–70.0 Y–80.0；	
N40	M06 T01；	换刀并选择不同的主轴转速
N50	S400 M03 M08；	
N60	M98 P110；	
N70	M06 T02；	
…	…	
N260	M06 T08；	
N270	S1000 M03 M08；	
N280	M98 P180；	
N290	M30；	程序结束
	O0110；	轮廓加工子程序
N10	G90 G43 G00 Z30.0 H01；	刀具长度补偿
N20	G01 Z–10.0；	刀具切削进给到轮廓底平面
N30	G41 G01 X–40.0 Y–80.0 D01；	加工外轮廓
N40	Y–15.0；	
N50	X–25.0；	
…	…	
N170	G01 X–70.0 Y–50.0；	
N180	G40 G01 Y–80.0 M09；	
N190	G49 G91 G28 Z0；	取消刀具长度补偿，返回 Z 向参考点
N200	M99；	返回主程序
	O0160；	攻螺纹子程序
N10	G90 G43 G00 Z30.0 H01；	刀具长度补偿
N20	G84 X–40.0 Y50.0 Z–30.0 R–5.0 F100；	注意攻螺纹的导入量与导出量
N30	X40.0；	螺纹加工
N40	G80 G49 M09；	取消刀具长度补偿，取消固定循环
N50	G91 G28 Z0；	Z 向回参考点
N60	M99；	返回主程序
	O0180；	精镗孔子程序
N10	G90 G43 G00 Z30.0 H01；	刀具长度补偿
N20	G76 X0 Y30.0 Z–30.0 R5.0 Q1000 P1000 F100；	精镗孔指令
N30	G80 G49 M09；	取消固定循环，取消刀具长度补偿，切削液关
N40	G91 G28 Z0；	Z 向回参考点
N50	M99；	返回主程序

【提示】为了便于手动调整镗刀刀尖处的回转直径，建议将本任务的镗孔程序编写成单独的主程序。

五、配分权重（见表 4–9）

表 4–9　　数控铣床 / 加工中心中级工综合练习（二）配分权重表

工件编号					总得分		
项目与权重		序号	技术要求	配分	评分标准	检测记录	得分
加工（70%）	轮廓	1	凸台宽度 $80_{-0.03}^{0}$ mm	3	超差全扣		
加工（70%）	轮廓	2	凸台长度 $100_{-0.03}^{0}$ mm	3	超差全扣		
加工（70%）	轮廓	3	槽 $30_{0}^{+0.03}$ mm（4 处）	3×4	每处超差扣 3 分		
加工（70%）	轮廓	4	凸台高 $10_{0}^{+0.03}$ mm	3	超差全扣		
加工（70%）	轮廓	5	对称度 0.03 mm（3 处）	2×3	每处超差扣 2 分		
加工（70%）	轮廓	6	平行度 0.05 mm	6	超差全扣		
加工（70%）	轮廓	7	Ra1.6 μm	5	每处超差扣 1 分		
加工（70%）	轮廓	8	Ra3.2 μm	4	每处超差扣 2 分		
加工（70%）	轮廓	9	R15 mm、R60 mm	3	每处超差扣 1.5 分		
加工（70%）	孔与螺纹	10	孔径 $\phi30_{0}^{+0.03}$ mm	3	超差全扣		
加工（70%）	孔与螺纹	11	孔距（30±0.03）mm	3	超差全扣		
加工（70%）	孔与螺纹	12	Ra1.6 μm	2	超差全扣		
加工（70%）	孔与螺纹	13	M12—7H（2 处）	3×2	每处超差扣 3 分		
加工（70%）	孔与螺纹	14	孔距（80±0.06）mm	3	超差全扣		
加工（70%）	孔与螺纹	15	Ra6.3 μm	2	每处超差扣 1 分		
加工（70%）	其他	16	工件按时完成	3	未按时完成全扣		
加工（70%）	其他	17	工件无缺陷	3	每处缺陷扣 1 分		
程序与工艺（20%）		18	程序正确、合理	10	每处错误扣 2 分		
程序与工艺（20%）		19	数控加工工序卡正确	10	每处错误扣 2 分		
机床操作（10%）		20	机床操作规范	5	每处不规范扣 1 分		
机床操作（10%）		21	工件、刀具装夹正确	5	每处错误扣 1 分		
安全文明生产（倒扣）		22	符合安全操作要求	倒扣	断刀等安全事故停止操作，其余酌情扣 5 ~ 30 分		
安全文明生产（倒扣）		23	工作场所整理合格	倒扣	断刀等安全事故停止操作，其余酌情扣 5 ~ 30 分		

任务三 数控铣床 / 加工中心中级工综合练习（三）

技能点

中级工零件的独立编程与加工操作。

一、任务描述

试在加工中心上完成图 4–11 所示工件的编程与加工，毛坯材料为 45 钢，毛坯尺寸为 120 mm × 100 mm × 30 mm。

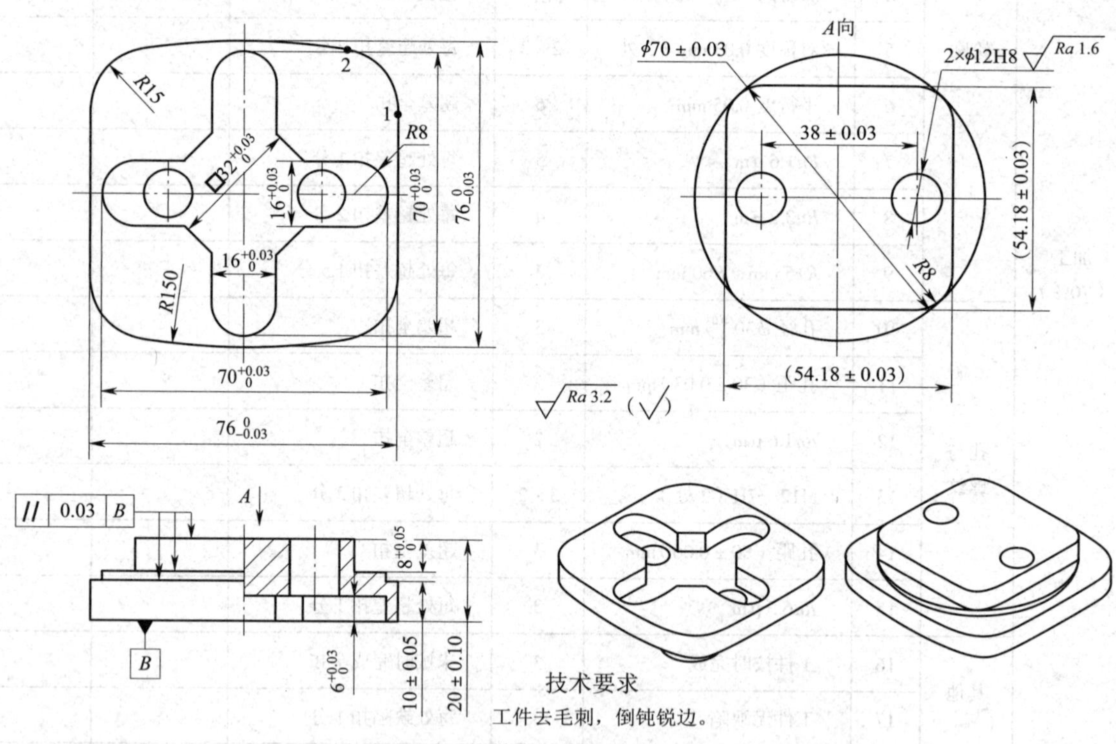

图 4–11 数控铣床 / 加工中心中级工综合练习（三）任务图

二、任务分析

通过本任务的练习，提高学生分析、解决问题的能力和独立进行编程与操作的能力。

三、任务实施

1．加工准备

本任务选择 TK7650 型 FANUC 0i 系统数控铣床或加工中心进行加工，编程方式采用手工编程，换刀方式采用手动换刀。

2．计算工件局部基点坐标

本任务工件选择 CAD 绘图分析法进行基点坐标分析，得出的局部基点坐标如图 4–12 所示。

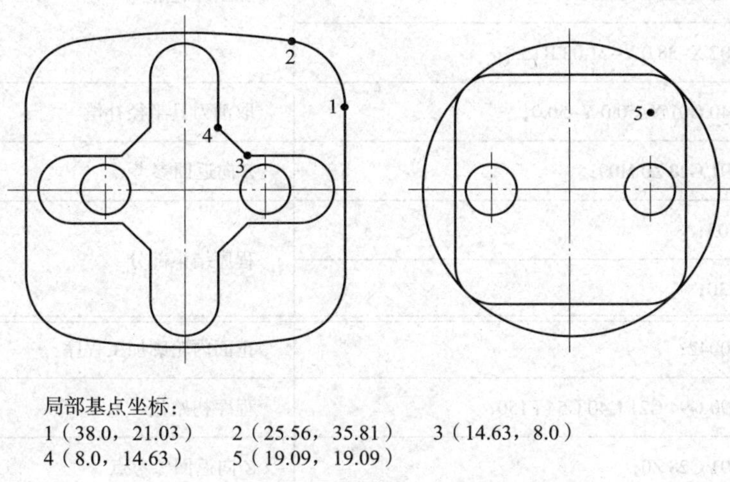

图 4–12 局部基点坐标

3．编写加工程序

编写参考加工程序（见表 4–10），并进行本任务的加工。

表 4–10 数控铣床 / 加工中心中级工综合练习（三）参考加工程序

程序段号	加工程序	程序说明
	O0041；	正面外轮廓加工程序
N10	G90 G94 G21 G40 G54 F150；	程序初始化
N20	G91 G28 Z0；	Z 向返回参考点
N30	M03 S600；	主轴正转，转速 600 r/min
N40	G90 G00 X–50.0 Y–50.0 M08；	定位至起刀点
N50	Z20.0；	
N60	G01 Z–10.5；	
N70	G41 G01 X–38.0 Y–50.0 D01；	建立刀补
N80	G01 Y21.03；	加工外轮廓
N90	G02 X–25.56 Y35.81 R15.0；	
N100	G02 X25.56 R150.0；	
N110	G02 X38.0 Y21.03 R15.0；	
N120	G01 Y–21.03；	

续表

程序段号	加工程序	程序说明
N130	G02 X25.56 Y-35.81 R15.0;	加工外轮廓
N140	G02 X-25.56 R150.0;	
N150	G02 X-38.0 Y-21.03 R15.0;	
N160	G40 G01 X-50.0 Y-50.0;	取消刀具半径补偿
N170	G91 G28 Z0 M09;	*Z* 向返回参考点
N180	M05;	程序结束部分
N190	M30;	
	O0042;	正面内轮廓加工程序
N10	G90 G94 G21 G40 G54 F150;	程序初始化
N20	G91 G28 Z0;	*Z* 向返回参考点
N30	M03 S800;	主轴正转，转速 800 r/min
N40	G90 G00 X-50.0 Y-50.0 M08;	加工内轮廓
N50	Z20.0;	
N60	G01 Z0;	
N70	G41 G01 X16.0 Y0 D01;	
N80	G03 X16.0 Y0 Z-6.0 I-16.0;	
N90	G40 X0 Y0;	
N100	G41 G01 Y-8.0 D01;	
N110	G01 X27.0;	
N120	G03 Y8.0 R8.0;	
N130	G01 X14.63;	
N140	X8.0 Y14.63;	
N150	Y27.0;	
N160	G03 X-8.0 R8.0;	
N170	G01 Y14.63;	
N180	X-14.63 Y8.0;	

续表

程序段号	加工程序	程序说明
N190	X-27.0;	加工内轮廓
N200	G03 Y-8.0 R8.0;	
N210	G01 X-14.63;	
N220	X-8.0 Y-14.63;	
N230	Y-27.0;	
N240	G03 X8.0 R8.0;	
N250	G01 Y-14.63;	
N260	X14.63 Y-8.0;	
N270	G40 G01 X0 Y0;	取消刀具半径补偿
N280	G91 G28 Z0 M09;	*Z* 向返回参考点
N290	M05;	程序结束部分
N300	M02;	

四、配分权重（见表 4-11）

表 4-11　　数控铣床 / 加工中心中级工综合练习（三）配分权重表

工件编号					总得分		
项目与权重		序号	技术要求	配分	评分标准	检测记录	得分
加工（80%）	正面轮廓	1	$76^{0}_{-0.03}$ mm（2 处）	3 × 2	每处超差扣 3 分		
		2	$70^{+0.03}_{0}$ mm（2 处）	3 × 2	每处超差扣 3 分		
		3	$16^{+0.03}_{0}$ mm	3	超差全扣		
		4	$32^{+0.03}_{0}$ mm	3	超差全扣		
		5	（10 ± 0.05）mm	3	超差全扣		
		6	$8^{+0.05}_{0}$ mm	3	超差全扣		
		7	平行度 0.03 mm（3 处）	2 × 3	每处超差扣 2 分		
		8	（20 ± 0.10）mm	3	超差全扣		

续表

项目与权重		序号	技术要求	配分	评分标准	检测记录	得分
加工（80%）	正面轮廓	9	*R*15 mm、*R*150 mm 等	2	每处超差扣 1 分		
		10	*Ra*3.2 μm	4	每处超差扣 2 分		
		11	工件轮廓形状完整	3	每处不完整扣 1 分		
	反面轮廓	12	（ϕ70 ± 0.03）mm	3	超差全扣		
		13	（54.18 ± 0.03）mm（2 处）	3 × 2	每处超差扣 3 分		
		14	*Ra*3.2 μm	2	每处超差扣 1 分		
		15	工件轮廓形状完整	3	每处不完整扣 1 分		
	孔	16	ϕ12 H8	3	超差全扣		
		17	（38 ± 0.03）mm	3	超差全扣		
		18	*Ra*1.6 μm	4	每处超差扣 2 分		
		19	工件轮廓形状完整	4	每处不完整扣 2 分		
	其他	20	工件按时完成	4	未按时完成全扣		
		21	工件无过切等缺陷	4	每处缺陷扣 2 分		
		22	工件去毛刺，倒钝锐边	2	酌情扣 0 ~ 2 分		
程序与工艺（20%）		23	程序正确、合理	10	每处不合理扣 1 分		
		24	加工工艺正确	10	每处错误扣 2 分		
机床操作（倒扣）		25	机床操作规范	倒扣	每处不规范扣 2 分		
		26	工件装夹正确	倒扣	每处不规范扣 2 分		
安全文明生产（倒扣）		27	符合安全操作要求	倒扣	安全事故停止操作或酌情扣 5 ~ 30 分		
		28	工作场所整理合格	倒扣			

思考与练习

1. 加工中心的自动换刀操作包括哪些内容？
2. 什么是刀具长度补偿？在什么情况下使用刀具长度补偿功能？
3. 划分零件加工阶段的目的是什么？零件的加工过程可划分为哪几个加工阶段？
4. 什么是加工顺序？安排加工顺序的原则有哪些？

5．什么是工步？如何划分工步？

6．目前工厂中常用的数控加工工艺文件有哪些？

7．试编写如图 4–13 所示零件（材料为 45 钢）的加工程序，并在数控铣床上进行加工。

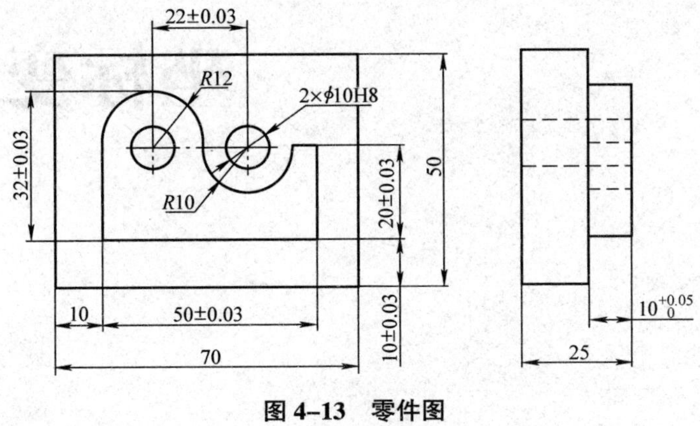

图 4–13 零件图

模块五

坐标变换编程

任务一　极坐标编程

知识点

◎极坐标编程的指令格式。

◎极坐标编程的方法及应用。

技能点

◎采用极坐标指令编写加工程序。

一、任务描述

试编写如图 5-1 所示模具型芯件的加工程序，并在数控铣床上进行加工。毛坯材料为 45 钢，毛坯尺寸为 ϕ90 mm × 20 mm。

二、任务分析

加工本任务工件时，如采用直角坐标进行编程，则计算复杂且容易出错，而采用极坐标进行编程则其基点计算要方便得多。

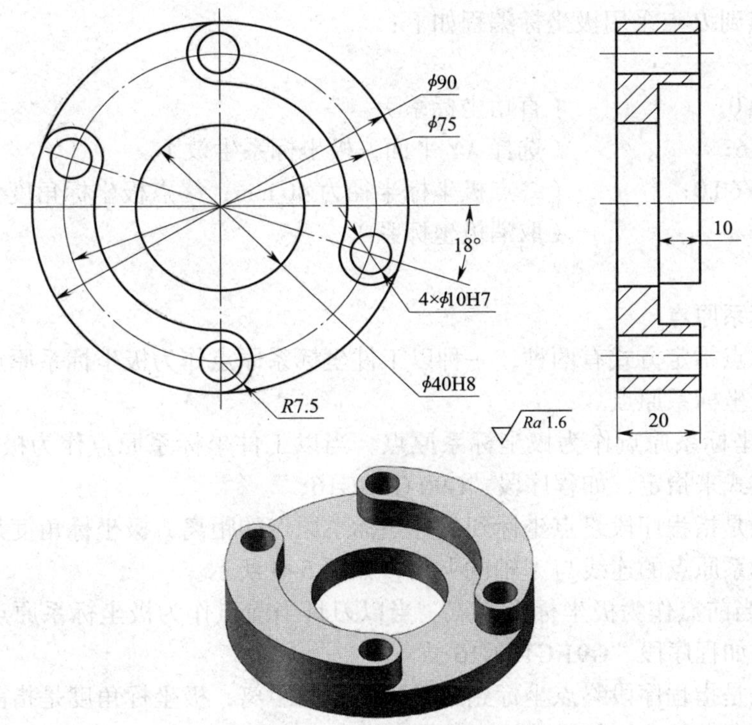

图 5–1 模具型芯件

三、知识链接

1. 极坐标编程

（1）极坐标指令

G16 为极坐标系生效指令。

G15 为极坐标系取消指令。

（2）指令说明

当使用极坐标指令后，坐标值以极坐标方式指定，即以极坐标半径和极坐标角度来确定点的位置。

1）极坐标半径。当使用 G17、G18、G19 指令选择好加工平面后，用所选平面的第一坐标地址来指定极坐标半径，该值用正值表示。

2）极坐标角度。用所选平面的第二坐标地址来指定极坐标角度，极坐标的零度方向为第一坐标轴的正方向，逆时针方向为角度方向的正向。

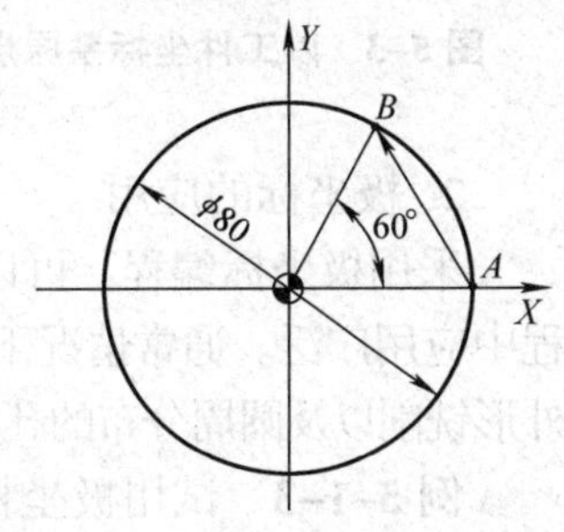

图 5–2 点的极坐标表示方法

例 5–1–1 如图 5–2 所示，*A* 点与 *B* 点的坐标采用极坐标方式可描述如下：

A 点 *X*40.0 *Y*0; （极坐标半径为 40 mm，极坐标角度为 0°）

B 点 *X*40.0 *Y*60.0;（极坐标半径为 40 mm，极坐标角度为 60°）

刀具从 A 点到 B 点采用极坐标编程如下：

…

G00 X40.0 Y0;　　　　　（直角坐标系）

G90 G17 G16;　　　　　（选择 XY 平面，极坐标系生效）

G01 X40.0 Y60.0;　　　（终点极坐标半径为 40 mm，终点极坐标角度为 60°）

G15;　　　　　　　　　（取消极坐标系）

…

（3）极坐标系原点

极坐标系原点指定方式有两种，一种以工件坐标系原点作为极坐标系原点，另一种以刀具当前点作为极坐标系原点。

1）以工件坐标系原点作为极坐标系原点。当以工件坐标系原点作为极坐标系原点时，用绝对值编程方式来指定，如程序段“G90 G17 G16；”。

极坐标半径是指程序段终点坐标到工件坐标系原点的距离，极坐标角度是指程序段终点坐标与工件坐标系原点的连线与 X 轴的夹角，如图 5–3 所示。

2）以刀具当前点作为极坐标系原点。当以刀具当前点作为极坐标系原点时，用增量编程方式来指定，如程序段“G91 G17 G16；”。

极坐标半径是指程序段终点坐标到刀具当前点的距离，极坐标角度是指前一坐标系原点与当前极坐标系原点的连线与当前轨迹的夹角。

例 5–1–2　如图 5–4 所示，当刀具刀位点位于 A 点，并以刀具当前点作为极坐标系原点时，极坐标系之前的坐标系为工件坐标系，原点为 O 点。这时，极坐标半径为当前工件坐标系原点到轨迹终点的距离（图中线段 AB 的长度），极坐标角度为前一坐标系原点与当前极坐标系原点的连线与当前轨迹的夹角（图中线段 OA 与线段 AB 的夹角）。图中 BC 段编程时，B 点为当前极坐标系原点，角度与半径的确定与 AB 段类似。

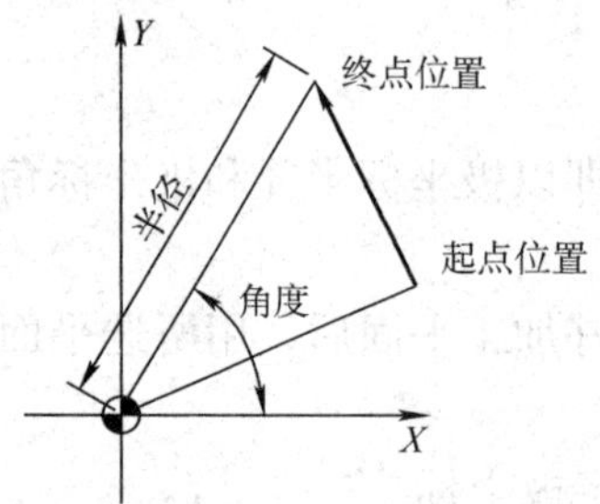

图 5–3　以工件坐标系原点作为极坐标系原点

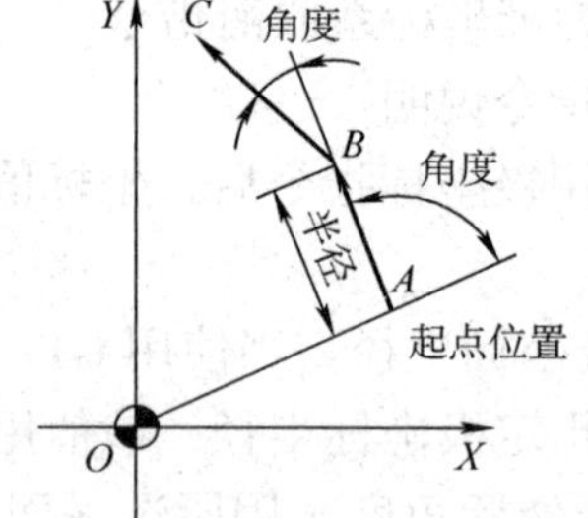

图 5–4　以刀具当前点作为极坐标系原点

2. 极坐标的应用

采用极坐标编程，可以大大减少编程时的计算工作量，因此，在数控铣床/加工中心的编程中应用广泛。通常情况下，图样尺寸以半径与角度形式标注的零件（如图 5–5 所示正多边形）外形铣削以及圆周分布的孔类零件（如图 5–6 所示法兰类零件）钻孔，采用极坐标编程较为合适。

例 5–1–3　试用极坐标编程方式编写如图 5–5 所示正六边形外形铣削的程序，Z 向铣削深度为 5 mm。

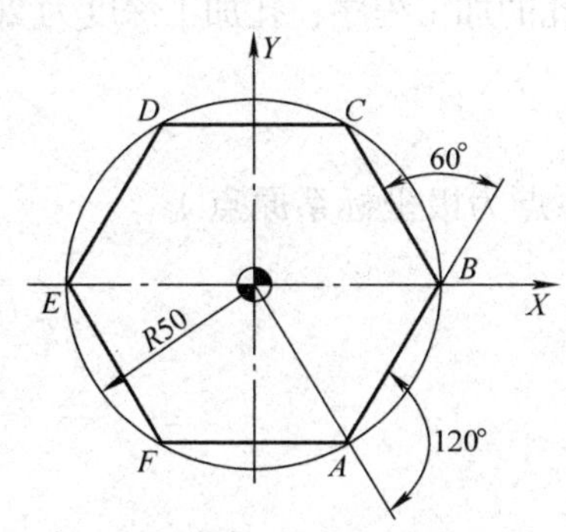

图 5–5 用极坐标编程加工正多边形外形

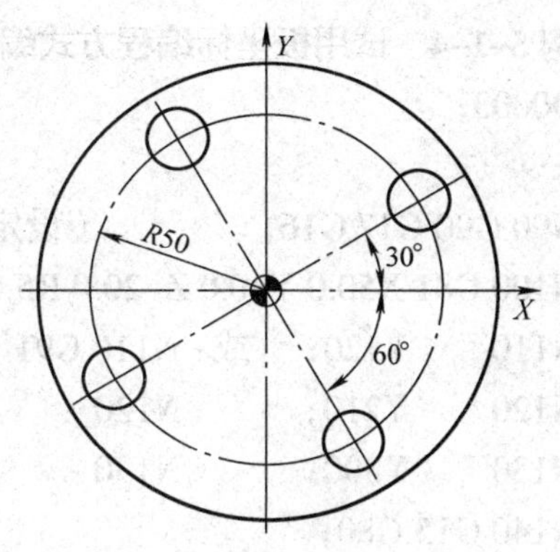

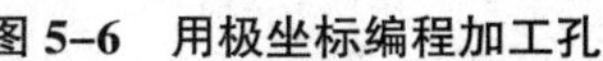
图 5–6 用极坐标编程加工孔

```
O0001;
N10 G90 G94 G15 G17 G40 G80 G54;
N20 G91 G28 Z0;
N30 G90 G00 X40.0 Y–60.0;
N40 G43 Z30.0 H01;
N50 S500 M03;
N60 G01 Z–5.0 F100;
N70 G41 G01 Y–43.30 D01;          （刀具切入点位于轮廓的延长线上）
N80 G90 G17 G16;                  （设定工件坐标系原点为极坐标系原点）
N90 G41 G01 X50.0 Y240.0 D01;     （极坐标半径为 50.0 mm，极坐标角度为 240°）
N100        Y180.0;               （模态指令，极坐标角度为 180°）
N110        Y120.0;
N120        Y60.0;
N130        Y0;
N140        Y–60.0;
N150 G15;                         （取消极坐标编程）
N160 G90 G40 G01 X40.0 Y–60.0;
N170 G49 G91 G28 Z0;
N180 M30;
```

在例 5–1–3 编程过程中，轮廓的角度也可采用增量编程方式编程，如将上例从 N100 程序段开始换成以下程序段也是可行的。但应注意，此时的增量编程仅为角度增量，而不是指以刀具当前点作为极坐标系原点进行编程。

```
…
N100 G91  Y–60.0;
N110      Y–60.0;
N120      Y–60.0;
N130      Y–60.0;
N140      Y–60.0;
…
```

例 5–1–4 试用极坐标编程方式编写图 5–6 所示孔的加工程序，孔加工深度为 20 mm。

```
O0003；
…
N90 G90 G17 G16；            （设定工件坐标系原点为极坐标系原点）
N100 G81 X50.0 Y30.0 Z–20.0 R5.0 F100.0；
N110     Y120；   或：N110 G91 Y90.0；
N120     Y210；       N120     Y90.0；
N130     Y300；       N130     Y90.0；
N140 G15 G80；
…
```

四、任务实施

1．加工准备

本任务选用的机床为 TH7650 型 FANUC 0i 系统加工中心。

选择 ϕ16 mm 高速钢立铣刀作为本任务工件的轮廓加工刀具，此时，铣削用量推荐值如下：主轴转速 n=500 ~ 600 r/min；进给速度 v_f=100 ~ 200 mm/min；铣削深度等于外轮廓高度，取 10 mm。

2．编制加工程序

编写参考加工程序（见表 5–1），并进行本任务的加工。

表 5–1　模具型芯件参考加工程序

程序段号	加工程序	程序说明
	O0062；	主程序
N10	G90 G94 G21 G40 G17 G54 G15；	程序初始化
N20	G91 G28 Z0；	主轴返回 Z 向参考点
N30	M03 S600 M08；	主轴正转，切削液开
N40	G90 G00 X0 Y–60.0；	刀具在 XY 平面中快速定位
N50	Z20.0；	刀具 Z 向快速定位
N60	G01 Z–10.0 F100；	Z 向进刀
N70	G17 G16；	采用极坐标编程
N80	G41 G01 X45.0 Y280.0 D01；	加工左侧圆弧凸台
N90	G02 Y162.0 R45.0；	
N100	G02 X30.0 R7.5；	
N110	G03 Y270.0 R30.0；	
N120	G02 X45.0 R7.5；	
N130	G40 G01 X60.0 Y306.0；	

续表

程序段号	加工程序	程序说明
N140	G41 G01 X30.0 Y306.0;	加工右侧圆弧凸台
N150	G03 Y90.0 R30.0;	
N160	G02 X45.0 R7.5;	
N170	G02 Y342.0 R45.0;	
N180	G02 X30.0 R7.5;	
N190	G40 G01 X0;	取消刀具半径补偿
N200	G15;	取消极坐标编程
N210	G91 G28 Z0;	程序结束部分
N220	M05;	
N230	M30;	
	O0062;	钻孔加工程序
N10	G90 G94 G21 G40 G17 G54 G15;	程序开始部分
N20	G91 G28 Z0;	
N30	M03 S800 M08;	刀具定位
N40	G90 G00 X0 Y0;	
N50	Z30.0;	
N60	G17 G16;	极坐标编程加工孔
N70	G81 X37.5 Y342.0 Z-25.0 R5.0 F100;	
N80	Y90.0;	
N90	Y162.0;	
N100	Y270.0;	
N110	G15 G80;	
N120	G91 G28 Z0;	程序结束部分
N130	M05;	
N140	M30;	

五、配分权重（见表 5–2）

表 5–2 模具型芯件铣削配分权重表

<table>
<tr><td>工件编号</td><td colspan="4"></td><td>总得分</td><td colspan="2"></td></tr>
<tr><th>项目与权重</th><th>序号</th><th>技术要求</th><th>配分</th><th>评分标准</th><th>检测记录</th><th>得分</th></tr>
<tr><td rowspan="7">加工
（70%）</td><td>1</td><td>ϕ90 mm</td><td>5</td><td>超差全扣</td><td></td><td></td></tr>
<tr><td>2</td><td>10 mm</td><td>10</td><td>超差全扣</td><td></td><td></td></tr>
<tr><td>3</td><td>ϕ75 mm</td><td>5</td><td>超差全扣</td><td></td><td></td></tr>
<tr><td>4</td><td>ϕ10H7（4 处）</td><td>5×4</td><td>每处超差扣 5 分</td><td></td><td></td></tr>
<tr><td>5</td><td>ϕ40H8</td><td>10</td><td>超差全扣</td><td></td><td></td></tr>
<tr><td>6</td><td>外圆表面无接痕</td><td>10</td><td>每处接痕扣 5 分</td><td></td><td></td></tr>
<tr><td>7</td><td>Ra1.6 μm</td><td>10</td><td>每处超差扣 5 分</td><td></td><td></td></tr>
<tr><td rowspan="2">程序与工艺
（20%）</td><td>8</td><td>极坐标编程规范</td><td>10</td><td>每处不规范扣 5 分</td><td></td><td></td></tr>
<tr><td>9</td><td>加工路线合理</td><td>10</td><td>每处不合理扣 5 分</td><td></td><td></td></tr>
<tr><td rowspan="2">机床操作
（10%）</td><td>10</td><td>机床操作规范</td><td>5</td><td>不规范全扣</td><td></td><td></td></tr>
<tr><td>11</td><td>刀具选择及对刀正确</td><td>5</td><td>不正确全扣</td><td></td><td></td></tr>
<tr><td rowspan="2">安全文明生产
（倒扣）</td><td>12</td><td>符合安全操作要求</td><td rowspan="2">倒扣</td><td rowspan="2">断刀等安全事故停止操作，其余酌情扣 5 ~ 20 分</td><td></td><td></td></tr>
<tr><td>13</td><td>工作场所整理合格</td><td></td><td></td></tr>
</table>

任务二 坐标镜像编程

知识点

◎可编程镜像指令的指令格式及其编程方法。

◎坐标镜像编程的注意事项。

技能点

◎采用可编程镜像指令编写加工程序。

一、任务描述

试编写如图 5–7 所示模具型腔件的加工程序，并在数控铣床上进行加工。毛坯材料为 45 钢，毛坯尺寸为 130 mm×90 mm×8 mm，两个孔已加工完成。

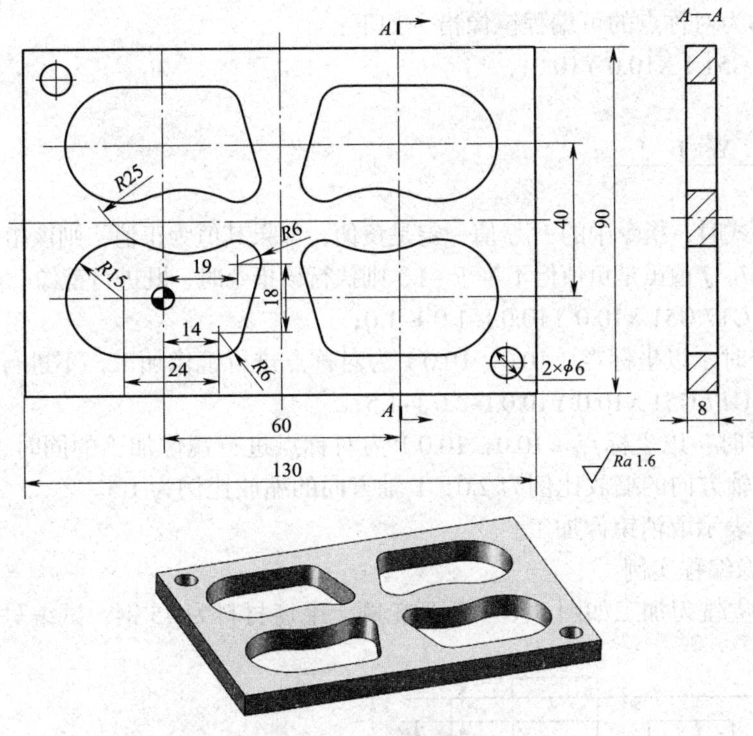

图 5–7 模具型腔件

二、任务分析

本任务工件的四个内轮廓是沿中心线对称分布的。对于这种类型的工件，在数控加工过程中，如采用坐标镜像编程，则程序简单明了。

三、知识链接

1．可编程镜像指令

使用可编程镜像指令可实现沿某一坐标轴或某一坐标点的对称加工。在一些老的数控系统中通常采用 M 指令来实现镜像加工，在 FANUC 0i 及更新版本的数控系统中则采用 G51 或 G51.1 来实现镜像加工。

指令格式如下：

（1）格式一

G17 G51.1 X__Y__ ;

G50.1;

X__Y__用于指定对称轴或对称点。当 G51.1 指令后仅有一个坐标字时，该镜像加工以某一坐标轴为镜像轴。

G50.1 表示取消镜像加工。

例 5–2–1 G51.1 X10.0;

该程序段表示沿某一轴线进行镜像加工，该轴线与 Y 轴平行且与 X 轴在 X=10.0 处相交。

当 G51.1 指令中同时有 X 和 Y 坐标字时，表示以某一点作为对称点进行镜像加工。以点（10，10）作为对称点的可编程镜像指令如下：

例 5–2–2 G51.1 X10.0 Y10.0;

（2）格式二

G17 G51 X__Y__I__J__；

G50；

使用这种格式时，指令中的 *I*、*J* 值一定是负值，如果其值为正值，则该指令变成了缩放指令。另外，如果 *I*、*J* 值虽是负值但不等于 –1，则执行该指令时，既进行镜像又进行缩放。

例 5–2–3 G17 G51 X10.0 Y10.0 I–1.0 J–1.0;

执行该指令时，以坐标点（10.0，10.0）为对称点进行镜像加工，不进行缩放。

例 5–2–4 G17 G51 X10.0 Y10.0 I–2.0 J–1.5;

执行该指令时，以坐标点（10.0，10.0）为对称点进行镜像加工的同时，还要进行比例缩放。其中，*X* 轴方向的缩放比例为 2.0，*Y* 轴方向的缩放比例为 1.5。

同样，G50 表示取消镜像加工。

2．坐标镜像编程实例

用 ϕ10 mm 立铣刀加工如图 5–8 所示外轮廓，毛坯材料为 45 钢，试编写其加工程序。

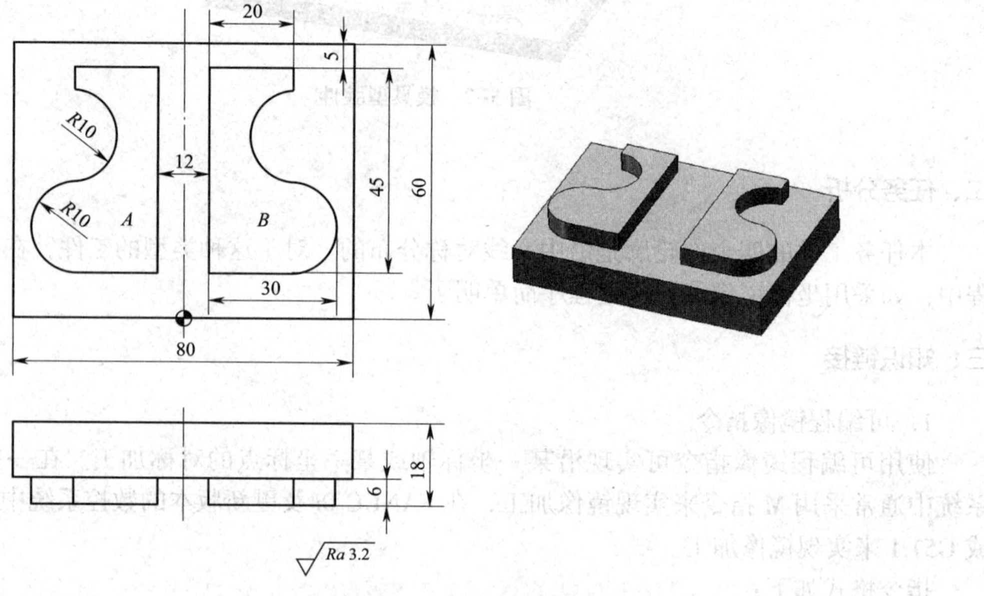

图 5–8 坐标镜像编程实例

```
O0007;                     （主程序）
…
G00 X0 Y–15.0;
S500 M03;
G01 Z–6.0 F100;
M98 P300;                  （调用子程序加工轨迹 A）
G51 X0 Y0 I–1.0 J1.0;
M98 P300;                  （调用子程序加工轨迹 B）
```

```
G50;
…
O300;                    （子程序）
G41 G01 X0 Y10.0 D01;
      X-26.0;
G02 Y30.0 R10.0;
G03 Y50.0 R10.0;
G01 Y55.0;
    X-6.0;
    Y0;
G40 G01 X0 Y-15.0;
M99;
```

3．坐标镜像编程的说明

（1）在指定平面内执行可编程镜像指令时，如果程序中有圆弧插补指令，则圆弧的旋转方向相反，即 G02 变成 G03，相应地 G03 变成 G02。

（2）在指定平面内执行可编程镜像指令时，如果程序中有刀具半径补偿指令，则刀具半径补偿的偏置方向相反，即 G41 变成 G42，相应地 G42 变成 G41。

（3）在可编程镜像指令中，返回参考点指令（G27、G28、G29、G30）和改变坐标系指令（G54 ~ G59、G92）不能指定。如果要指定其中的某一个，则必须在取消可编程镜像指令后指定。

（4）在使用镜像加工功能时，由于数控铣床的 *Z* 轴一般安装有刀具，因此 *Z* 轴一般都不进行镜像加工。

四、任务实施

1．加工准备

本任务选用的机床为 TH7650 型 FANUC 0i 系统加工中心。

选择 ϕ16 mm 高速钢立铣刀作为本任务工件的加工刀具，此时，铣削用量推荐值如下：主轴转速 n=500 ~ 600 r/min；进给速度 v_f=100 ~ 200 mm/min；铣削深度等于轮廓高度，取 8 mm。

2．编制加工程序

（1）计算基点坐标

如图 5-9 所示，采用 CAD 绘图分析法得出基点坐标。

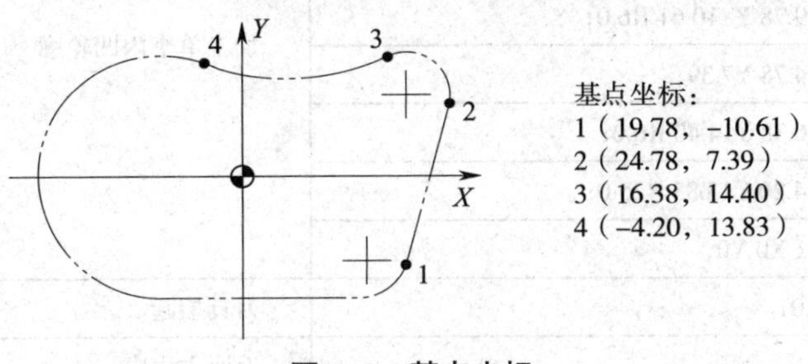

图 5-9 基点坐标

（2）加工程序的编制

编写参考加工程序（见表 5–3），并进行本任务的加工。

表 5–3 模具型腔件参考加工程序

程序段号	加工程序	程序说明
	O0010;	程序号
N10	G90 G94 G40 G21 G17 G54;	程序初始化
N20	G91 G28 Z0;	主轴返回 Z 向参考点
N30	M06 T01;	刀具交换并更换转速
N40	S600 M03 M08;	
N50	G90 G00 X0 Y0;	刀具定位
N60	G43 Z20.0 H01;	
N70	M98 P500;	加工左下方第一个内凹轮廓
N80	G51 X30.0 Y0 I–1.0 J1.0;	沿 X=30 且平行于 Y 轴的轴线镜像
N90	M98 P500;	加工右下方第二个内凹轮廓
N100	G50;	取消镜像加工
N110	G51 X0 Y20.0 I1.0 J–1.0;	沿 Y=20 且平行于 X 轴的轴线镜像
N120	M98 P500;	加工左上方第三个内凹轮廓
N130	G50;	取消镜像加工
N140	G51 X30.0 Y20.0 I–1.0 J–1.0;	沿 X=30，Y=20 的坐标点镜像
N150	M98 P500;	加工右上方第四个内凹轮廓
N160	G50;	取消镜像加工
N170	G91 G28 Z0;	程序结束
N180	M30;	
	O500;	单个内凹轮廓加工子程序
N10	G00 X0 Y0;	刀具定位
N20	G01 Z–9.0 F200;	
N30	G41 G01 X5.0 D01;	加工单个内凹轮廓
N40	G03 X–10.0 Y–15.0 R–15.0;	
N50	G01 X14.0;	
N60	G03 X19.78 Y–10.61 R6.0;	
N70	G01 X24.78 Y7.39;	
N80	G03 X16.38 Y14.40 R6.0;	
N90	G02 X–4.20 Y13.83 R25.0;	
N100	G40 G01 X0 Y0;	
N110	G00 Z5.0;	刀具抬起
N120	M99;	返回主程序

五、配分权重（见表 5-4）

表 5-4　　模具型腔件加工配分权重表

工件编号				总得分		
项目与权重	序号	技术要求	配分	评分标准	检测记录	得分
加工（70%）	1	单轮廓尺寸精度符合要求	30	超差全扣		
	2	多轮廓位置正确	10	超差全扣		
	3	多轮廓形状正确	10	每处错误扣 5 分		
	4	*Ra*1.6 μm	20	每处超差扣 5 分		
程序与工艺（20%）	5	坐标镜像编程规范	10	每处不规范扣 2 分		
	6	加工路线合理	10	每处不合理扣 2 分		
机床操作（10%）	7	机床操作规范	5	不规范全扣		
	8	刀具选择与对刀正确	5	不正确全扣		
安全文明生产（倒扣）	9	符合安全操作要求	倒扣	断刀等安全事故停止操作，其余酌情扣 5 ~ 20 分		
	10	工作场所整理合格				

任务三　坐标系旋转编程

知识点

◎ 坐标系旋转指令的格式及编程方法。

◎ 坐标系旋转编程的注意事项。

技能点

◎ 采用坐标系旋转指令编写加工程序。

一、任务描述

试编写如图 5-10 所示离合器零件凸台轮廓的加工程序，并在数控铣床上进行加工。毛坯材料为 45 钢，毛坯尺寸为 ϕ100 mm × 42 mm。

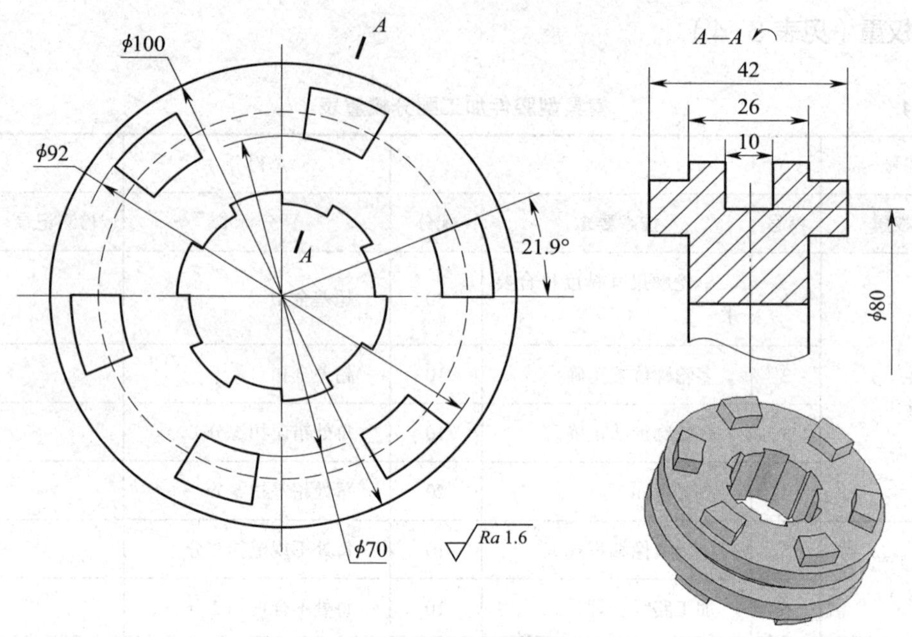

图 5–10 离合器零件

二、任务分析

加工本任务工件时，对于单个凸台的加工，可采用极坐标指令进行子程序编程；而对于多个相同的轮廓，则可采用坐标系旋转的方式进行编程。

三、知识链接

1．坐标系旋转编程简介

对于某些围绕中心旋转得到的特殊的轮廓加工，如果根据旋转后的实际加工轨迹进行编程，就可能使坐标计算的工作量增加，而通过坐标系旋转功能，可以减少编程的工作量。

（1）指令格式

G17 G68 X__Y__R__ ;

G69;

（2）指令说明

G68：坐标系旋转生效指令。

G69：坐标系旋转取消指令。

X__Y__用于指定坐标系旋转的中心。

R__用于指定坐标系旋转的角度，该角度一般取 0° ~ 360°。旋转角度的零度方向为第一坐标轴的正方向，逆时针方向为角度方向的正方向。不足 1° 的角度以小数点表示，如 10° 54′ 用 10.9° 表示。

例 5–3–1 G68 X30.0 Y50.0 R45.0;

该指令表示坐标系以坐标点（30，50）作为旋转中心，逆时针旋转 45°。

2．坐标系旋转编程实例

例 5-3-2 用 ϕ8 mm 立铣刀精加工如图 5-11 所示工件内轮廓，工件材料为 45 钢，试采用坐标系旋转指令编写其加工中心加工程序。

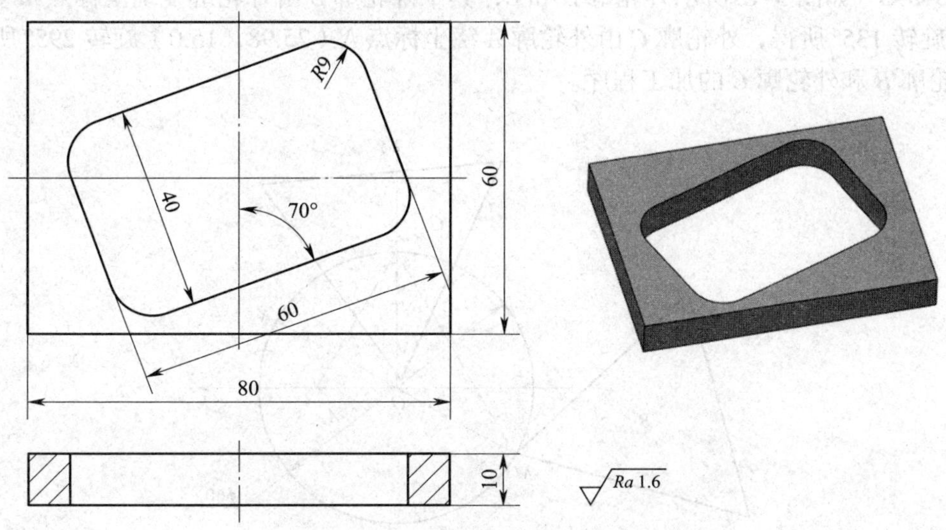

图 5-11 坐标系旋转编程实例 1

```
O0010;
G90 G94 G15 G17 G40 G80 G54;
G91 G28 Z0;
G90 G00 X0 Y0;
        Z20.0;
S600 M03;
G01 Z-12.0 F100;
G68 X0 Y0 R20.0;          （坐标系旋转 20°）
M98 P100;                 （加工内凹轮廓）
G69;
G91 G28 Z0;
M30;
O100;                     （单个内凹轮廓加工子程序）
G41 G01 X12.0 Y-11.0 D01;
G03 X30.0 Y-11.0 R9.0;
G01 Y11.0;
G03 X21.0 Y20.0 R9.0;
G01 X-21.0;
G03 X-30.0 Y11.0 R9.0;
G01 Y-11.0;
G03 X-21.0 Y-20.0 R9.0;
```

```
G01 X21.0;
G40 G01 X0 Y0;
M99;
```

例 5–3–3 如图 5–12 所示外轮廓 *B* 和 *C*，其中外轮廓 *B* 由外轮廓 *A* 绕坐标点 *M*（–25.98，–15.0）旋转 135° 所得，外轮廓 *C* 由外轮廓 *A* 绕坐标点 *N*（25.98，15.0）旋转 295° 所得。试编写外轮廓 *B* 和外轮廓 *C* 的加工程序。

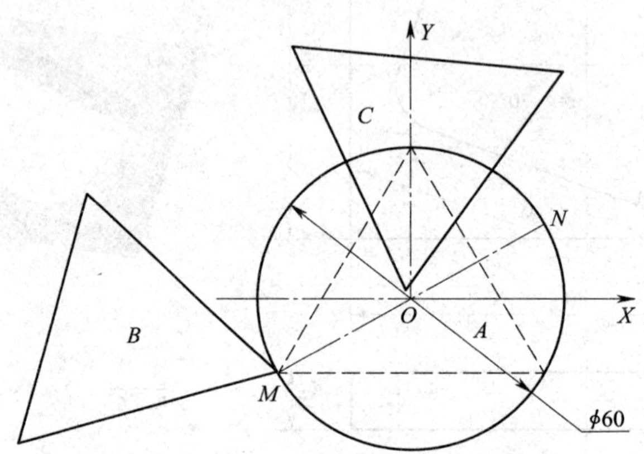

图 5–12 坐标系旋转编程实例 2

```
O0010;
…
G68 X–25.98 Y–15.0 R135.0;          （坐标系绕坐标点 M 旋转 135°）
G41 G01 X–30.0 Y–15.0 D01 F100;     （加工外轮廓 B）
        X25.98;
        X0 Y30.0;
        X–25.98 Y–15.0;
G40 G01 X–30.0 Y–30.0;
G69;                                （先取消刀补，再取消坐标系旋转）
…
G68 X25.98 Y15.0 R295.0;            （坐标系绕坐标点 N 旋转 295°）
G41 G01 X–30.0 Y–15.0 D01 F100;     （加工外轮廓 C）
        X25.98;
        X0 Y30.0;
        X–25.98 Y–15.0;
G40 G01 X–30.0 Y–30.0;
G69;                                （先取消刀补，再取消坐标系旋转）
…
```

【提示】 想一想，编制本任务工件的加工程序时，其刀具的起刀点应位于何处？为什么？

3．坐标系旋转编程注意事项

（1）在坐标系旋转取消指令（G69）以后的第一个移动指令必须用绝对值指定。如果采用增量值指令，则不执行正确的移动。

（2）在坐标系旋转编程过程中，如需采用刀具补偿指令进行编程，则需在指定坐标系旋转指令后再指定刀具补偿指令，取消时按相反顺序取消。

（3）在坐标系旋转方式中，返回参考点指令（G27、G28、G29、G30）和改变坐标系指令（G54 ~ G59、G92）不能指定。如果要指定其中的某一个，则必须在取消坐标系旋转指令后指定。

（4）采用坐标系旋转编程时，要特别注意刀具的起点位置，以防加工过程中产生过切现象。

四、任务实施

1．加工准备

本任务选用的机床为 TH7650 型 FANUC 0i 系统加工中心。

选择 ϕ16 mm 高速钢立铣刀作为本任务工件的加工刀具，此时，铣削用量推荐值如下：主轴转速 n=600 ~ 800 r/min；进给速度 v_f =100 ~ 200 mm/min；铣削深度等于轮廓高度，取 8 mm。

2．编制加工程序

编写参考加工程序（见表 5–5），并进行本任务的加工。

表 5–5　　离合器零件参考加工程序

程序段号	加工程序	程序说明
	O0010；	程序号
N10	G90 G94 G40 G21 G17 G54；	程序初始化
N20	G91 G28 Z0；	主轴返回 Z 向参考点
N30	M06 T01；	刀具交换并更换转速
N40	S600 M03 M08；	
N50	G90 G00 X0 Y0；	刀具定位
N60	G43 Z20.0 H01；	
N70	G01 Z–8.0 F200；	
N80	M98 P100；	加工第一个凸台
N90	G68 X0 Y0 R60.0；	坐标系旋转 60°
N100	M98 P100；	加工第二个凸台
N110	G69；	取消坐标系旋转
N120	G68 X0 Y0 R120.0；	坐标系旋转 120°
N130	M98 P100；	加工第三个凸台
N140	G69；	取消坐标系旋转
N150	G68 X0 Y0 R180.0；	坐标系旋转 180°

续表

程序段号	加工程序	程序说明
N160	M98 P100;	加工第四个凸台
N170	G69;	取消坐标系旋转
N180	G68 X0 Y0 R240.0;	坐标系旋转 240°
N190	M98 P100;	加工第五个凸台
N200	G69;	取消坐标系旋转
N210	G68 X0 Y0 R300.0;	坐标系旋转 300°
N220	M98 P100;	加工第六个凸台
N230	G69;	取消坐标系旋转
N240	G91 G28 Z0;	程序结束
N250	M30;	
	O100;	单个凸台加工子程序
N10	G17 G16;	采用极坐标编程
N20	G41 G01 X35.0 Y-10.0 D01;	加工单个凸台
N30	G03 X35.0 Y21.9 R35.0;	
N40	G01 X46.0;	
N50	G02 X46.0 Y0 R46.0;	
N60	G01 X25.0;	
N70	G40 G01 X25.0 Y60.0;	
N80	G15;	取消极坐标编程
N90	M99;	返回主程序

五、配分权重（见表 5-6）

表 5-6 离合器零件铣削配分权重表

工件编号				总得分		
项目与权重	序号	技术要求	配分	评分标准	检测记录	得分
加工（70%）	1	ϕ92 mm	10	超差全扣		
	2	ϕ70 mm	10	超差全扣		
	3	42 mm	10	超差全扣		
	4	26mm	10	超差全扣		
	5	21.9°	10	超差全扣		
	6	*Ra*1.6 μm	20	每处超差扣 10 分		

续表

项目与权重	序号	技术要求	配分	评分标准	检测记录	得分
程序与工艺（20%）	7	坐标系旋转编程规范	10	每处不规范扣 2 分		
	8	加工路线合理	10	每处不合理扣 2 分		
机床操作（10%）	9	机床操作规范	5	不规范全扣		
	10	刀具选择与对刀正确	5	不正确全扣		
安全文明生产（倒扣）	11	符合安全操作要求	倒扣	断刀等安全事故停止操作，其余酌情扣 5 ~ 20 分		
	12	工作场所整理合格				

思考与练习

1．FANUC 系统是如何规定极坐标系、极坐标系方向和极坐标系原点的？

2．极坐标编程时，当以刀具当前点作为极坐标系原点时，应如何规定极坐标角度和极坐标半径？

3．试说明用 G52、G54 ~ G59、G92 指令设定的工件坐标系之间的区别与联系。

4．试写出比例缩放的编程格式，并说明每一部分参数的含义。

5．在不等比例缩放中，如何进行圆弧半径的缩放？

6．试写出坐标镜像编程的指令格式及坐标镜像编程的注意事项。

7．如何处理坐标镜像编程中的刀具半径补偿？

8．试写出坐标系旋转指令的格式，并说明指令中各参数的含义。

9．坐标系旋转编程时，应注意哪些问题？

10．数控编程过程中，常用的基点计算方法有哪几种？

模块六

宏程序编程

任务一 宏程序加工均布孔

知识点

◎宏程序的定义。

◎宏程序变量赋值方法。

◎宏程序编程方法。

技能点

◎采用宏程序编写均布孔加工程序。

一、任务描述

试编写如图 6-1 所示喷丝板零件均布孔的加工程序，并在数控铣床上进行加工。毛坯材料为 45 钢，毛坯尺寸为 100 mm × 80 mm × 15 mm。

二、任务分析

采用手工编程方式编写本任务零件的加工程序时，每一个孔均需计算其基点坐标，而且每一个孔均需编写单独的程序段，在编程和加工过程中容易出现编程和程序输入等方面的错误。而采用宏程序编写该零件的加工程序时，程序简单且不需要计算孔的基点坐标。

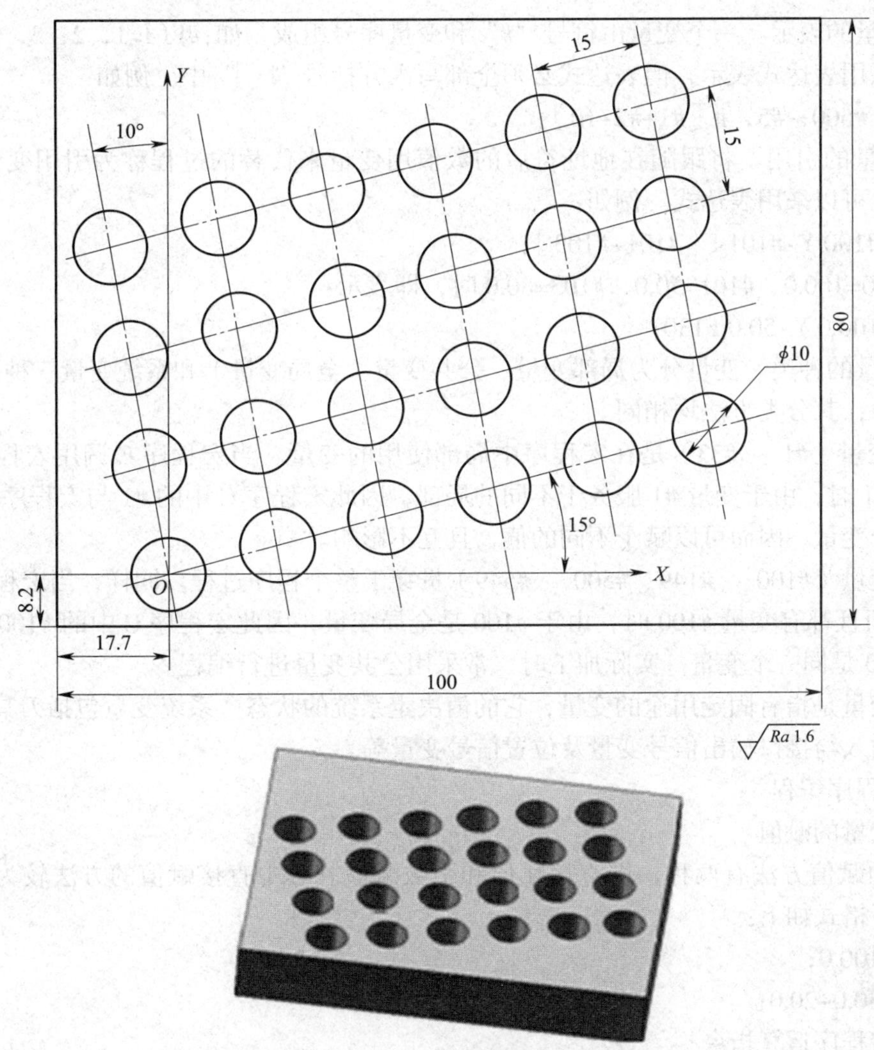

图 6-1 喷丝板零件

三、知识链接

1. 宏程序简介

（1）宏程序的定义

一组以子程序的形式存储并带有变量的程序称为用户宏程序，简称宏程序；调用宏程序的指令称为用户宏程序指令或宏程序调用指令（简称宏指令）。

宏程序与普通程序相比较，普通程序的程序字为常量，一个程序只能描述一个几何形状，所以灵活性和适用性较差，而在用户宏程序的本体中，可以使用变量进行编程，还可以用宏指令对这些变量进行赋值、运算等处理。使用宏程序能执行一些按一定规律变化的动作。

宏程序分 A 类和 B 类两种，FANUC 0i 系统采用 B 类宏程序进行编程。

（2）宏程序中的变量

在常规的主程序和子程序内，总是将一个具体的数值赋给一个地址。为了使程序更加具有通用性和灵活性，在宏程序中设置了变量。

1）变量的表示。一个变量由符号“#”和变量序号组成，如:#I（I=1，2，3,…）。此外，变量还可以用表达式表示，但表达式必须全部写入方括号“[ ]”中。例如：

#100，#500，#5，#［#1+#2+10］；

2）变量的引用。将跟随在地址符后的数值用变量来代替的过程称为引用变量。同样，引用变量也可以采用表达式。例如：

G01 X#100 Y–#101 F［#101+#103］；

当#100=100.0、#101=50.0、#103=80.0时，即表示：

G01 X100.0 Y–50.0 F130；

3）变量的种类。变量分为局部变量、公共变量（全局变量）和系统变量三种。在A、B类宏程序中，其分类方法均相同。

局部变量（#1 ~ #33）是在宏程序中局部使用的变量。当宏程序C调用宏程序D而且都有变量#1时，由于变量#1服务于不同的局部，因此宏程序C中的#1与宏程序D中的#1不是同一个变量，因而可以赋予不同的值，且互不影响。

公共变量（#100 ~ #149、#500 ~ #549）贯穿于整个程序过程。同样，当宏程序C调用宏程序D而且都有变量#100时，由于#100是全局变量，因此宏程序C中的#100与宏程序D中的#100是同一个变量。实际加工时，常采用公共变量进行编程。

系统变量是指有固定用途的变量，它的值决定系统的状态。系统变量包括刀具偏置值变量、接口输入与接口输出信号变量及位置信号变量等。

2．宏程序编程

（1）变量的赋值

变量的赋值方法有两种，即直接赋值和引数赋值。其中直接赋值的方法较为直观、方便，其书写格式如下：

#100=100.0；

#101=30.0+20.0；

（2）宏程序运算指令

宏程序的运算类似于数学运算，用各种数学符号来表示。常用宏程序运算指令见表6–1。

表6–1　　常用宏程序运算指令

功能	格式	备注与具体示例
定义、转换	#i=#j	#100=#1，#100=30.0
加法	#i=#j+#k	#100=#1+#2
减法	#i=#j–#k	#100=#1–#2
乘法	#i=#j*#k	#100=#1*#2
除法	#i=#j/#k	#100=#1/30
正弦	#i=SIN［#j］	#100=SIN［#1］
反正弦	#i=ASIN［#j］	
余弦	#i=COS［#j］	#100=COS［36.3+#2］
反余弦	#i=ACOS［#j］	
正切	#i=TAN［#j］	
反正切	#i=ATAN［#j］/［#k］	#100=ATAN［#1］/［#2］

续表

功能	格式	备注与具体示例
平方根	#i=SQRT [#j]	#100=SQRT [#1*#1-100]
绝对值	#i=ABS [#j]	
舍入	#i=ROUND [#j]	
上取整	#i=FIX [#j]	#100=EXP [#1]
下取整	#i=FUP [#j]	
自然对数	#i=LN [#j]	
指数函数	#i=EXP [#j]	
或	#i=#j OR #k	
异或	#i=#j XOR #k	逻辑运算一位一位地按二进制执行
与	#i=#j AND #k	

宏程序运算说明如下：

1）函数 SIN、COS 等的角度单位是度（°），分（′）和秒（″）要换算成带小数点的度（°）。如 90° 30′ 表示为 90.5°，而 30° 18′ 表示为 30.3°。

2）宏程序数学运算的次序依次为：函数运算（SIN、COS、ATAN 等），乘和除运算（*、/ 等），加和减运算（+、- 等），逻辑运算（AND、OR、XOR 等）。

3）函数中的括号用于改变运算次序，允许嵌套使用，但最多只允许嵌套 5 级。例如：

#1= SIN [[[#2+#3] *4+#5] / #6]；

（3）宏程序转移指令

指令起到控制程序流向的作用。

1）分支语句。

格式一：GOTO n;

例　GOTO 1000;

这是无条件转移语句，当执行该程序时，无条件转移到 N1000 程序段执行。

格式二：IF [条件表达式] GOTO n;

例　IF [#1 GT #100] GOTO 1000;

这是有条件转移语句，如果条件成立，则转到 N1000 程序段执行；如果条件不成立，则执行下一个程序段。条件表达式的种类见表 6-2。

2）循环指令。

WHILE [条件表达式] DO m（m=1，2，3…）;

…

END m;

当条件表达式满足时，就循环执行 WHILE 与 END 之间的程序段 m 次；当条件表达式不满足时，就执行“END m；”的下一个程序段。

表 6–2　条件表达式的种类

条件表达式	含义	具体示例
#i EQ #j	等于（=）	IF［#5 EQ #6］GOTO 100;
#i NE #j	不等于（≠）	IF［#5 NE 100］GOTO 100;
#i GT #j	大于（>）	IF［#5 GT #6］GOTO 100;
#i GE #j	大于或等于（≥）	IF［#5 GE 100］GOTO 100;
#i LT #j	小于（<）	IF［#5 LT #6］GOTO 100;
#i LE #j	小于或等于（≤）	IF［#5 LE 100］GOTO 100;

3．宏程序编程实例

例 6–1–1　加工如图 6–2 所示直线均布孔（工件厚度为 12 mm），试编写其加工中心加工程序。

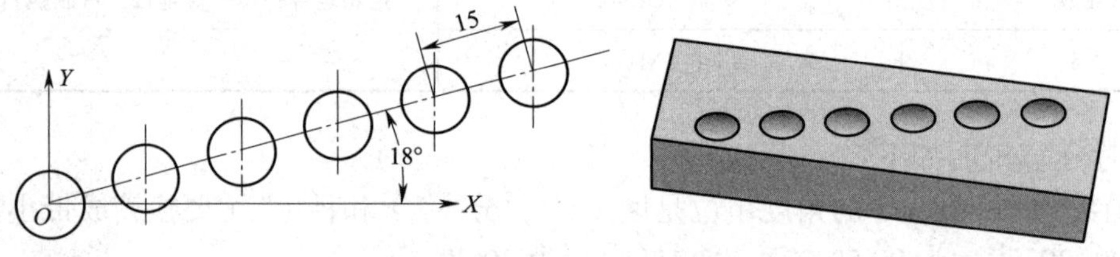

图 6–2　宏程序编程实例

采用宏程序编写本例工件的加工程序时，采用以下变量进行运算。

#101：图中各孔中心的 X 坐标。

#102：图中各孔中心的 Y 坐标。

#103：中间变量，其余各孔与第一个孔的孔中心距。

```
O0010;
G90 G94 G50 G17 G54 F100;
G91 G28 Z0;
M06 T01;
G90 G43 G00 Z20.0 H01;
S600 M03 M08;
#103=0;                              （孔距变量）
N300 #101=#103*COS［18.0］;           （各孔中心的 X 坐标）
#102=#103*SIN［18.0］;                （各孔中心的 Y 坐标）
G99 G81 X#101 Y#102 Z-20.0 R3.0 F50;
#103=#103+15.0;                      （孔距每次增加 15 mm）
IF［#103 LT 75.0］GOTO 300;           （条件判断）
G80 G49 M09;                         （取消固定循环）
G91 G28 Z0
M30;                                 （程序结束）
```

例 6–1–2　加工如图 6–3 所示圆周均布孔，试采用 FANUC 系统指令编写其加工程序。

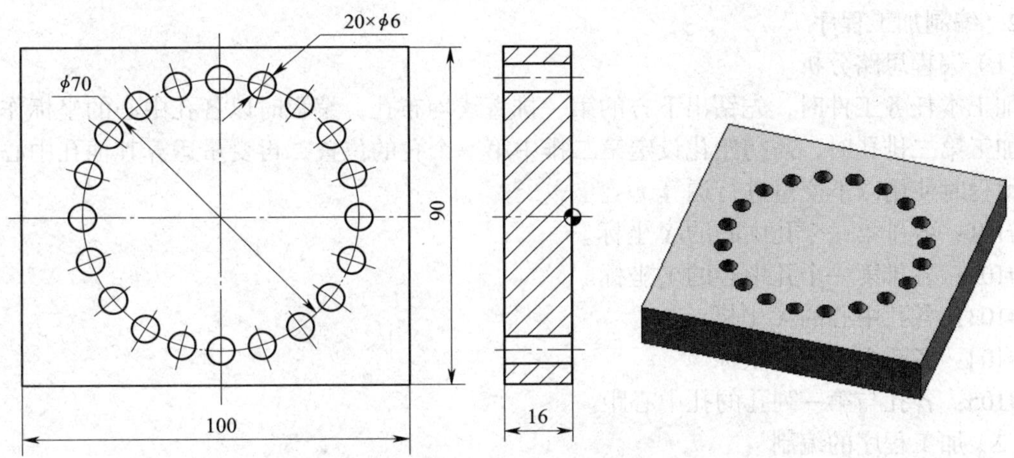

图 6–3 宏程序加工圆周均布孔实例

在本例编程过程中，用变量“#100”作为圆周均布孔的角度变量，分别用变量“#101”和变量“#102”代表圆周均布孔中心的 X 坐标和 Y 坐标。变量的计算如下。

```
#101=35.0*COS［#100］;
#102=35.0*SIN［#100］;
O0032;
G90 G94 G40 G21 G80 G54;
G91 G28 Z0;
G90 G00 X-50.0 Y-50.0;
M03 S600 M08;
G00 Z50.0;
#100=0.0;                                  （角度变量赋初值）
N100 #101=35.0*COS［#100］;                （孔中心 X 坐标）
#102=35.0*SIN［#100］;                     （孔中心 Y 坐标）
G81 X#101 Y#102 Z-25.0 R5.0 F100;          （加工孔）
#100=#100+18.0;                            （角度每次增加 18°）
IF［#100 LT 360.0］GOTO 100;               （如果角度小于 360°，则返回 N100）
G80;
G00 Z100.0;
M05 M09;
M30;
```

四、任务实施

1．加工准备

本任务加工选用的机床为 FANUC 0i 系统的 XK7650 型数控铣床。

本任务加工过程中使用的刀具为 ϕ10 mm 钻头，切削用量推荐值如下：主轴转速 n=600 r/min，进给速度 v_f =100 mm/min。

2．编制加工程序

（1）编程思路分析

加工本任务工件时，先钻出下方的第一排直线均布孔，编程时以各孔中心的坐标作为变量。加工第二排孔时，需初始化设定第二排中第一个孔的位置，再变量运算其他孔中心的坐标。编程时使用以下变量进行运算。

#101：各排第一个孔中心的 *X* 坐标。

#102：各排第一个孔中心的 *Y* 坐标。

#103：各孔中心的 *X* 坐标。

#104：各孔中心的 *Y* 坐标。

#105：各孔与第一列孔的孔中心距。

（2）加工程序的编制

编写参考加工程序（见表 6–3），并进行本任务的加工。

表 6–3　　喷丝板零件参考加工程序

加工程序	程序说明
O0010；	主程序
G90 G94 G50 G17 G54 F100；	程序开始
G91 G28 Z0；	
M06 T01；	
G90 G43 G00 Z20.0 H01；	
S600 M03 M08；	
#101=0；	各排第一个孔中心的 *X* 坐标
#102=0；	各排第一个孔中心的 *Y* 坐标
N100 #105=0；	各孔与第一列孔的孔中心距
N200 #103=#101+#105*COS［15.0］；	各孔中心的 *X* 坐标
#104=#102+#105*SIN［15.0］；	各孔中心的 *Y* 坐标
G99 G81 X#103 Y#104 Z–20.0 R3.0 F50；	孔加工
#105=#105+15.0；	计算各孔与第一列孔的孔中心距
IF［#105 LE 75］GOTO 200；	条件判断
#101=#101–15*SIN［10.0］；	计算各排第一个孔的坐标
#102=#102+15*COS［10.0］；	
IF［#102 LT 45.0］GOTO 100；	条件判断
G80 G49 M09；	取消固定循环
G91 G28 Z0	程序结束
M30；	

五、配分权重（见表 6-4）

表 6-4　　喷丝板零件加工配分权重表

工件编号				总得分		
项目与权重	序号	技术要求	配分	评分标准	检测记录	得分
加工（40%）	1	孔位置正确	20	超差全扣		
	2	孔尺寸正确	20	超差全扣		
程序与工艺（50%）	3	宏程序编程规范	10	每处不规范扣 5 分		
	4	变量设置合理	10	每处不合理扣 5 分		
	5	宏程序编程正确	20	每处错误扣 5 分		
	6	加工路线合理	10	每处不合理扣 5 分		
机床操作（10%）	7	机床操作规范	5	不规范全扣		
	8	刀具选择与对刀正确	5	不正确全扣		
安全文明生产（倒扣）	9	符合安全操作要求	倒扣	断刀等安全事故停止操作，其余酌情扣 5 ~ 20 分		
	10	工作场所整理合格				

任务二　宏程序加工均布轮廓

知识点

◎多轮廓加工的宏程序编程技巧。

◎坐标平移加工的宏程序编程技巧。

◎铣螺纹加工的宏程序编程技巧。

技能点

◎采用宏程序编写均布轮廓的加工程序。

一、任务描述

试编写如图 6-4 所示网格零件（毛坯材料为 45 钢，毛坯尺寸为 180 mm × 180 mm × 8 mm）的加工程序，并在数控铣床上进行加工。

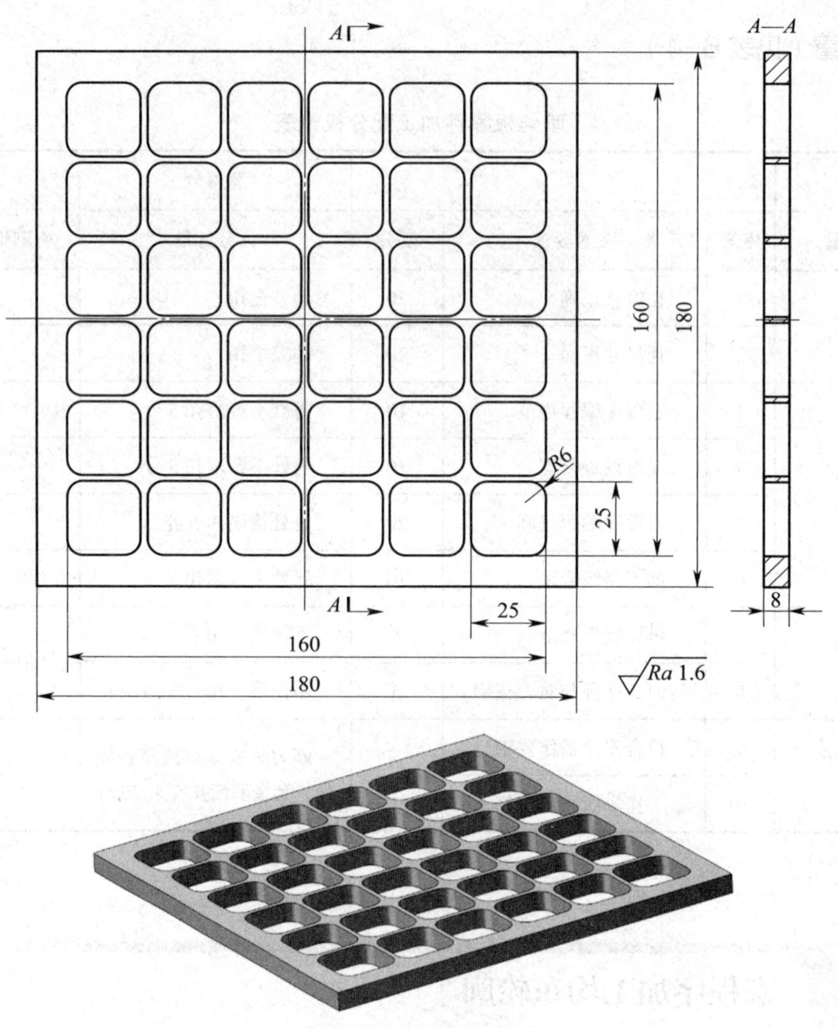

图 6–4 网格零件

二、任务分析

采用手工编程方式编写本任务零件的加工程序时，如采用一般的子程序指令进行编程，则其加工程序极为复杂，且要计算每个型腔的基点坐标，编程与程序的输入极为不便。如在编程过程中采用宏程序结合坐标平移的方式进行编程，则程序简单明了。

三、知识链接

1. 多轮廓加工的宏程序编程

例 6–2–1 如图 6–5 所示零件，毛坯材料为 45 钢，毛坯尺寸为 ϕ80 mm × 15 mm，试编写其加工程序。

例题分析：加工本例零件时，如仅以坐标系旋转方式进行编程，则程序较长。如能采用坐标系旋转结合宏程序进行编程，可简化编程过程中的基点计算，提高编程效率。编程时，以所旋转的角度作为变量（#100），每次增量为 30°（#100=#100+30.0）。

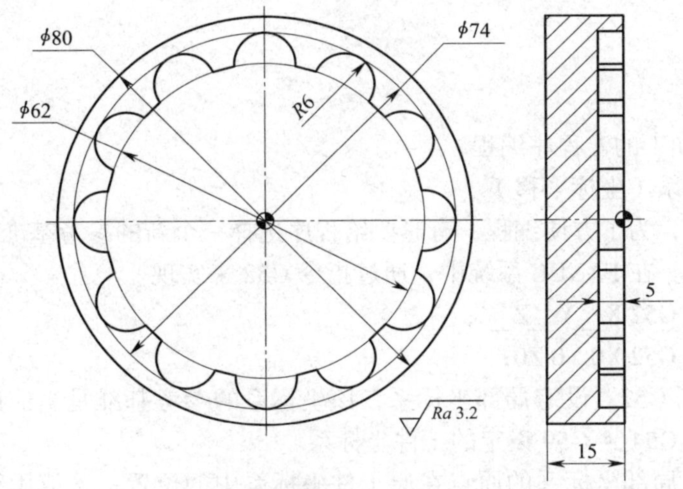

图 6–5 多轮廓加工的宏程序编程实例

```
O317;                         (主程序)
G90 G94 G21 G40 G54;          (程序初始化)
G91 G28 Z0;                   (Z 轴回参考点)
G90 G00 X0.0 Y0.0;            (快速点定位)
        Z20.0;
M03 S500;                     (主轴正转,转速 500 r/min)
G01 Z-5.0 F100;
G41 G01 X31.0 D01;
G03 I-31.0;
G40 G01 X0 Y0;
#100=0.0;                     (旋转角度参数)
N100 G68 X0 Y0 R#100;         (旋转 #100)
G01 X15.0 Y0;
G41 G01 X25.0 Y0 D01;
G03 I6.0;                     (加工 R6 mm 凹槽)
G40 G01 X15.0 Y0.0;
G69;                          (取消坐标系旋转)
#100=#100+30.0;               (旋转角度等于 #100+30.0°)
IF [ #100 LE 330.0 ] GOTO 100; (条件判断)
```

G91 G28 Z0；

M05；

M30；

2．坐标平移加工的宏程序编程

（1）局部坐标系（坐标平移）

在数控编程中，为了方便编程，有时要给程序选择一个新的参考基准，通常是将工件坐标系偏移一个距离。在 FANUC 系统中，通过指令 G52 来实现。

1）指令格式：G52 X__Y__Z__；

G52 X0 Y0 Z0；

2）指令说明。G52：设定局部坐标系，该坐标系的参考基准是当前设定的有效工件坐标系原点，即使用 G54 ~ G59 设定的工件坐标系。

X__Y__Z__：局部坐标系的原点在原工件坐标系中的位置，该值用绝对坐标值加以指定。

G52 X0 Y0 Z0：取消局部坐标系，其实质是将局部坐标系原点仍设定在原工件坐标系原点处。

例如：

G54；

G52 X20.0 Y10.0；

该例表示设定一个局部坐标系，该坐标系原点位于原工件坐标系 *XY* 平面的（20.0，10.0）位置，如图 6–6 所示。

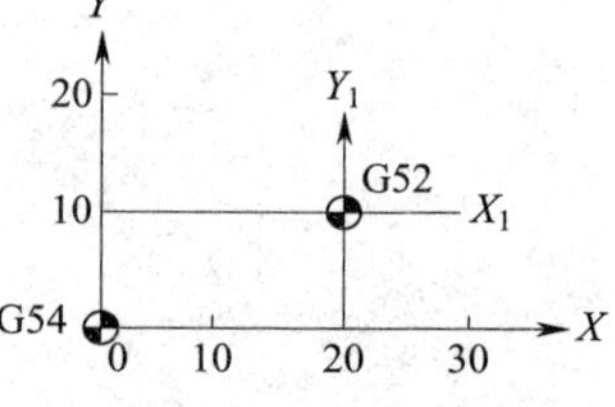

图 6–6　设定局部坐标系

（2）编程实例

例 6–2–2　加工如图 6–7 所示端盖零件，工件材料为 45 钢，在一次装夹过程中加工 5 行 8 列共计 40 个零件（见图 6–8），试编写其加工程序。

例题分析：加工本例零件时，主程序采用局部坐标系再结合宏程序进行编程（子程序不变），编程过程中使用以下变量进行运算。

#101：*X* 轴方向的平移量。

#102：*Y* 轴方向的平移量。

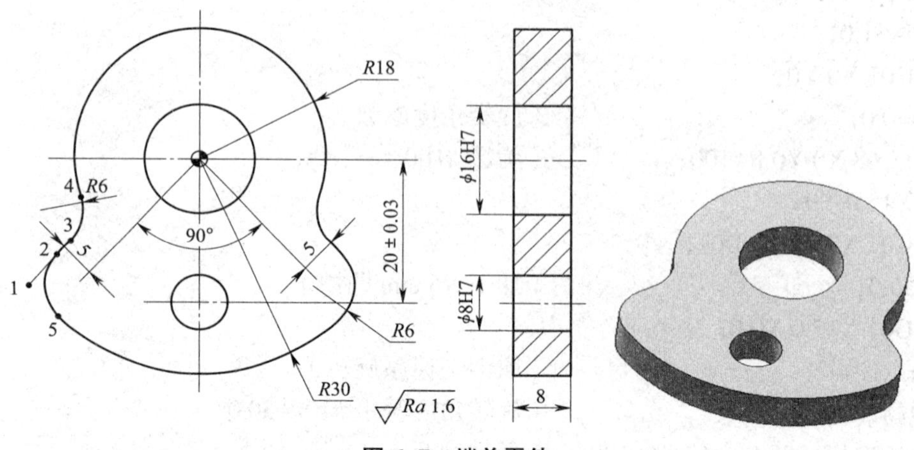

图 6–7　端盖零件

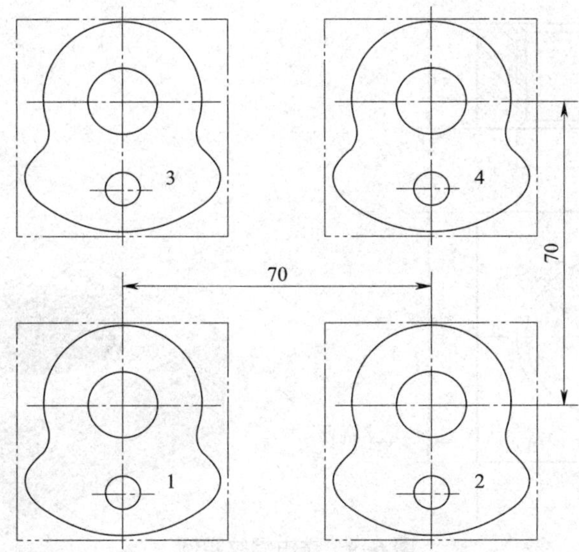

图 6–8 端盖零件在一次装夹中的加工示意图

```
O074;
G90 G94 G40 G21 G54;
G91 G28 Z0;
G90 G00 X0 Y0;
M03 S600 M08;
G00 Z10.0;
#102=0;                              （坐标平移 Y 坐标的初始值）
N100 #101=0;                         （坐标平移 X 坐标的初始值）
N200 G52 X#101 Y#102;                （坐标平移）
M98 P100;                            （调用子程序加工单个零件）
#101=#101+70.0;                      （X 坐标每次增加 70）
IF [ #101 LE 490.0 ] GOTO 200;       （如果 X 坐标小于或等于 490.0，则返回 N200）
#102=#102+70.0;                      （Y 坐标每次增加 70）
IF [ #102 LE 280.0 ] GOTO 100;       （如果 Y 坐标小于或等于 280.0，则返回 N100）
G52 X0 Y0;
G00 Z100.0;
M05 M09;
M30;
```

3．铣螺纹加工的宏程序编程

例 6–2–3 在数控铣床上加工如图 6–9 所示内螺纹，内螺纹的底孔已加工完成（底孔直径为 38.5 mm），工件材料为 45 钢，试编写其数控铣床加工程序。

例题分析：本例中，采用宏程序结合螺旋线指令来进行编程，其实质就是通过宏程序将多个螺旋线首尾相连。在编程过程中，用变量“#101”来表示每条螺旋线的终点 *Z* 坐标，则每条相连的螺旋线终点的 *Z* 坐标相差一个螺距。

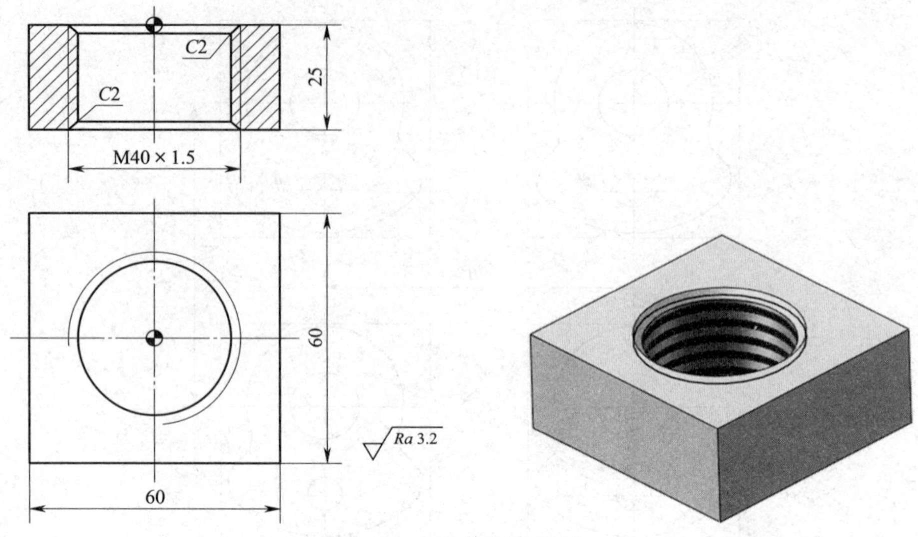

图 6–9 铣内螺纹实例

```
O0033;
G90 G94 G40 G21 G17 G54;
G91 G28 Z0;
G90 G00 X0 Y0;
M03 S600 M08;
G00 Z20.0;
G01 Z2.0 F100;                （刀具下降至 Z 向起刀点）
#101=0.5;                     （螺旋线终点的 Z 坐标）
G41 G01 X20.0 Y0 D01;         （螺旋线起点）
N100 G02 I–20.0 Z#101;        （加工螺旋线）
#101=#101–1.5;                （计算下一条螺旋线终点的 Z 坐标）
IF [ #101 GT –28.0 ] GOTO 100;
G40 G01 X0.0 Y0.0;
G91 G28 Z0;
M05 M09;
M30;
```

四、任务实施

1．加工准备

本任务加工选用的机床为 FANUC 0i 系统的 XK7650 型数控铣床。

本任务加工过程中使用的刀具为 ϕ10 mm 高速钢立铣刀，切削用量推荐值如下：主轴转速 n=600 r/min，进给速度 v_f =100 mm/min。

2．编制加工程序

（1）编程思路分析

加工本任务工件时，先钻出 ϕ12 mm 工艺孔。型腔轮廓则采用宏程序结合坐标平移方式编程与加工。分别用变量“#101”和变量“#102”代表各型腔中心在工件坐标系中的 X 坐标和 Y 坐标。变量“#101”和变量“#102”的初始值均为 –67.5。

（2）加工程序的编制

编写参考加工程序（见表 6–5），并进行本任务的加工。

表 6–5　　网格零件参考加工程序

程序段号	加工程序	程序说明
	O0010；	程序号
N10	G90 G94 G40 G21 G17 G54；	程序初始化
N20	G91 G28 Z0；	程序开始部分
N30	G90 G00 X–50.0 Y–50.0；	
N40	S600 M03 M08；	
N50	G00 Z50.0；	
N70	#102=–67.5；	型腔中心 Y 坐标的初始值
N80	#101=–67.5；	型腔中心 X 坐标的初始值
N90	G52 X#101 Y#102；	将工件坐标系原点平移至型腔中心
N100	G00 X0 Y0；	刀具定位至当前加工的型腔中心
N110	Z5.0；	
N120	M98 P340；	调用子程序加工型腔
N130	#101=#101+27.0；	X 坐标每次增加 27
N140	IF［#101 LE 67.5］GOTO 90；	如果 X 坐标小于或等于 67.5，则返回 N90
N150	#102=#102+27.0；	Y 坐标每次增加 27
N160	IF［#102 LE 67.5］GOTO 80；	如果 Y 坐标小于或等于 67.5，则返回 N80
N170	G52 X0 Y0；	程序结束部分
N190	G00 Z100.0；	
N200	M05 M09；	
N210	M30；	
	O0340；	型腔加工子程序
N10	G01 Z–9.0 F100；	加工单个型腔
N20	G41 G01 X6.5 Y0.5 D01；	

续表

程序段号	加工程序	程序说明
N30	G03 Y12.5 R6.0;	加工单个型腔
N40	G01 X-6.5;	
N50	G03 X-12.5 Y6.5 R6.0;	
N60	G01 Y-6.5;	
N70	G03 X-6.5 Y-12.5 R6.0;	
N80	G01 X6.5;	
N90	G03 X12.5 Y-6.5 R6.0;	
N100	G01 Y6.5;	
N110	G40 G01 X0 Y0;	
N120	G00 Z5.0;	
N130	M99;	返回主程序

五、配分权重（见表 6-6）

表 6-6　　网格零件加工配分权重表

工件编号				总得分		
项目与权重	序号	技术要求	配分	评分标准	检测记录	得分
加工（40%）	1	型腔位置正确	20	超差全扣		
	2	型腔尺寸精度符合要求	20	超差全扣		
程序与工艺（50%）	3	宏程序编程规范	10	每处不规范扣 5 分		
	4	变量设置合理	10	每处不合理扣 5 分		
	5	宏程序编程正确	20	每处错误扣 5 分		
	6	加工路线合理	10	每处不合理扣 5 分		
机床操作（10%）	7	机床操作规范	5	不规范全扣		
	8	刀具选择与对刀正确	5	不正确全扣		
安全文明生产（倒扣）	9	符号安全操作要求	倒扣	断刀等安全事故停止操作，其余酌情扣 5 ~ 20 分		
	10	工作场所整理合格				

任务三 宏程序加工规则曲面

知识点

◎规则曲面及固定斜角平面的加工方法。

◎非圆曲线轮廓的拟合方法。

技能点

◎采用宏程序编写规则曲面的加工程序。

一、任务描述

试编写如图 6–10 所示模具型芯件（毛坯材料为 45 钢，毛坯尺寸为 80 mm × 60 mm × 15 mm）的加工程序，并在数控铣床上进行加工。

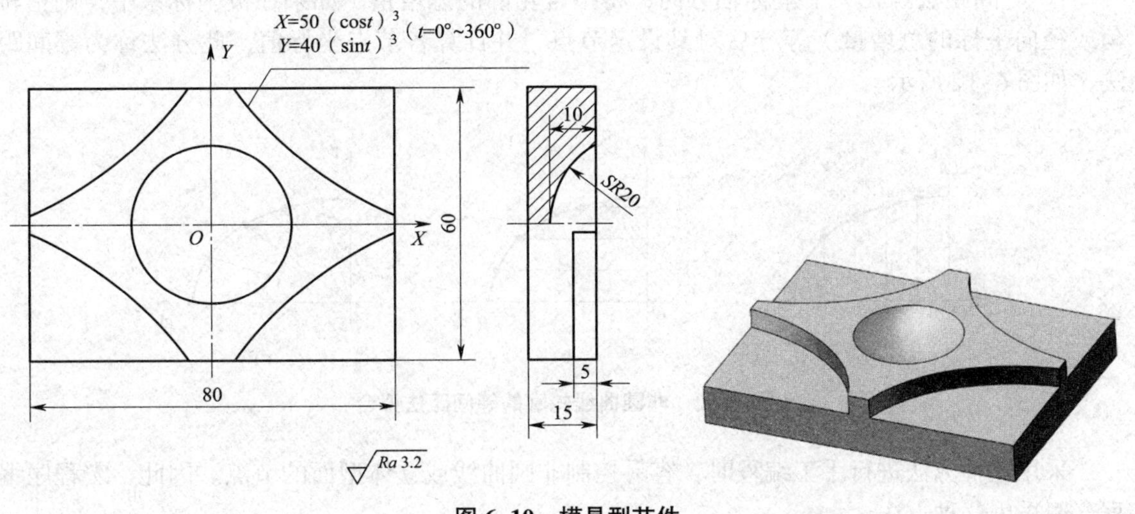

图 6–10 模具型芯件

二、任务分析

本任务零件的加工要素为非圆曲线轮廓和规则曲面，采用手工编程方式编写其加工程序时，可采用短线段对这些轮廓进行拟合，采用宏程序方式进行编程。

三、知识链接

1. 曲面及固定斜角平面的加工方法

（1）加工方法的选择

规则曲面（如球面、椭球面等）或固定斜角平面数控铣床加工时，多以行切法进行三轴联动加工（见图 6–11），可采用手工宏程序编程或 CAM 软件自动编程。曲面采用行切法加工时，会在工件表面留有较大的残留面积，影响表面加工质量。减小行切法加工残留面积最有效的方法是减小行距。

图 6–11　曲面及固定斜角平面的加工方法

a）曲面的加工　b）固定斜角平面的加工

（2）非圆曲线轮廓的拟合方法

目前大多数控系统还不具备非圆曲线的插补功能。因此，加工这些非圆曲线时，通常采用线段或圆弧段拟合的方法进行。常用的手工编程拟合计算方法有等间距法、等插补段法和三点定圆法等几种。

1）等间距法。在一个坐标轴方向，将拟合轮廓的总增量（如果在极坐标系中，则指转角或径向坐标的总增量）等分后对其设定节点，并计算各节点坐标值，此方法称为等间距法，如图 6–12 所示。

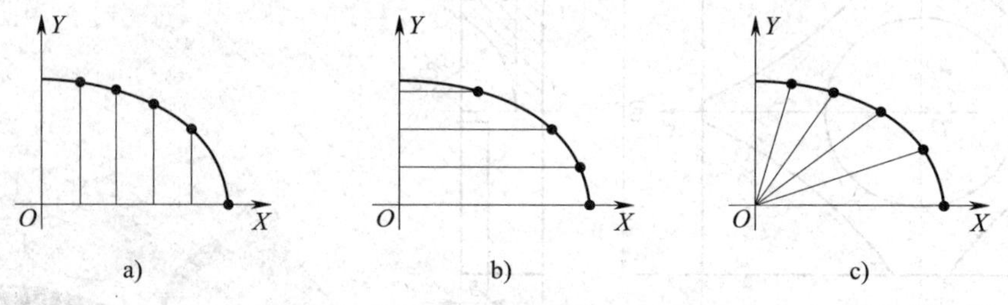

图 6–12　非圆曲线轮廓的等间距法拟合

采用这种方法进行手工编程时，容易控制非圆曲线或立体型面的节点。因此，宏程序编程普遍采用这种方法。

2）等插补段法。当设定相邻两节点间的弦长相等时，对轮廓曲线进行节点坐标值计算的方法称为等插补段法。

3）三点定圆法。这是一种用圆弧拟合非圆曲线时常用的计算方法，其实质是过已知曲线上的三点（也包括圆心和半径）作一圆。

（3）三维型面母线的拟合方法

宏程序编程采用行切法加工三维型面（如球面、变斜角平面等）时，型面截面上的母线通常无法直接加工，而采用短线段来拟合（见图 6–13）。

（4）拟合误差分析

非圆曲线与三维型面母线的拟合过程中，不可避免会产生拟合误差（见图 6–14），但其误差值不能超出规定值。通常情况下，拟合误差 δ 应小于或等于编程允许误差 $\delta_{允}$，即 $\delta \leqslant$

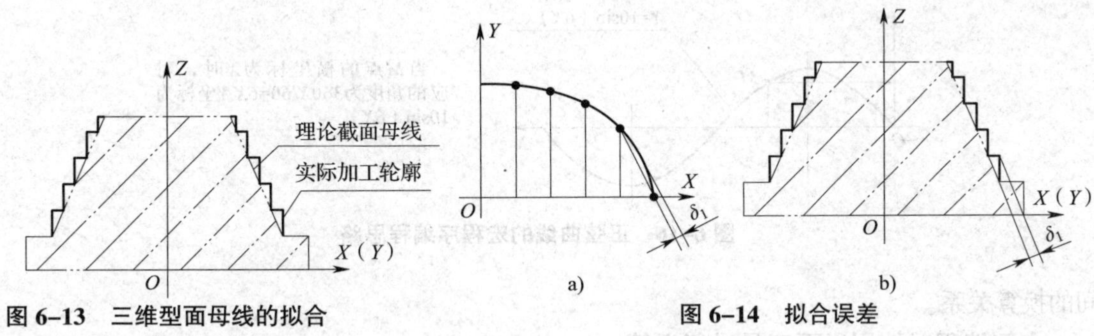

图 6–13 三维型面母线的拟合　　　图 6–14 拟合误差

$\delta_{允}$，通常通过选择合适的拟合方法及减小拟合线段长度的方法减小拟合误差。

2. 非圆曲线轮廓的宏程序编程

例 6–3–1 加工如图 6–15 所示零件，工件材料为 45 钢，试编写其数控铣床加工程序。

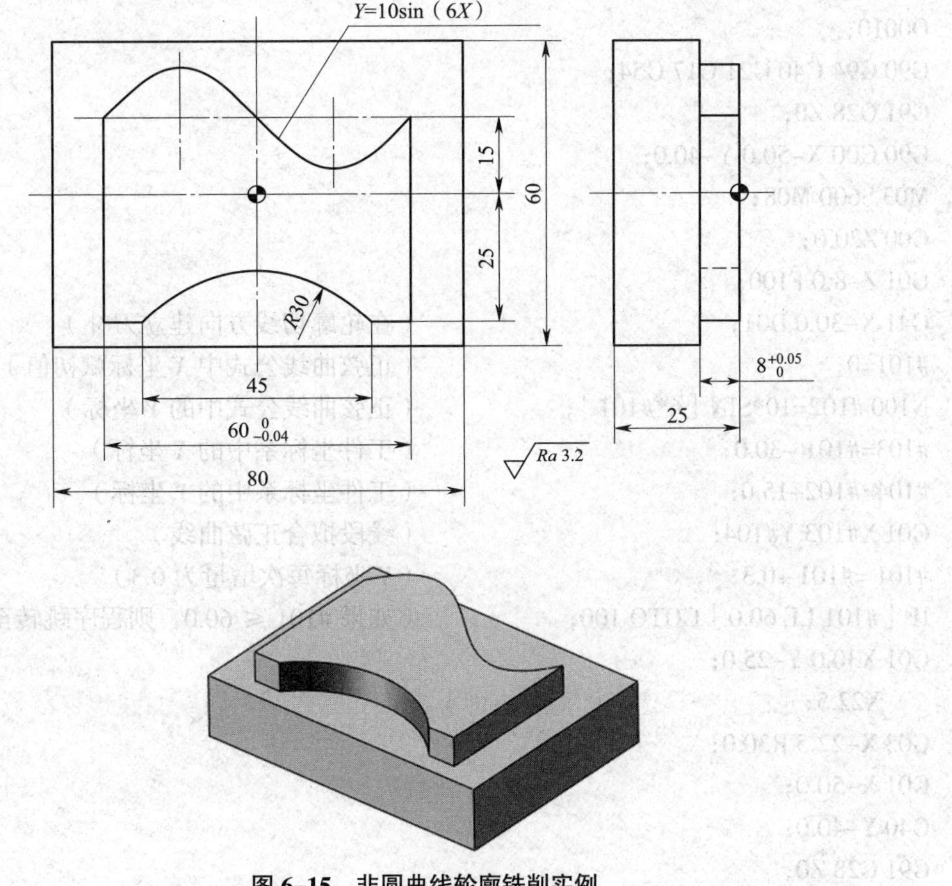

图 6–15 非圆曲线轮廓铣削实例

正弦曲线的宏程序编程思路如图 6–16 所示。在 X 轴方向 60 mm 的长度上分布有一个周期的正弦曲线，其振幅为 10 mm。因此，本例采用 X 轴方向上的等间距线段来拟合正弦曲线。X 为自变量，每次增量为 0.3 mm，相对应的角度为 6X，Y 为因变量，Y=10sin（6X）。另外，由于正弦曲线的原点与工件坐标系的原点不重合，因此编程时应注意相互之

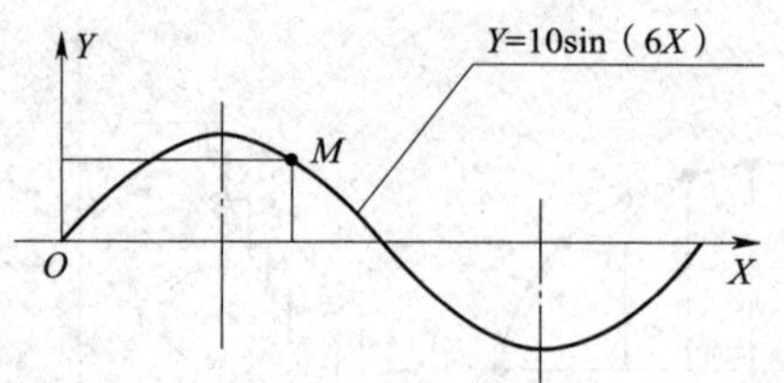

当M点的横坐标为X时，对应的角度为360X/60=6X,Y坐标为10sin（6X）

图 6-16　正弦曲线的宏程序编程思路

间的换算关系。

本例编程时使用以下变量进行运算。

#101：曲线公式中的 X 坐标，其初始值为 0。

#102：曲线公式中的 Y 坐标，其值为 10sin（6X）。

#103：工件坐标系中的 X 坐标，#103=#101-30.0。

#104：工件坐标系中的 Y 坐标，#104=#102+15.0。

```
O0010;
G90 G94 G40 G21 G17 G54;
G91 G28 Z0;
G90 G00 X-50.0 Y-40.0;
M03 S600 M08;
G00 Z20.0;
G01 Z-8.0 F100;
G41 X-30.0 D01;                      （在轮廓切线方向建立刀补）
#101=0;                              （正弦曲线公式中 X 坐标赋初值）
N100 #102=10*SIN［6*#101］;          （正弦曲线公式中的 Y 坐标）
#103=#101 -30.0;                     （工件坐标系中的 X 坐标）
#104=#102+15.0;                      （工件坐标系中的 Y 坐标）
G01 X#103 Y#104;                     （线段拟合正弦曲线）
#101 =#101 +0.3;                     （X 坐标每次增量为 0.3）
IF［#101 LE 60.0］GOTO 100;          （如果 #101 ≤ 60.0，则程序跳转至 N100）
G01 X30.0 Y-25.0;
    X22.5;
G03 X-22.5 R30.0;
G01 X-50.0;
G40 Y-40.0;
G91 G28 Z0;
M05 M09;
M30;
```

3. 规则曲面的宏程序编程

例 6-3-2　加工如图 6-17 所示零件，工件材料为 45 钢，试采用手工编程方式编写其数控铣床加工程序。

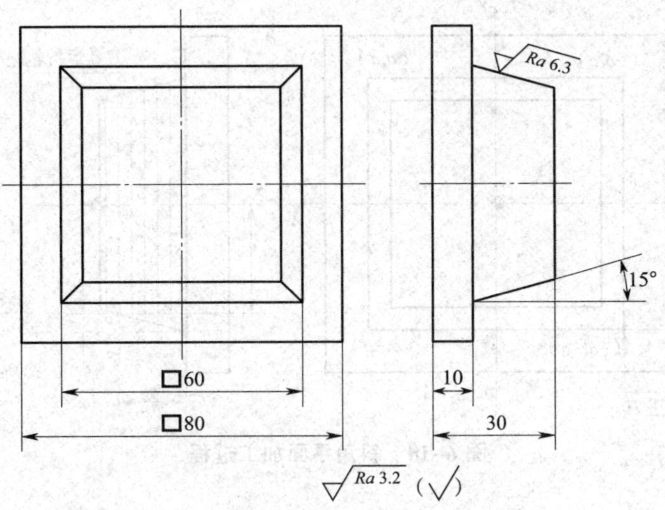

技术要求
斜面与底面衔接处有R1圆角。

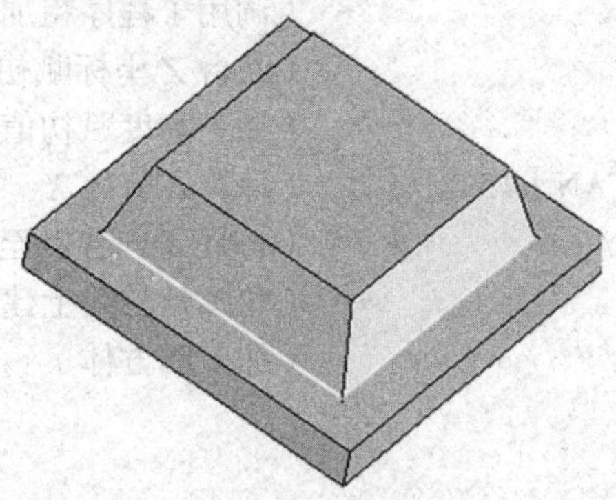

图 6–17 规则曲面宏程序编程加工实例

加工本例的斜角平面时，由于其切削深度较大（最大时为 20 mm），因此其铣削深度应取较小值，且在精加工前应进行去除余量的加工。去除余量采用 *Z* 轴方向的分层切削，每次 *Z* 向铣削深度为 5 mm，加工出 60 mm × 60 mm 四方凸台。

精加工采用宏程序，加工时从轮廓的切线方向切入、切出，加工过程如图 6-18 所示。加工出四方轨迹后刀具抬高 0.1 mm，通过变量运算计算出相应的 *a* 值，再次加工四方轨迹，如此循环，直到刀具抬高到四棱台顶点处退出循环。变量运算时，以高度 *h* 为自变量，每次增加 0.1 mm；四方宽度 *a* 为因变量，*a*=30–*h* × tan15°，从而求出四方体各点的坐标。

#101：宽度变量 *a*，*a*=30–*h* × tan15°。

#102：*Z* 坐标变量，初始值为 –20.0。

#103：高度变量 *h*，初始值为 0。

```
O0311;
G90 G94 G40 G21 G17 G54;                （程序开始部分）
G91 G28 Z0;
G90 G00 X-50.0 Y-50.0;
M03 S600 M08;
```

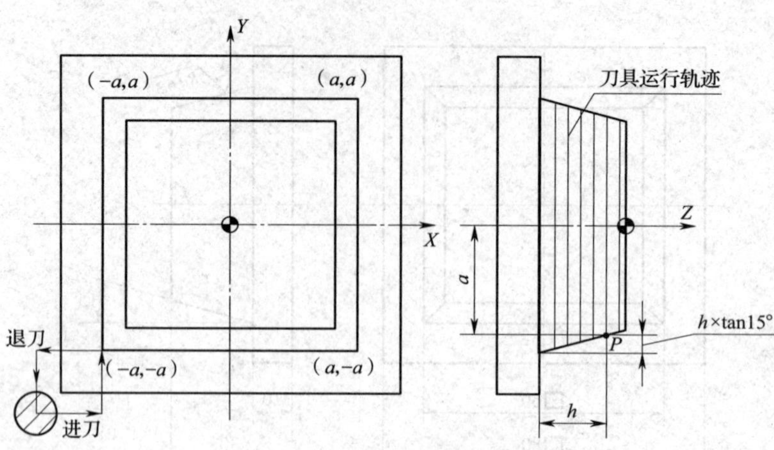

图 6–18 斜角平面加工过程

```
G00 Z20.0;
G01 Z0.0 F100;                      （刀具下降至 Z 向起刀点）
M98 P21 L4;                         （调用子程序粗加工四方体）
#102=-20.0;                         （凸台 Z 坐标赋初值）
#103=0;                             （加工高度赋初值）
N100 #101=30.0-#103* TAN［15.0］;   （计算四方体 X、Y 坐标）
G01 Z#102;                          （刀具 Z 向移动至加工位置）
G41 G01 X-#101 D01;                 （轮廓延长线上建立刀补）
     Y#101;                         （加工四方体）
     X#101;
     Y-#101;
     X-#101;
G40 G01 X-40.0 Y-40.0;              （取消刀补）
#102=#102+0.1;                      （Z 坐标每次增量为 0.1）
#103=#103+0.1;                      （Z 向高度值每次增量为 0.1 mm）
IF［#102 LE 0.0］GOTO 100;          （条件判断）
G91 G28 Z0;                         （程序结束部分）
M05 M09;
M30;
O0021                               （轮廓粗加工子程序）
G91 G01 Z-5.0 F100;                 （Z 向增量移动 -5 mm）
G90 G41 X-30.0 D01;                 （切线方向建立刀补）
     Y30.0;                         （加工四方体）
     X30.0;
     Y-30.0;
     X-40.0;
G40 G01 X-50.0 Y-50.0;              （取消刀补）
M99;                                （返回主程序）
```

四、任务实施

1. 编程思路分析

编写本任务工件的轮廓加工程序时，以角度作为自变量（其变化范围为0°～360°），轮廓上各点的 *X*、*Y* 坐标作为因变量，编程过程中使用以下变量进行运算。

#100：角度变量。

#101：*X* 坐标变量，#101=50*COS［#100］*COS［#100］*COS［#100］。

#102：*Y* 坐标变量，#102=40*SIN［#100］*SIN［#100］*SIN［#100］。

加工本任务工件内凹球面时，先用钻头钻出工艺孔，完成后的轮廓如图6–19所示；再用 *R*8 mm 球头铣刀进行球面轮廓精加工。加工过程中的球心轨迹为图6–20中的圆弧 *MN*，编程时以角度 α 作为自变量，其变化范围为0°～60°，则球心轨迹上的 *P* 点坐标为：$X_P=15.0\cos\alpha$，$Z_P=15.0\sin\alpha$。编程过程中使用以下变量进行运算。

#111：角度自变量，其值为0°～60°。

#112：球头铣刀刀位点的 *X* 坐标，#112=12.0*SIN［#111］。

#113：球头铣刀刀位点的 *Z* 坐标，#113=2–12.0*COS［#111］。

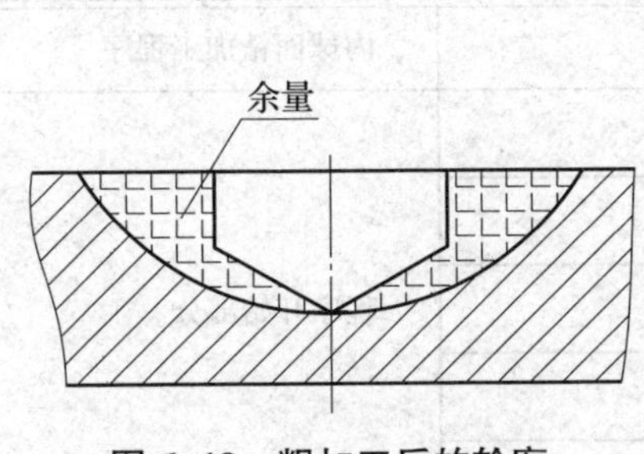

图6–19　粗加工后的轮廓

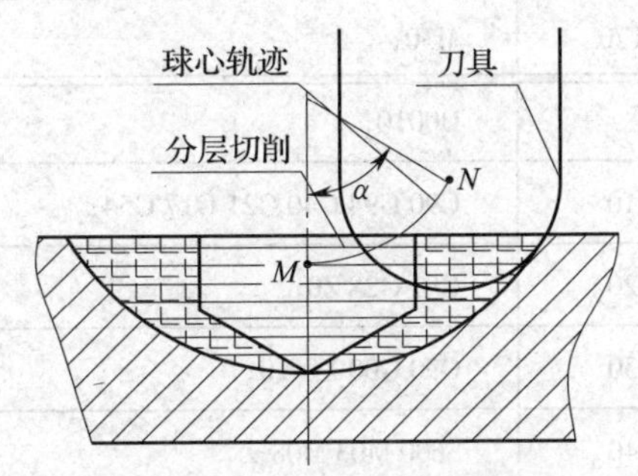

图6–20　内凹球面加工思路

2. 编制加工程序

编写参考加工程序（见表6–7），并进行本任务的加工。

表6–7　　模具型芯件参考加工程序

程序段号	加工程序	程序说明
	O0010;	轮廓加工程序
N10	G90 G94 G40 G21 G17 G54;	程序初始化
N20	G91 G28 Z0;	程序开始部分
N30	G90 G00 X50.0 Y–10.0;	
N40	S600 M03 M08;	
N50	G00 Z20.0;	
N60	G01 Z–5.0 F200;	刀具定位

续表

程序段号	加工程序	程序说明
N70	G41 G01 X50.0 Y0 D01；	建立刀补
N80	#100=360.0；	设定变量初始值
N90	#101=50*COS［#100］*COS［#100］*COS［#100］；	
N100	#102=40*SIN［#100］*SIN［#100］*SIN［#100］；	
N110	G01 X#101 Y#102；	加工轮廓曲线
N120	#100=#100−1.0；	
N130	IF［#100 GE 0］GOTO 90；	
N140	G40 X50.0 Y20.0；	
N150	G00 Z100.0；	程序结束部分
N160	M05 M09；	
N170	M30；	
	O0010；	内球面精加工程序
N10	G90 G94 G40 G21 G17 G54；	程序开始部分
N20	G91 G28 Z0；	
N30	G90 G00 X0 Y0；	
N40	S600 M03 M08；	
N50	G00 Z20.0；	
N60	#111=3；	角度赋初值
N70	#112=12.0*SIN［#111］；	刀位点的 X 坐标
N80	#113=2−12.0*COS［#111］；	刀位点的 Z 坐标
N90	G01 Z#113 F200；	刀具定位
N100	X#112；	
N110	G03 X#112 Y0 I−#112 J0；	刀具走一个整圆轨迹
N120	#111=#111+3.0；	角度增量为 3°
N130	IF［#111 LE 60.0］GOTO 70；	条件判断
N140	G91 G28 Z0；	程序结束部分
N150	M05 M09；	
N160	M30；	

五、配分权重（见表 6-8）

表 6-8 模具型芯件加工配分权重表

工件编号				总得分		
项目与权重	序号	技术要求	配分	评分标准	检测记录	得分
加工（50%）	1	非圆曲线轮廓符合要求	20	不合格全扣		
	2	球面型腔符合要求	20	不合格全扣		
	3	其他轮廓符合要求	10	不合格全扣		
程序与工艺（40%）	4	宏程序编程规范	10	每处不规范扣 5 分		
	5	变量设置合理	10	每处不合理扣 5 分		
	6	宏程序编程正确	20	每处错误扣 5 分		
机床操作（10%）	7	机床操作规范	5	不规范全扣		
	8	刀具选择与对刀正确	5	不正确全扣		
安全文明生产（倒扣）	9	符合安全操作要求	倒扣	断刀等安全事故停止操作，其余酌情扣 5 ~ 20 分		
	10	工作场所整理合格				

思考与练习

1. 什么是宏程序？手工编程中为何要使用宏程序？
2. 斜角平面和曲面的加工方法分别有哪些？
3. 宏程序的变量可分为哪几类？各有何特点？
4. 宏程序是如何实现程序跳转的？
5. 如何实现非圆曲线轮廓的拟合？

模块七

高级综合练习

任务一　数控铣床 / 加工中心高级工综合练习（一）

知识点

◎ 数控铣床 / 加工中心维护与保养的基本知识。

技能点

◎ 较复杂零件编程问题的分析和解决方案的确定。

一、任务描述

试在加工中心上完成如图 7–1 所示零件（适用于数控铣床 / 加工中心高级工）的编程与加工，毛坯材料为 45 钢，毛坯尺寸为 120 mm × 100 mm × 30 mm，工时定额 5 h。

二、任务分析

通过对该任务的编程与加工练习，可进一步提高学生分析问题和解决问题的能力，学生应了解铣工国家职业技能标准，并掌握数控机床的维护、保养等安全文明生产知识。

三、知识链接

数控铣床 / 加工中心是一种自动化程度高、结构复杂的先进加工设备。为了充分发挥其效益，做好机床的日常维护、保养，降低机床的故障率是十分重要的。

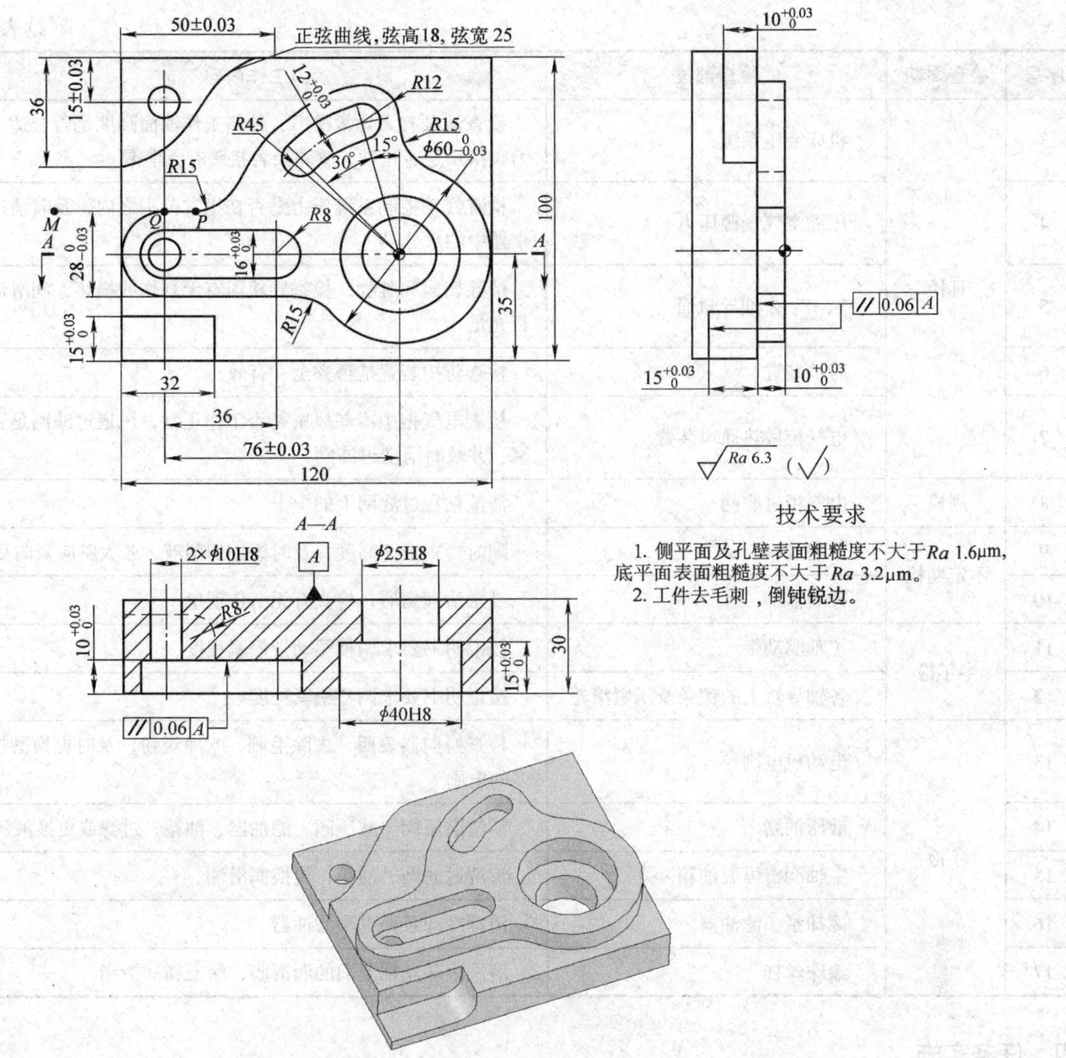

图 7–1 数控铣床 / 加工中心高级工综合练习（一）任务图

数控铣床的日常维护、保养一般由操作人员来完成。因此，操作人员应了解所用设备（如机械装置、数控装置、液压气动装置、电气柜等）的结构、在机床中所处位置及使用环境要求，并严格按照机床使用说明手册正确、合理地使用机床。此外，操作人员还应熟悉所用机床的规格（如主轴驱动电动机功率、主轴转速范围、进给速度、机床行程范围、工作台承载能力、最大刀具尺寸、最大刀具质量、润滑油牌号等）。数控铣床主要的维护与保养工作见表 7–1。

表 7–1 数控铣床主要的维护与保养工作

序号	检查周期	检查部位	工作内容
1	日检	导轨润滑油箱	检查油量，及时添加润滑油，检查润滑油泵是否定时启动注入润滑油及停止
2		主轴润滑恒温油箱	检查工作是否正常，油量是否充足，温度范围是否合适

续表

序号	检查周期	检查部位	工作内容
3	日检	机床液压系统	检查油泵有无异常噪声，油箱工作油面高度是否合适，压力表指示是否正常，管路及各接头有无泄漏
4		压缩空气气源压力	检查气动控制系统压力是否在正常范围之内，及时清理分水器中的水分
5		X、Y、Z 轴导轨面	清除切屑和脏物，检查导轨面有无划伤或损坏，润滑油是否充足
6		防护装置	检查防护装置是否齐全、有效
7		电气柜散热通风装置	检查电气柜中冷却风扇是否工作正常，风道过滤网是否堵塞，并及时清洗过滤网
8	周检	电气柜过滤网	清洗粘在过滤网上的尘土
9	不定期检	切削液箱	随时检查液面高度，及时添加切削液，若太脏应及时更换
10		排屑器	经常清理切屑，检查有无卡住现象
11	半年检	主轴驱动带	按说明书要求调整驱动带松紧程度
12		各轴导轨上的镶条及压紧滚轮	按说明书要求调整松紧程度
13	年检	电动机电刷	检查换向器表面，去除毛刺，吹净炭粉，及时更换磨损过多的电刷
14		液压油路	清洗溢流阀、减压阀、滤油器、油箱，过滤或更换液压油
15		主轴润滑恒温油箱	清洗过滤网、油箱，更换润滑油
16		冷却泵、滤油器	清理冷却泵，更换滤油器
17		滚珠丝杠	清洗滚珠丝杠上旧的润滑脂，涂上新润滑脂

四、任务实施

1．分析零件图样

零件图样如图 7–1 所示。

2．精度分析

（1）尺寸精度

本任务中精度要求较高的尺寸主要有轮廓尺寸 $28_{-0.03}^{\ 0}$ mm、$\phi60_{-0.03}^{\ 0}$ mm，槽宽尺寸 $12_{\ 0}^{+0.03}$ mm、$16_{\ 0}^{+0.03}$ mm、$15_{\ 0}^{+0.03}$ mm，深度尺寸 $10_{\ 0}^{+0.03}$ mm、$15_{\ 0}^{+0.03}$ mm，孔尺寸 ϕ10H8、ϕ25H8、ϕ40H8 等。

对于尺寸精度，主要通过在加工过程中精确对刀、正确选用刀具和刀具参数及选用合适的加工工艺等措施来保证。

（2）几何精度

本任务中主要的几何精度有孔的位置精度（15 ± 0.03）mm、（50 ± 0.03）mm、（76 ± 0.03）mm，槽的角度位置精度 15°、30°，以及加工部位底平面与工件底平面的平行度等。

对于几何精度要求，主要通过精确对刀、工件在夹具中正确装夹与找正、基点坐标的正确计算等措施来保证。

（3）表面粗糙度

本任务中外轮廓及孔的表面粗糙度不大于 $Ra1.6$ μm，加工部位底平面的表面粗糙度不大于 $Ra3.2$ μm。

对于表面粗糙度要求，主要通过选择正确的粗、精加工路线，选用合适的切削用量和正确使用切削液等措施来保证。

3．加工工艺分析

（1）编程原点的确定

由于工件外轮廓不对称，根据编程原点的确定原则，为了方便编程过程中的计算，选取 $\phi40$ mm 孔中心的上平面作为编程原点。

（2）加工方案及加工路线的确定

1）加工方案。为了保证零件的各项精度要求，采用先面后孔、先粗后精的加工方案。

粗加工主要用于去除工件加工余量并保证适当的精加工余量，本任务轮廓的精加工余量取 0.3 mm（单边），孔的精加工余量取 0.2 mm（双边）。粗加工时，应以保证加工效率为主，因此，轮廓的粗加工一般使用大直径刀具，采用逆铣的加工方法。

精加工主要用于保证各项精度要求。精加工轮廓时，采用顺铣的加工方法。

$\phi10$H8 孔采用中心钻定位—钻孔—铰孔的加工方案。

$\phi25$H8 和 $\phi40$H8 孔采用中心钻定位—钻孔—铣孔—精镗孔的加工方案。

2）加工路线。铣削外形时，刀具的起刀点位于工件的左外侧（图 7–1 中 PQ 延长线上的 M 点），采用直线进刀方式沿轮廓切线方向切入。

铣削内轮廓时，刀具的起刀点位于一端圆弧轮廓的中心。

根据刀具直径（$\phi25$ mm）、刀具材料（高速钢）以及加工余量，确定采用在 XY 平面内分层切削、Z 轴方向一次性切削的加工方法。

4．工件的定位、夹紧与刀具的选用

（1）刀具及其切削用量的选用

刀具及其切削用量的选用见表 7–2。

表 7–2　刀具及其切削用量的选用

刀具名称	刀具直径 / mm	刀具材料	进给速度 /（mm/min）	主轴转速 /（r/min）	铣削深度（背吃刀量）/ mm	刀具号	加工部位
立铣刀	$\phi25$	高速钢	150	400	10	T01	粗加工外轮廓
键槽铣刀	$\phi10$	高速钢	100	1 000	10	T02	粗加工键槽
立铣刀	$\phi16$	高速钢	50	1 000	10	T03	精加工外轮廓、铣孔
键槽铣刀	$\phi12$	高速钢	60	1 200	10	T04	精加工宽 12 mm 键槽
键槽铣刀	$\phi16$	高速钢	60	1 000	10	T05	精加工宽 16 mm 键槽
中心钻	$\phi2.5$	高速钢	100	2 000	$0.5D$	T06	三个孔定位
麻花钻	$\phi9.8$	高速钢	120	600	$0.5D$	T07	三个孔钻孔
铰刀	$\phi10$	高速钢	100	200	0.1	T08	铰两个 $\phi10$H8 孔

续表

刀具名称	刀具直径 / mm	刀具材料	进给速度 /（mm/min）	主轴转速 /（r/min）	铣削深度（背吃刀量）/ mm	刀具号	加工部位
镗刀	ϕ25	硬质合金	60	600	0.1	T09	精镗 ϕ25 mm 孔
	ϕ40	硬质合金	50	400	0.1	T10	精镗 ϕ40 mm 孔

注：*D* 为刀具直径。

（2）工件的定位、夹紧

本工件为单件加工，在加工过程中选用通用夹具机用虎钳进行定位与装夹。在装夹过程中要注意机用虎钳的找正和工件装夹后的找正。

5. 工件基点与节点的计算

（1）基点计算

本任务主要通过三角函数计算法或 CAD 绘图分析法来进行基点计算，其计算相对简单，请参照图样自行计算。

（2）节点计算

本任务中的正弦曲线采用等间距法（*X* 轴方向）进行拟合。将该曲线在 *X* 轴方向均分成 180 段，则每段线段在 *X* 轴方向的间距为 $\frac{5}{18}$ mm，相对应正弦曲线的角度为 1°，根据公式 Y=29.0+18sinα 计算出每一线段终点的 *Y* 坐标，从而计算出曲线上的节点坐标。

6. 编写加工工步

图 7–1 所示零件的数控加工工序的加工工步（以加工刀具划分工步）如下：

（1）工件装夹并找正。

（2）用 ϕ25 mm 立铣刀粗加工外轮廓（包括正弦曲线轮廓，不包括开口槽），单边留 0.3 mm 精加工余量。

（3）用 ϕ10 mm 键槽铣刀粗铣键槽。

（4）用 B2.5 mm 中心钻定位孔。

（5）用 ϕ9.8 mm 钻头钻孔。

（6）用 ϕ16 mm 立铣刀精加工外轮廓；粗铣内孔，双边留 0.2 mm 精加工余量。

（7）用 ϕ12 mm 键槽铣刀精铣键槽。

（8）用 ϕ16 mm 键槽铣刀精铣键槽。

（9）用 ϕ10 mm 铰刀铰孔。

（10）用 ϕ25 mm 精镗刀精镗孔。

（11）用 ϕ40 mm 精镗刀精镗孔。

（12）将工件重新装夹与找正。

（13）粗加工开口槽。

（14）精加工开口槽。

7. 编写加工程序

图 7–1 所示零件的部分参考加工程序见表 7–3。

表 7-3　　数控铣床/加工中心高级工综合练习（一）参考加工程序

程序段号	加工程序	程序说明
	O0010;	正弦曲线宏程序
N10	G00 X-110.0 Y45.0;	快速定位
N20	G01 Z-20.0 F100;	
N30	#100=-90.0;	正弦曲线角度赋初值
N40	#101=-90.0;	曲线 *X* 坐标赋初值
N50	#102=18*SIN［#100］+29.0;	曲线上各点的 *Y* 坐标
N60	G41 G01 X#101 Y#102 D01;	曲线拟合加工
N70	#100=#100+1.0;	变量运算
N80	#101=#101+5/18;	
N90	IF［#100 LE 90.0］GOTO 50;	条件判断
N100	G40 G01 X-60.0 Y85.0;	刀具定位
N110	M99;	

【提示】本任务的参考加工程序仅列出了宏程序，其余程序请自行编写。

五、配分权重（见表 7-4）

表 7-4　　数控铣床/加工中心高级工综合练习（一）配分权重表

工件编号			总得分				
项目与权重		序号	技术要求	配分	评分标准	检测记录	得分
加工（80%）	外轮廓	1	$\phi60_{-0.03}^{0}$ mm	4	超差全扣		
		2	$28_{-0.03}^{0}$ mm	4	超差全扣		
		3	平行度 0.06 mm	3	超差全扣		
		4	$10_{0}^{+0.03}$ mm	3	超差全扣		
		5	表面粗糙度符合要求	4	每处超差扣 1 分		
		6	圆弧过渡光滑、无接痕	2	每处接痕扣 1 分		
	两封闭槽	7	$16_{0}^{+0.03}$ mm	4	超差全扣		
		8	$12_{0}^{+0.03}$ mm	4	超差全扣		
		9	$10_{0}^{+0.03}$ mm（2 处）	3×2	每处超差扣 3 分		
		10	表面粗糙度符合要求	3	每处超差扣 1 分		
	开口槽	11	$15_{0}^{+0.03}$ mm（2 处）	3×2	每处超差扣 3 分		
		12	表面粗糙度符合要求	2	每处超差扣 1 分		
		13	平行度 0.06 mm	3	超差全扣		
	内孔	14	ϕ10H8（2 处）	3×2	每处超差扣 3 分		
		15	ϕ25H8	3	超差全扣		
		16	ϕ40H8	3	超差全扣		

续表

项目与权重		序号	技术要求	配分	评分标准	检测记录	得分
加工（80%）	内孔	17	$15^{+0.03}_{0}$ mm	3	超差全扣		
		18	表面粗糙度符合要求	4	每处超差扣 1 分		
		19	孔距符合要求（3 处）	2×3	每处超差扣 2 分		
	其他	20	$10^{+0.03}_{0}$ mm	3	超差全扣		
		21	正弦曲线轮廓正确	4	每处错误扣 2 分		
程序与工艺（20%）		22	程序正确	10	每处错误扣 2 分		
		23	工艺合理	10	每处不合理扣 2 分		
机床操作（倒扣）		24	机床操作正确	倒扣	每处错误扣 2 分		
安全文明生产（倒扣）		25	符合安全操作要求	倒扣	断刀等安全事故停止操作，其余酌情扣 5 ~ 20 分		
		26	工作场所整理合格				

任务二 数控铣床 / 加工中心高级工综合练习（二）

技能点

◎ 较复杂零件的独立编程与加工。

一、任务描述

试在加工中心上完成如图 7–2 所示零件（适用于数控铣床 / 加工中心高级工）的编程与加工，毛坯材料为 45 钢，毛坯尺寸为 160 mm × 120 mm × 40 mm，工时定额 7 h。

二、任务分析

通过本任务的练习，提高操作者分析问题、解决问题的能力和独立进行编程与加工的能力。

三、任务实施

在编写本任务加工程序前，先独立完成任务分析，然后填写数控加工刀具卡和数控加工工序卡。

【提示】 本任务的编程难点在于两个月牙形凸台的编程。为了实现简化编程的目的，编程时应综合运用坐标平移指令（G52）、坐标系旋转指令（G68），变量计算如图 7–3 所示，其参考加工程序见表 7–5。

#100：计算 Y 坐标的变量。

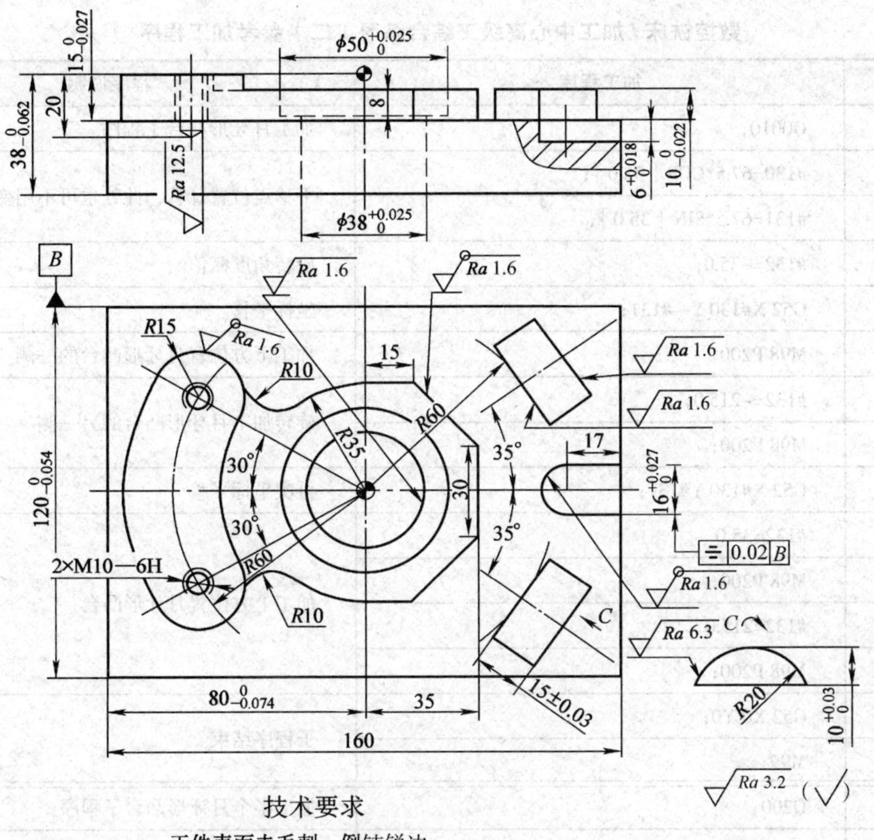

技术要求

工件表面去毛刺，倒钝锐边。

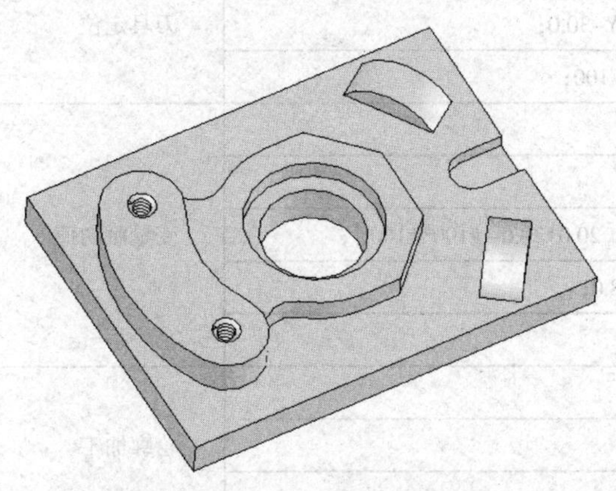

图 7-2　数控铣床 / 加工中心高级工综合练习（二）任务图

#101：Z 坐标变量。

#102：Y 坐标变量。

#103：刀位点坐标变量，#103=#102+8.0（刀具半径）。

#104：X 坐标变量。

注意：执行沿某一轴的可编程镜像指令后再执行坐标系旋转指令时，则旋转方向相反。

选用 $\phi16$ mm 高速钢立铣刀。

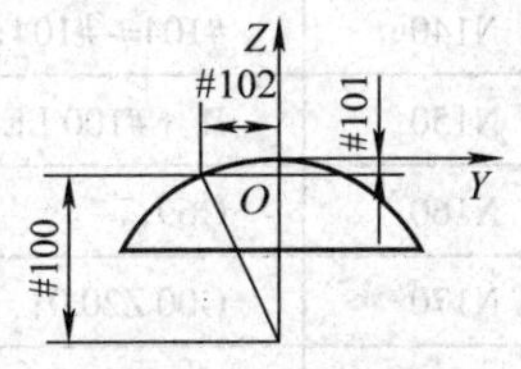

图 7-3　变量计算

表 7–5　　数控铣床 / 加工中心高级工综合练习（二）参考加工程序

程序段号	加工程序	程序说明
	O0010;	加工月牙形凸台子程序
N10	#130=67.5*COS［35.0］;	平移点位置计算，此处也可不用变量
N20	#131=67.5*SIN［35.0］;	
N30	#132=–35.0;	旋转角度赋值
N40	G52 X#130 Y– #131;	坐标平移
N50	M98 P200;	加工下方位置月牙形凸台的一侧
N60	#132=–215.0;	旋转加工月牙形凸台的另一侧
N70	M98 P200;	
N80	G52 X#130 Y#131;	再次坐标平移
N90	#132=35.0	加工上方位置月牙形凸台
N100	M98 P200;	
N110	#132=215.0;	
N120	M98 P200;	
N130	G52 X0 Y0;	子程序结束
N140	M99;	
	O200;	加工半个月牙形凸台子程序
N10	G68 X0 Y0 R#132;	刀具定位
N20	G00 X–10.0 Y–30.0;	
N30	G01 Z–15.0 F100;	
N40	#100=10.0;	变量赋初值
N50	#101=–15.0;	
N60	#102=SQRT［20.0*20.0– #100*#100］;	
N70	#103=#102+8.0;	
N80	#104=10.0;	
N90	G01 Z#101;	轮廓加工
N100	Y–#103;	
N110	X#104;	
N120	#100=#100+0.1;	变量运算
N130	#101=#101+0.1;	
N140	#104=–#104;	
N150	IF［#100 LE 20.0］GOTO 60;	条件判断
N160	G69;	取消坐标系旋转
N170	G00 Z20.0;	子程序结束
N180	M99;	

四、配分权重（见表 7–6）

表 7–6　　数控铣床 / 加工中心高级工综合练习（二）配分权重表

项目与权重		序号	技术要求	配分	评分标准	检测记录	得分
工件编号					总得分		
加工（80%）	外轮廓	1	$38_{-0.062}^{0}$ mm	5	超差全扣		
		2	$15_{-0.027}^{0}$ mm	5	超差全扣		
		3	$120_{-0.054}^{0}$ mm	5	超差全扣		
		4	$16_{0}^{+0.027}$ mm	5	超差全扣		
		5	$6_{0}^{+0.018}$ mm	5	超差全扣		
		6	对称度 0.02 mm	5	超差全扣		
		7	$10_{-0.022}^{0}$ mm	5	超差全扣		
		8	（15 ± 0.03）mm	5	超差全扣		
		9	凸台圆弧正确	6	每处错误扣 2 分		
		10	表面粗糙度符合要求	6	每处超差扣 2 分		
		11	其他外轮廓正确	4	每处错误扣 1 分		
	孔	12	$\phi50_{0}^{+0.025}$ mm	5	超差全扣		
		13	$\phi38_{0}^{+0.025}$ mm	5	超差全扣		
		14	$80_{-0.074}^{0}$ mm	4	超差全扣		
		15	2 × M10—6H（2 处）	3 × 2	每处超差扣 3 分		
		16	表面粗糙度符合要求	4	每处超差扣 2 分		
程序与工艺（20%）		17	程序正确	10	每处错误扣 2 分		
		18	工艺合理	10	每处不合理扣 2 分		
机床操作（倒扣）		19	机床操作正确	倒扣	每处错误扣 2 分		
安全文明生产（倒扣）		20	符合安全操作要求	倒扣	断刀等安全事故停止操作，其余酌情扣 5 ~ 20 分		
		21	工作场所整理合格	倒扣			

任务三 数控铣床 / 加工中心高级工综合练习（三）

技能点

较复杂零件的独立编程与加工。

一、任务描述

试在加工中心上完成如图 7–4 所示零件的编程与加工，毛坯材料为 45 钢，毛坯尺寸为 120 mm × 100 mm × 20 mm。

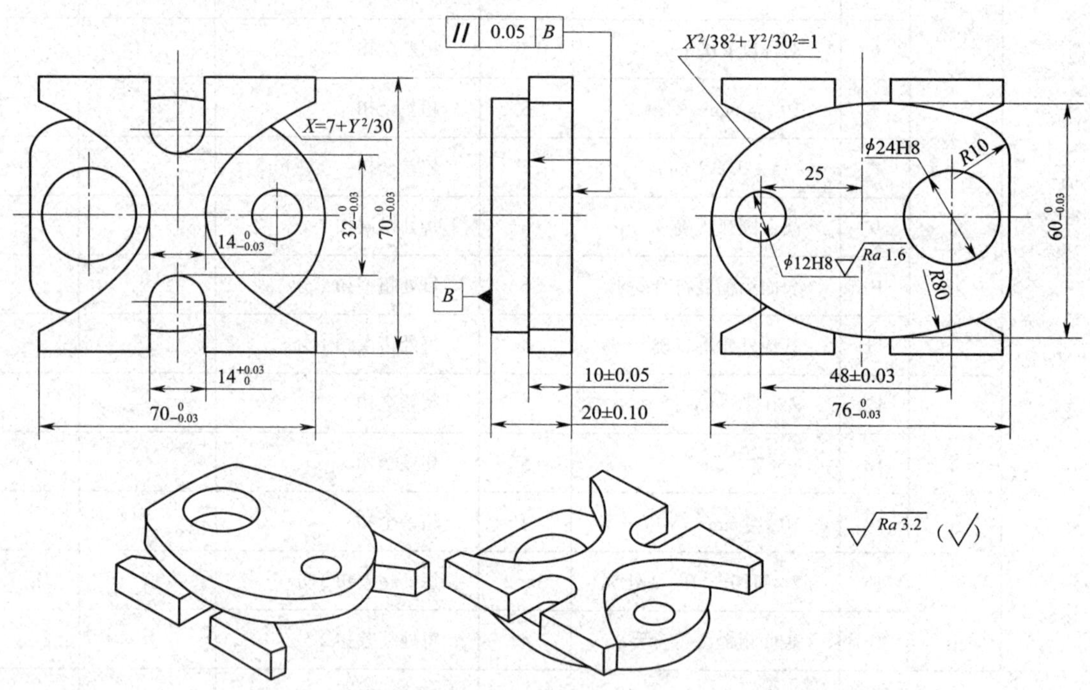

图 7–4 数控铣床 / 加工中心高级工综合练习（三）任务图

二、任务分析

通过本任务的练习，提高操作者分析问题、解决问题的能力和独立进行编程与加工的能力。

三、任务实施

1．椭圆曲线的极坐标表示方法

椭圆曲线除了采用公式 $X^2/a^2+Y^2/b^2=1$（其中 a 和 b 为半轴长度）来表示外，还可采用极坐标来表示，其公式为 $X=a\cos\alpha$，$Y=b\sin\alpha$（α 为极角）。对于极坐标的极角 α，应特别注意除了椭圆上象限点处的极角（α）等于几何角度（β）外，其余各点处的极角与几何角度不相等，在编程中一定要加以注意。

椭圆某点处极角的画法如图 7–5 所示。先以长轴为半径，椭圆中心为圆心画圆，再通过椭圆上的一点 A 画 X 轴的垂直线，分别与圆和 X 轴相交于 F 点和 C 点，则∠ COF 即为椭圆上 A 点处的极角。很显然，A 点处的极角和几何角度不同。

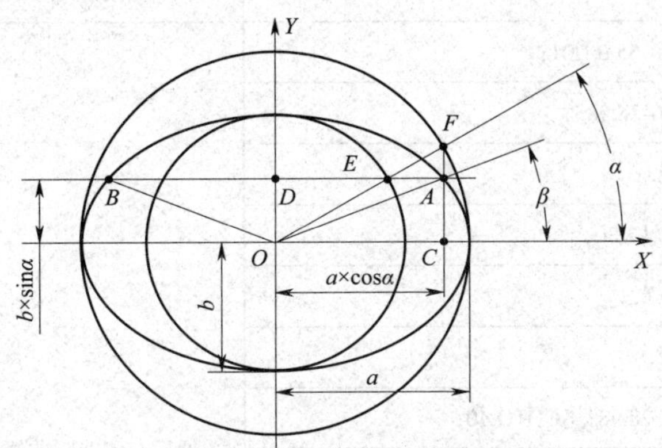

图 7–5　椭圆某点处极角的画法

2．编制加工程序

编写参考加工程序（见表 7–7），并进行本任务的加工。

表 7–7　　数控铣床 / 加工中心高级工综合练习（三）参考加工程序

程序段号	加工程序	程序说明
	O0111；	正面轮廓精加工程序
N10	G90 G94 G21 G40 G54 F500；	程序初始化
N20	G91 G28 Z0；	Z 向返回参考点
N30	M03 S3000；	主轴正转，转速 3 000 r/min
N40	G90 G00 X–50.0 Y–50.0 M08；	刀具定位
N50	Z20.0；	
N60	G01 Z–10.0；	
N70	M98 P0115；	加工左侧非圆曲线
N80	G00 Z5.0；	刀具重新定位
N90	X50.0 Y50.0	
N100	G01 Z–10.0；	
N110	G68 X0 Y0 R90.0；	坐标系旋转
N120	M98 P0115；	加工右侧非圆曲线
N130	G69；	取消坐标系旋转
N140	G00 Z20.0；	Z 向返回参考点
N150	G91 G28 Z0 M09；	

续表

程序段号	加工程序	程序说明
N160	M05；	程序结束部分
N170	M30；	
	O0115；	非圆曲线加工子程序
N10	G41 G01 X−35.0 D01；	加工左侧非圆曲线轮廓
N20	Y−28.983；	
N30	#2=−28.783；	
N40	#1=−7−#2*#2/30；	
N50	G01 X#1 Y#2；	
N60	#2=#2+0.2；	
N70	IF［#2 LE 28.983］GOTO 40；	
N80	G01 Y35.0；	
N90	X−7.0；	
N100	Y23.0；	
N110	G03 X7.0 R7.0；	
N120	G01 Y35.0；	
N130	X40.0；	
N140	G40 X50.0 Y50.0；	
N150	M99；	返回主程序
	O0112；	反面轮廓精加工程序
N10	G90 G94 G21 G40 G54 F500；	程序开始部分
N20	G91 G28 Z0；	
N30	M03 S3000；	
N40	G90 G00 X50.0 Y50.0 M08；	
N50	Z20.0；	
N60	G01 Z−10.0；	
N70	G41 G01 X38.0 D01；	加工右侧及下方圆弧轮廓
N80	Y−14.16；	
N90	G02 X32.0 Y−23.32 R10.0；	
N100	G02 X0 Y−30.0 R80.0；	

续表

程序段号	加工程序	程序说明
N110	#1=269.0;	加工椭圆
N120	#2=38.0*COS［#1］;	
N130	#3=30.0*SIN［#1］;	
N140	G01 X#2 Y#3;	
N150	#1=#1-1.0;	
N160	IF［#1 GE 90.0］GOTO 120;	
N170	G02 X32.0 Y23.32 R80.0;	加工上方圆弧轮廓
N180	G02 X38.0 Y14.16 R10.0;	
N190	G40 G01 X50.0 Y50.0;	取消刀补
N200	G91 G28 Z0 M09;	程序结束部分
N210	M05;	
N220	M30;	

四、配分权重（见表 7-8）

表 7-8　　数控铣床 / 加工中心高级工综合练习（三）配分权重表

工件编号					总得分		
项目与配分		序号	技术要求	配分	评分标准	检测记录	得分
加工（100%）	正面外轮廓	1	$70_{-0.03}^{0}$ mm（2 处）	4×2	每处超差扣 4 分		
		2	$14_{0}^{+0.03}$ mm（2 处）	4×2	每处超差扣 4 分		
		3	$14_{-0.03}^{0}$ mm	4	超差全扣		
		4	$32_{-0.03}^{0}$ mm	4	超差全扣		
		5	曲线轮廓正确（2 处）	5×2	每处错误扣 5 分		
		6	（10±0.05）mm	4	超差全扣		
		7	平行度 0.05 mm（2 处）	4×2	每处超差扣 4 分		
		8	（20±0.10）mm	4	超差全扣		
		9	*Ra*3.2 μm	3	每处超差扣 1 分		
		10	工件轮廓形状完整	3	每处不完整扣 1 分		

续表

项目与配分		序号	技术要求	配分	评分标准	检测记录	得分
加工（100%）	反面外轮廓	11	$76_{-0.03}^{0}$ mm	4	超差全扣		
		12	$60_{-0.03}^{0}$ mm	4	超差全扣		
		13	椭圆轮廓正确	5	每处错误扣 1 分		
		14	R80 mm、R10 mm 等	2	每处超差扣 1 分		
		15	Ra3.2 μm	2	每处超差扣 1 分		
		16	工件轮廓形状完整	3	每处不完整扣 1 分		
	孔	17	ϕ12 H8	4	超差全扣		
		18	ϕ24H8（镗孔）	6	超差全扣		
		19	（48 ± 0.03）mm	4	超差全扣		
		20	Ra1.6 μm	4	每处超差扣 2 分		
	其他	21	工件按时完成	2	未按时完成全扣		
		22	工件无过切等缺陷	2	每处缺陷扣 1 分		
		23	工件去毛刺	2	酌情扣 0 ~ 2 分		
程序与工艺（倒扣）		24	程序正确	倒扣	每处错误扣 1 分		
		25	工艺合理	倒扣	每处不合理扣 2 分		
机床操作（倒扣）		26	机床操作正确	倒扣	每处错误扣 2 分		
		27	工件、刀具装夹正确	倒扣	每处错误扣 2 分		
安全文明生产（倒扣）		28	符合安全操作要求	倒扣	断刀等安全事故停止操作，其余酌情扣 5 ~ 20 分		
		29	工作场所整理合格	倒扣			

思考与练习

1. 数控铣床操作人员应了解哪些方面的知识？
2. 数控铣床的日检项目有哪些？检查时应达到哪些要求？
3. 数控铣床的周检与不定期检查项目有哪些？检查时应达到哪些要求？
4. 试编写任务一的数控加工工序卡。
5. 数控加工的精度分析主要有哪些内容？如何在加工中保证精度？
6. 试编写如图 7–6 所示零件的加工程序，并在数控铣床上进行加工。

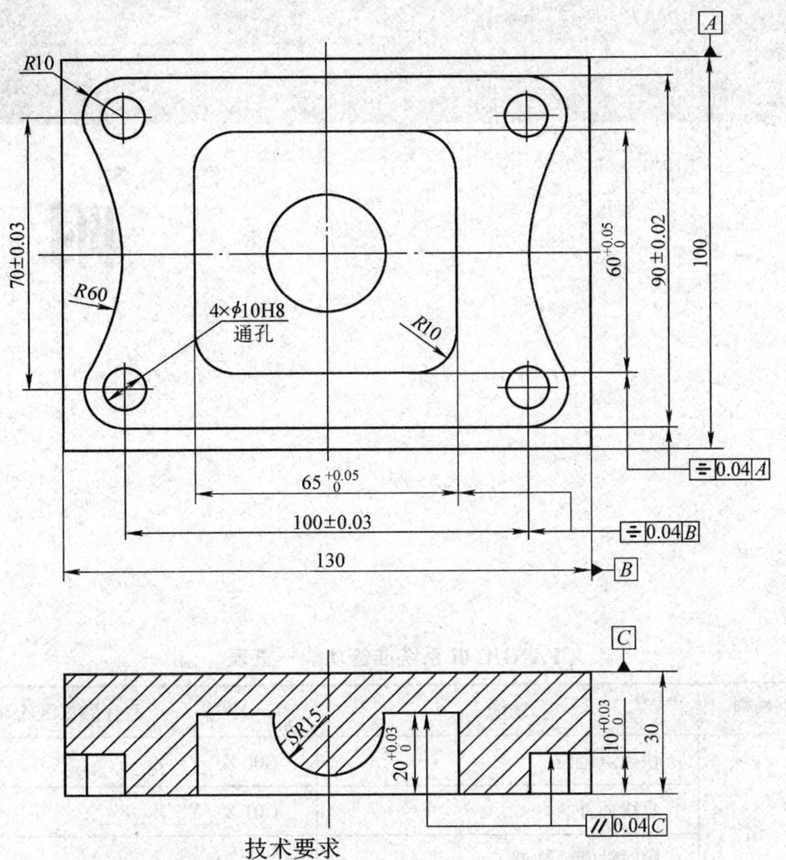

技术要求

1. 平面、直纹曲面的表面粗糙度值不大于*Ra*1.6μm。
2. 去毛刺，倒钝锐边。

图 7–6　零件图

附　　录

附表 1　　**FANUC 0i 系统准备功能一览表**

G 代码	组别	功能	程序格式及说明
G00 ▲	01	快速点定位	G00 X__Y__Z__；
G01		直线插补	G01 X__Y__Z__F__；
G02		顺时针圆弧插补	G02 X__Y__R__F__；
G03		逆时针圆弧插补	G03 X__Y__I__J__F__；
G04	00	暂停	G04 X1.5；或 G04 P1500；
G05.1		预读处理控制	G05.1 Q1；（有效）G05.1 Q0；（取消）
G07.1		圆柱插补	G07.1 IPr；（有效）G07.1 IP0；（取消）
G08		预读处理控制	G08 P1；（有效）G08 P0；（取消）
G09		准确停止	G09 X__Y__Z__；
G10		可编程数据输入	G10 L50；（参数输入方式）
G11		可编程数据输入取消	G11；
G15 ▲	17	极坐标取消	G15；
G16		极坐标指令	G16；
G17 ▲	02	选择 *XY* 平面	G17；
G18		选择 *ZX* 平面	G18；
G19		选择 *YZ* 平面	G19；
G20	06	英寸（in）输入	G20；
G21		毫米（mm）输入	G21；

续表

G 代码	组别	功能	程序格式及说明
G22 ▲	04	存储行程检测接通	G22 X__Y__Z__I__J__K__；
G23		存储行程检测断开	G23；
G27	00	返回参考点检测	G27 X__Y__Z__；
G28		返回参考点	G28 X__Y__Z__；
G29		从参考点返回	G29 X__Y__Z__；
G30		返回第 2、第 3、第 4 参考点	G30 P2/P3/P4 X__Y__Z__；
G31		跳转功能	G31 X__Y__Z__；
G33	01	螺纹切削	G33 X__Y__Z__F__；
G37	00	自动刀具长度测量	G37 X__Y__Z__；
G39		拐角偏置圆弧插补	G39；或 G39 I__J__；
G40 ▲	07	刀具半径补偿取消	G40；
G41		刀具半径左补偿	G41 G01/G00 X__Y__Z__D__；
G42		刀具半径右补偿	G42 G01/G00 X__Y__Z__D__；
G40.1 ▲	18	法线方向控制取消	G40.1；
G41.1		左侧法线方向控制	G41.1；
G42.1		右侧法线方向控制	G42.1；
G43	08	正向刀具长度补偿	G43 G01 Z__H__；
G44		负向刀具长度补偿	G44 G01 Z__H__；
G45	00	刀具位置偏置加	G45 G01/G00 X__Y__Z__D__；
G46		刀具位置偏置减	G46 G01/G00 X__Y__Z__D__；
G47		刀具位置偏置加 2 倍	G47 G01/G00 X__Y__Z__D__；
G48		刀具位置偏置减 2 倍	G48 G01/G00 X__Y__Z__D__；
G49 ▲	08	刀具长度补偿取消	G49；
G50 ▲	11	比例缩放取消	G50；
G51		比例缩放有效	G51 X__Y__Z__P__； 或 G51 X__Y__Z__I__J__K__；
G50.1	22	可编程镜像取消	G50.1 X__Y__Z__；
G51.1 ▲		可编程镜像有效	G51.1 X__Y__Z__；

续表

G 代码	组别	功能	程序格式及说明
G52	14	局部坐标系设定	G52 X__Y__Z__；（IP 以绝对值指定）
G53		选择机床坐标系	G53;
G54 ▲		选择工件坐标系 1	G54;
G54.1		选择附加工件坐标系	G54.1 Pn;（n 取 1 ~ 48）
G55		选择工件坐标系 2	G55;
G56	14	选择工件坐标系 3	G56;
G57		选择工件坐标系 4	G57;
G58		选择工件坐标系 5	G58;
G59		选择工件坐标系 6	G59;
G60	00/00	单方向定位方式	G60 X__Y__Z__；
G61	15	准确停止方式	G61;
G62		自动拐角倍率	G62;
G63		攻螺纹方式	G63;
G64 ▲		切削方式	G64;
G65	00	宏程序非模态调用	G65 P__L__；
G66	12	宏程序模态调用	G66 P__L__；
G67 ▲		宏程序模态调用取消	G67;
G68	16	坐标系旋转	G68 X__Y__Z__R__；
G69 ▲		坐标系旋转取消	G69;
G73	09	深孔钻循环	G73 X__Y__Z__R__Q__F__；
G74		左旋螺纹攻螺纹循环	G74 X__Y__Z__R__P__F__；
G76		精镗孔循环	G76 X__Y__Z__R__Q__P__F__；
G80 ▲		固定循环取消	G80;
G81	09	钻孔、锪镗孔循环	G81 X__Y__Z__R__；
G82		钻孔循环	G82 X__Y__Z__R__P__；
G83		深孔循环	G83 X__Y__Z__R__Q__F__；
G84		攻螺纹循环	G84 X__Y__Z__R__P__F__；
G85		镗孔循环	G85 X__Y__Z__R__F__；
G86		镗孔循环	G86 X__Y__Z__R__P__F__；
G87		背镗孔循环	G87 X__Y__Z__R__Q__F__；

续表

G 代码	组别	功能	程序格式及说明
G88	09	镗孔循环	G88 X__Y__Z__R__P__F__；
G89		镗孔循环	G89 X__Y__Z__R__P__F__；
G90 ▲	03	绝对值编程	G90 G01 X__Y__Z__F__；
G91		增量编程	G91 G01 X__Y__Z__F__；
G92	00	设定工件坐标系	G92 X__Y__Z__；
G92.1		工件坐标系预置	G92.1 X0 Y0 Z0;
G94 ▲	05	每分钟进给	G94；（mm/min）
G95		每转进给	G95；（mm/r）
G96	13	恒线速度	G96 S200；（200 m/min）
G97 ▲		每分钟转数	G97 S800；（800 r/min）
G98 ▲	10	固定循环返回初始点	G98 G8__X__Y__Z__R__F__；
G99		固定循环返回 *R* 点	G99 G8__X__Y__Z__R__F__；

说明：（1）当电源接通或复位时，数控系统进入清零状态，此时的开机默认代码在表中以符号“▲”表示。但此时，原来的 G21 或 G20 指令保持有效。

（2）除了 G10 和 G11 指令以外的 00 组 G 代码都是非模态 G 代码。

（3）不同组的 G 代码在同一程序段中可以有多个。如果在同一程序段中有多个同组的 G 代码，仅执行最后指定的 G 代码。

（4）如果在固定循环中指定了 01 组的 G 代码，则固定循环取消，该功能与 G80 指令相同。

附表 2　　SIEMENS 840D/810D 系统准备功能一览表

G 代码	组别	功能	程序格式及说明
G00	01	快速点定位	G00 X__Y__Z__；
G01 ▲		直线插补	G01 X__Y__Z__F__；
G02		顺时针圆弧插补	G02 X__Y__CR=__F__； G03 X__Y__I__J__F__；
G03		逆时针圆弧插补	
G04*	02	暂停	G04 F__或 G04 S__；
G05	01	通过中间点的圆弧	G05 X__Y__LX__KZ__F__；
G09*	11	准停	G01 G09 X__Y__Z__；
G17 ▲	06	选择 *XY* 平面	G17;
G18		选择 *ZX* 平面	G18;
G19		选择 *YZ* 平面	G19;

续表

G 代码	组别	功能	程序格式及说明
G22	29	半径尺寸编程	G22；
G23 ▲		直径尺寸编程	G23；
G25*	3	主轴低速限制	G25 S__S1=__S2=__；
G26*		主轴高速限制	G26 S__S1=__S2=__；
G33	01	螺纹切削	G33 Z__K__SF__；（圆柱螺纹）
G331		攻螺纹	G331 Z__K__；
G332		攻螺纹返回	G332 Z__K__；
G40 ▲	07	刀具半径补偿取消	G40；
G41		刀具半径左补偿	G41 G01/G00 X__Y__Z__；
G42		刀具半径右补偿	G42 G01/G00 X__Y__Z__；
G53*	9	解除零点偏置	G53；
G54	8	选择工件坐标系 1	G54；
G55		选择工件坐标系 2	G55；
G56		选择工件坐标系 3	G56；
G57		选择工件坐标系 4	G57；
G505 ~ 599		调用第 1 ~ 99 零点偏置	G505；
G60 ▲	10	准停	G60 X__Y__Z__；
G601 ▲	12	精确的准停	指令一定要在 G60 或 G09 有效时才有效
G602		粗准停	
G603		插补结束时的准停	
G63	2	攻螺纹方式	G63 Z__F__；
G64	10	轮廓加工方式	G64；
G641		过渡圆轮廓加工方式	G641 ADIS=__；
G70	13	英制	G70；
G71 ▲		公制	G71；
G74*	2	返回参考点	G74 X1=0 Y1=0 Z1=0；
G75*		返回固定点	G75 FP=2 X1=0 Y1=0 Z1=0；

续表

G 代码	组别	功能	程序格式及说明
G90 ▲		绝对值编程	G90 G01 X__Y__Z__F__；
G91		增量编程	G91 G01 X__Y__Z__F__；
G94	14	每分钟进给	G94；（mm/min）
G95		每转进给	G95；（mm/r）
G96		恒线速度	G96 S__LIMS=__；
G97	14	每分钟转数	G97 S__；
G110*			G110 X__Y__Z__；
G111*	3	相对于不同点为极点的极坐标编程	G111 X__Y__Z__；
G112*			G112 X__Y__Z__；
G450 ▲	18	圆角过渡拐角方式	G450 DISC=__；
G451		尖角过渡拐角方式	G451；
TRANS	框架指令	可编程平移	TRANS X__Y__Z__；
ATRANS			ATRANS X__Y__Z__；
ROT		可编程旋转	ROT RPL=__；
AROT			AROT RPL=__；
SCALE		可编程比例缩放	SCALE X__Y__Z__；
ASCALE			ASCALE X__Y__Z__；
MIRROR		可编程镜像	MIRROR X0；
AMIRROR			AMIRROR Y0；
CYCLE81	固定循环	钻孔循环	CYCLE8__（RTP，RFP，SDIS，DP，DPR，…）
CYCLE82		钻、锪孔循环	
CYCLE83		深孔加工循环	
CYCLE84		刚性攻螺纹循环	
CYCLE840		柔性攻螺纹循环	
CYCLE85		镗孔循环	
CYCLE86		精镗孔循环	
CYCLE87		镗孔循环	
CYCLE88		镗孔循环	
CYCLE89		镗孔循环	

续表

G代码	组别	功能	程序格式及说明
HOLES1	样式循环	直线均布孔样式	HOLES_（RTP，RFP，SDIS，DP，DPR，…）
HOLES2		圆周均布孔样式	
SLOT1		圆形阵形槽铣削样式	SLOT_（RTP，RFP，SDIS，DP，DPR，…）
SLOT2		环形槽铣削样式	
POCKET1		矩形槽铣削样式	POCKET_（RTP，RFP，SDIS，DP，DPR，…）
POCKET2		圆形槽铣削样式	

说明：表中的开机默认代码以符号“▲”表示。固定循环和固定样式循环及用“*”表示的G代码均为非模态代码。